变化环境下引黄灌区水资源安全保障关键技术

张修宇　肖恒　张亮　翟家齐　魏冲　闫旖君　等　著

中国水利水电出版社

www.waterpub.com.cn

·北京·

内 容 提 要

本书针对当前变化环境下引黄灌区水资源安全保障关键技术难题，以水资源安全保障为基线，以维护灌区生态环境良性发展为目标，分析了灌区水循环和水资源时空演变规律，构建了"多因素驱动-多水源循环-多情景模式"灌区分布式水文模型，提出了多水源可利用量动态调配方法及优化配置方案，建立了引黄灌区"经济社会-水资源-生态环境"复合系统的水资源动态承载力计算理论框架和评价体系，构建了引黄灌区多尺度水资源高效利用评价指标体系，提出了井渠结合引黄灌区水盐动态联合优化调配技术。

本书可供政府部门相关工作人员，水文水资源、农业水土工程、水利水电工程等领域的学者和技术人员，以及大中专院校相关专业的教师和学生参考。

图书在版编目（CIP）数据

变化环境下引黄灌区水资源安全保障关键技术 ／ 张修宇等著. -- 北京：中国水利水电出版社，2023.10
ISBN 978-7-5226-1794-7

Ⅰ．①变… Ⅱ．①张… Ⅲ．①黄河－灌区－水资源管理－安全管理－研究 Ⅳ．①TV213.4

中国国家版本馆CIP数据核字(2023)第177870号

书　　名	**变化环境下引黄灌区水资源安全保障关键技术** BIANHUA HUANJING XIA YINHUANG GUANQU SHUIZIYUAN ANQUAN BAOZHANG GUANJIAN JISHU
作　　者	张修宇　肖恒　张亮　翟家齐　魏冲　闫旖君　等 著
出版发行	中国水利水电出版社 （北京市海淀区玉渊潭南路1号D座　100038） 网址：www.waterpub.com.cn E-mail：sales@mwr.gov.cn 电话：(010) 68545888（营销中心）
经　　售	北京科水图书销售有限公司 电话：(010) 68545874、63202643 全国各地新华书店和相关出版物销售网点
排　　版	中国水利水电出版社微机排版中心
印　　刷	北京中献拓方科技发展有限公司
规　　格	184mm×260mm　16开本　16印张　270千字
版　　次	2023年10月第1版　2023年10月第1次印刷
定　　价	**128.00元**

前言
FOREWORD

灌区是农业、农村乃至经济社会发展的重要基础设施，对促进流域高质量发展具有不可替代的作用，水资源安全保障能力直接影响饮水安全、粮食生产和农作物安全。随着人口的增加和工农业的生产发展对水资源的要求越来越迫切，目前引黄水量逐年增加，上下游之间、地区之间供水矛盾加剧，工农业生产用水矛盾日益突出，影响经济社会高质量发展。叠加全球气候变化背景下出现的水资源短缺、耗水量增加、水污染严重、生态环境恶化等危机，引黄灌区面临有效灌溉面积减少，影响国家粮食安全的新挑战。开展变化环境下引黄灌区水资源安全保障关键技术研究，对于高效利用黄河水资源，提高引黄灌区水资源安全保障能力，促进黄河流域生态保护和高质量发展，具有重要意义。

本书依据灌区"四水"运移转换机制，深度剖析灌区水循环和水资源演变规律，构建了反映灌区生态水文过程、气候变化影响、水资源配置、物质循环的分布式水文模型，揭示了灌区多水源循环转化关系的物理机制，拓展了灌区水资源高效利用尺度效应分析指标体系。建立了气候变化下灌区需水响应理论与模型，定量判别了灌溉需水量对气候变化的响应机制，揭示了不同气候变化情景下作物灌溉需水量的时空演变规律，提出了气候变化影响下灌区水资源优化配置技术方法。基于COIM模型、充分考虑气候变化和人类活动影响下水资源承载力的动态变化过程，建立了气候变化下水资源动态承载力计算的理论框架及PSO-COIM模型计算方法。

本书还构建了包含用水效率、经济效益、社会效益和生态环境效益指标的灌区多尺度水资源高效利用评价指标体系，建立了与评价指标相适应的灌区多尺度水盐动态联合优化调配模型，并提出了灌区水资源高效利用决策支持系统。

本书由河南省科技攻关计划项目（192102110201、212102311156）、河南省自然科学基金面上项目（222300420492）、河南省科技研发计划联合基金项目（232103810102）、国家自然科学基金青年项目（51309249）、河南省高等学校重点科研项目（15A570004、16A570003、18A170009）水利部黄河流域水治理与水安全重点实验室（筹）研究基金资助项目（2023－SYSJJ－04）联合支持。

本书由华北水利水电大学张修宇、肖恒、张亮、魏冲、闫旖君，中国水利水电科学研究院翟家齐等共同撰写。郑州大学左其亭教授对本书的写作给予了悉心指导。在此表示衷心的感谢！

作者

2023 年 10 月

目录
CONTENTS

第1章 绪 论

1.1 概述

灌区是我国农业规模化生产基地和重要的商品粮、棉、油基地，是农民增收致富的重要保障，也是农业、农村乃至经济社会发展的重要基础设施。然而，我国大部分灌区为水资源短缺地区，如华北地区人均水资源量约为 $404m^3$，不到全国平均水平的 1/6，属于水资源严重不足地区。由于该地区工业、农业都相对比较发达，经常出现其他用水部门挤占农业用水的现象，导致部分水资源农转非，从而使水资源供需矛盾更加突出。此外，由于水资源的不合理使用，灌区内生态环境遭到不同程度的破坏，严重制约了灌区经济社会的可持续发展。

在过去几十年中，以变暖为主要特征的全球气候变化已对我国水资源总量及其时空分布格局产生重要影响，进一步加剧了农用水资源的不稳定性与供需矛盾。如不考虑由于 CO_2 浓度增加而使作物用水效率提高的因素，仅因需水量的增加，气温每上升 1℃，农业灌溉用水量将增加 6%～10%。

随着人类活动和气候变化影响的深入，水循环系统发生了显著变化，并诱发资源、生态、环境等一系列问题。以往研究多局限于单一或部分水循环环节，水资源配置中尚未充分考虑气候变化的影响，不利于灌区水资源系统的综合调控和管理。因此，探讨自然和人工两大驱动力作用下灌区水资源形成转化规律，研究水资源承载力综合评估和水资源高效利用评价与调配理论与方法，对于促进灌区用水方式由粗放低效向节约集约的根本转变具有重要的理论和实践意义。

黄河是中华民族的母亲河，哺育了伟大民族的成长，创造了灿烂的华夏文明。黄河流域属于干旱半干旱地区，降水稀少。黄河以占全国河川 2% 的径流量和占全国人均 23% 的水资源量，承担着占全国 15% 的耕地面积、12% 的人口及 50 多座大中城市供水任务。黄河流域大部分省份经济欠发达，工农业生产

1

基础薄弱。引黄灌区的输水灌溉工程配套设施差，灌溉方式陈旧，需水量大，水的利用率低。随着人口的增加和工农业的生产发展，对水资源的要求越来越迫切，引黄水量逐年增加，上下游之间、地区之间供水矛盾加剧，工农业生产用水矛盾日益突出，影响经济社会高质量发展。叠加全球气候变化背景下出现的水资源短缺、耗水量增加、水污染严重、生态环境恶化等危机，引黄灌区面临有效灌溉面积减少，影响国家粮食安全的新挑战。这些问题都驱使我们更加科学合理地开发水资源，更加高效地利用水资源。因此，开展变化环境下引黄灌区水资源安全保障关键技术研究，对于高效利用黄河水资源、提高引黄灌区水资源安全保障能力、促进黄河流域生态保护和高质量发展具有重要意义。

1.2　研究内容与技术路线

1.2.1　研究内容

本书以水资源安全保障为基线，以维护灌区生态环境良性发展为目标，开展变化环境下引黄灌区水资源安全保障关键技术研究，主要包括灌区水循环机理及模型构建、变化环境下灌区水资源优化配置、变化环境下灌区水资源动态承载力评价和灌区多尺度水资源高效利用评价与调配等内容。

1. 灌区水循环机理及模型构建研究

（1）分析灌区系统水循环转化机制；构建多水源循环转化模型，开展模型适用性研究；模拟分析灌区系统及其子系统多水源循环转化关系，探讨灌区水循环转化特征。

（2）构建基于耗散-汇合结构的灌区水循环模型，模拟并验证灌区水循环过程，解析水平衡结构，分析供用水结构、耗水结构、排水构成和地下水补排及其变化特征。

（3）基于国际水管理研究院（IWMI）水平衡方法，提出井渠结合灌区水资源高效利用指标尺度效应分析方法，研究不同水平年井渠结合模式下灌区水资源高效利用评价指标的尺度效应及其演变规律。

2. 变化环境下灌区水资源优化配置

（1）评估全球气候模式数据对区域气候的模拟效果，研究合理选用气候模式和区域时空降尺度方法，构建具有较高可信度的区域气候变化情景集合预估数据集。

（2）分析气候变化对需水的影响机制，构建考虑气候变化影响的需水量预测模型；结合气候模式输出结果，评估灌溉需水量的时空变化分布特征及其不确定性。

（3）基于大系统分解-协调理论，在对灌区水资源系统概化的基础上，构建灌区多水源优化配置模型，根据不考虑/考虑气候变化影响的多水源优化配置结果，分析不同水源在用水部门、作物及生育阶段间的水量分配，探讨气候变化对灌区水资源优化配置结果的影响。

3. 变化环境下灌区水资源动态承载力评价

（1）研究气候变化下的水资源动态承载力概念及其内涵，构建基于 PSO - COIM 模型的水资源动态承载力理论框架及其计算方法，研究水资源动态承载程度评价方法。

（2）分析生态型灌区水资源承载力概念、内涵及其影响因素，计算分析灌区水资源承载力，探讨气候变化下典型引黄灌区水资源动态承载程度。

（3）探讨灌区地下水承载能力的概念和内涵，分析灌区地下水承载力影响因素，构建灌区地下水承载力评价的指标体系和多目标评价模型，评价不同情况下的灌区地下水承载能力。

4. 灌区多尺度水资源高效利用评价与调配

（1）以田间尺度评价为基础，灌区尺度评价为核心，考虑回归水的重复利用和评价指标的尺度效应，筛选表征灌区不同尺度水资源利用效率和效益的指标，构建井渠结合灌区多尺度水资源高效利用评价指标体系和综合评价模型，评价灌区不同尺度水资源利用效率及其效益。

（2）厘清调配模型与评价指标关系，考虑与灌区不同尺度评价指标体系的关联和不同尺度管理主体的利益，研究建立灌区尺度地表水-地下水联合优化调配模型和田间尺度水盐动态优化调配模型，探讨各尺度模型求解方法及耦合模型的运行过程。

（3）基于数字孪生技术开发多水源优化调配及节水灌溉辅助决策、地下水承载力评价预测、作物栽培专家咨询等子模块，优化设计人机交互界面、数据库管理系统、模型推理计算系统等系统框架，构建灌区水资源高效利用的智能决策支持系统。

1.2.2　技术路线

1. 灌区水循环机理及模型构建研究

(1) 从灌区系统角度出发，分析取水系统、输水系统、配水系统和排水系统对灌区水资源转化的影响机制；根据水量平衡原理，构建各子系统多水源循环转化模型。收集研究区气象、水文地质、历史供用水情况等资料数据，确定多水源循环转化模型参数，以日为计算时长，分区域模拟验证模型的适用性；模拟研究区多水源循环转化特征，定量分析各子系统补给项和输出项，探讨灌区多水源循环转化方式，研究灌区"四水"在人工影响下的转化特征。

(2) 模型构建包括蒸发蒸腾、积雪融雪、土壤冻融、产流入渗、河道汇流、土壤水、地下水等自然水循环过程和灌区引水、农田实时灌溉、灌区排水、工业生活引排水等人工因素主导的水循环过程的 WACM 模型，并对不同尺度空间的地表水、地下水、土壤水和区域总水量进行平衡分析验证，定量分析供用水结构、耗水结构、排水构成和地下水补排及其变化特征。

(3) 针对井渠结合灌区的特点，在国际水管理研究院（IWMI）水平衡方法和相关评价指标的基础上，提出适合井渠结合灌区的水资源高效利用尺度效应分析指标。以人民胜利渠灌区为例，利用构建的模型模拟灌区不同尺度水平衡要素，研究不同水平年不同井渠结合模式下灌区高效用水评价指标的尺度效应及其演变规律。

2. 变化环境下灌区水资源优化配置研究

(1) 收集与整理多种全球气候模式月平均模拟数据，评估全球气候模式对区域气候要素的模拟能力，探讨考虑气候模式间模拟相似性的集合预估方法，降低了相似模式数量对评估结果可信度的影响，生成多排放情景、多模式、多样本、多要素的区域气候预估数据集。

(2) 分析气候变化对各部门需水的影响机制，以农田灌溉需水为研究重点，探讨气温、降水变化对主要作物生育期变化、作物需水量和有效降水量的影响，判别灌溉需水量对气候变化的响应机制，结合基于多情景模式组合下区域气候变化预估结果，评估不同情景下气候变化对主要作物灌溉需水量的影响，定量识别出主要不确定性来源的相对贡献率。

(3) 概化灌区水资源系统，基于大系统分解-协调理论，在考虑经济、社会

和环境等因素的基础上，构建非充分灌溉条件下灌区多水源优化配置模型，采用模糊二元对比决策方法确定各子区权重，利用线性规划和遗传算法优化相结合的方法求解模型，分析不考虑气候变化影响和考虑气候变化影响的灌区多水源优化配置结果以及目标效益值的变化，探讨气候变化对灌区多水源优化配置的影响。

3. 变化环境下灌区水资源动态承载力评价研究

（1）针对气候变化下水资源系统演变规律和承载力动态变化特征，提出气候变化下水资源动态承载力的概念及其内涵。以水资源系统、经济社会系统、生态系统相互制约、互为参数建立的耦合系统（模拟）模型为基础模型，以构建的维系生态系统良性循环控制方程组或指标阈值为控制约束，以复合大系统支撑的最大经济社会规模为优化目标函数，建立气候变化下水资源动态承载力计算的理论框架及 PSO－COIM 模型计算方法（即"基于预测—模拟—优化的控制目标反推模型"方法）。

（2）分析生态型灌区水资源承载力概念、内涵及其影响因素，计算分析灌区水资源承载力，提出水资源承载程度判别指标，探讨气候变化下典型引黄灌区水资源动态承载度。

（3）探讨灌区地下水承载能力的概念和内涵，分析灌区地下水承载力影响因素，指出灌区地下水承载力研究的理论基础。从地下水资源与环境承载力与经济社会可持续发展关系角度出发，构建灌区地下水承载力评价的指标体系。分析灌区地下水承载力评价原理和流程，建立以社会经济、人口、牲畜、水量、农业生产、地下水开采等为约束，以国内生产总值、粮食产量、人口和 COD 排放量等为目标的灌区地下水承载能力量化模型，并采用基于 TOPSIS 法的多目标 PSO 算法对其求解，评价不同情况下的灌区地下水承载能力。

4. 灌区多尺度水资源高效利用评价与调配研究

（1）考虑尺度效应，围绕井渠结合灌区水资源高效利用的内涵，筛选能够表征灌区水资源利用效率和效益的主要指标，构建井渠结合灌区田间尺度和灌区尺度的水资源高效利用综合评价指标体系，并建立多层次模糊综合评价模型。

（2）在明确调配模型与评价指标关系的基础上，以水分生产函数为依据建立灌区尺度地表水地下水联合优化调配模型，以水盐生产函数为依据建立田间尺度水盐动态优化调配模型。分析不同尺度调配模型的相互协调反馈因素，将二者耦合，建立井渠结合灌区水盐联合动态优化调配大系统分解协调模型。

（3）建立由人机交互界面、数据库管理系统和模型推理计算系统 3 部分组成的灌区水资源安全利用智能决策支持系统，为农户提供作物全生育期节水灌溉的辅助决策，为灌区管理者提供多水源优化调配及水资源承载力安全评价工具。

1.3　特色与创新

（1）深化"经济社会-水资源-生态环境"复合大系统相互作用的模式、机理、过程与效应研究。充分考虑"自然-人工"二元水循环的影响，构建可以精细化模拟灌区多尺度多水源循环转化通量的灌区生态水文模型，为探明气候、土地利用、空间尺度等变化环境下的灌区水循环和水资源演变规律提供了理论支撑。

（2）构建了基于气候变化的灌区需水响应模型和多水源优化配置技术。提出气候变化下灌区需水响应理论与模型，定量判别灌溉需水量对气候变化的响应机制，揭示不同气候变化情景下作物灌溉需水量的时空演变规律。研究再生水等非常规水源安全利用控制指标体系与标准，对各种灌溉水源可利用量进行动态调配，为灌区应对气候变化的水资源管理与决策提供了科学依据。

（3）提出气候变化下灌区水资源动态承载力的理论框架、模型方法和评价体系，建立一套灌区地下水动态承载力预警的关键技术。提出了水资源动态承载力的概念及内涵，建立了气候变化下水资源动态承载力计算的理论框架及 PSO-COIM 模型计算方法，可实现对灌区水位动态、超采状况等"预报-预警-预演-预案"功能，为全面识别灌区水资源安全状况提供了技术手段。

（4）突破多目标调控决策研究瓶颈，建立了一套灌区水资源高效利用智能决策支持技术。构建了包含用水效率、经济效益、社会效益和生态环境效益指标的灌区多尺度水资源高效利用评价指标体系，建立了与评价指标相适应的灌区多尺度水盐动态联合优化调配模型，并研发了灌区水资源高效利用智能决策支持系统，指导灌区水资源高效利用实践，为保障粮食安全提供了技术支撑。

第2章　灌区水循环机理及模型构建研究

2.1　灌区系统多水源循环转化机理与模型研究

2.1.1　灌区系统多水源循环转化机理

2.1.1.1　灌区系统

灌区系统包括多种水源和取水工程组成的取水系统、输送灌溉水的各级渠道（管道）组成的输水系统、将灌溉水分配给田间作物的配水系统，以及具有排涝、排渍功能的排水系统。灌区系统组成示意图如图 2-1 所示。

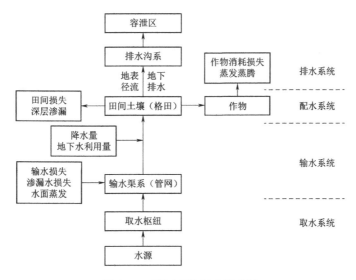

图 2-1　灌区系统组成示意图

就人民胜利渠灌区而言，取水系统采用无坝取水的方式，通过渠首闸前引水渠直接从黄河取水，取水损失主要集中在引水渠水面蒸发和渗漏方面。输水系统主要采用渠道输水，经由网络化的干、支、斗、农渠将引黄水输送到田间，输水损失主要集中在输水渠系的水面蒸发和渗漏方面。引黄水在进入田间配水系统后，一部分被作物吸收利用，一部分通过蒸散发消耗掉，多余的灌溉水通过地表径流进入排水系统，或在田间形成深层渗漏进入地下含水层。灌区实行井渠结合的灌溉模式，在配水系统中，自东南向西北还递减地分布着一些农用机井，通过抽取地下水用于灌溉。灌溉退水经排水系统逐级汇流，西部的涝水和地下水主要汇入西孟姜女河，东部则汇入东孟姜女河，最终都排入卫河总承泄区。

2.1.1.2　灌区系统多水源循环转化机制

"四水"转化是指大气水、地表水、土壤水和地下水 4 种不同赋存形式的水之间的循环转化。大气水通过凝结作用转变为降水降落到地面，通过降水、产流、土壤水下渗环节将降水转变为地表水、土壤水和地下水，而潜水蒸发、土壤蒸发及植被蒸腾等过程再将地表水、土壤水和地下水蒸散回到大气中。四者之间相互联系、相互作用、相互转化的关系构成了陆面水循环的基本形式。"四水"转化过程示意图如图 2-2 所示。

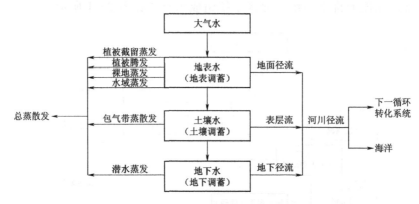

图 2-2　"四水"转化过程示意图

以"四水"转化理论为基础，分析灌区系统多水源循环转化机制。在灌区系统中，人类的灌溉活动打破了原有天然水循环系统的运动规律和平衡，水循环系统由单一的受自然主导的循环过程转变成受自然和人工共同影响、共同作用的新的循环系统。根据循环路径的不同，灌区多水源循环转化过程可以分为天然主循环和人工侧支循环。天然主循环是指在大气水、土壤水、地下水和地表水之间的循环转化；人工侧支循环是指多种灌溉水资源在人工修建的取水、输水、配水和排水系统中的循环转化。天然主循环和人工侧支循环之间相互关联相互转化，是一个耦合的动态的统一体。人工侧支循环使得天然主循环各循环通量的数量、产汇流的层次和方向都发生了改变。多种水资源在通过灌区系统的人工侧支循环时，通过取水系统分流出部分地表水资源，在输水系统中将自然水循环的汇流过程变成分散过程，把灌溉水散布在田面上供作物吸收利用。取水、输水、配水和排水系统中的渗漏量增大了灌区系统土壤水和地下水的循环通量，将地表水或地下水转化为土壤水。排水系统中的人工沟道将过剩排泄的土壤水和地下水汇集重新转化为地表水。在整个灌区系统中，由于人工侧支循环的加入使天然水循环变得更加复杂，但同时也增加了各循环通量的数量。灌区系统多水源循环转化过程示意图如图2-3所示。

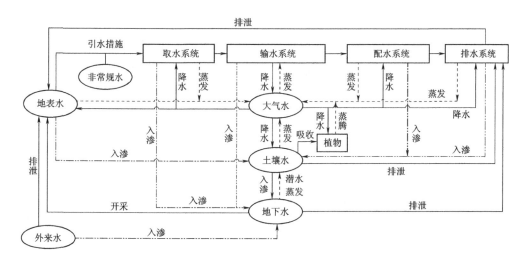

图2-3 灌区系统多水源循环转化过程示意图

从灌区系统（取水-输水-配水-排水）角度上看，灌区各子系统对水资源转化过程的影响主要体现在取水系统、输水系统、配水系统、排水系统。

1. 取水系统

从取水活动的角度上看，灌溉取水增加了区域来水，补充了土壤水和地下水，而土壤含水量的增加和地下水位的抬升，反过来又加大了地表产流量和陆面蒸发量，进一步加剧了取水系统对灌区水循环的影响。从取水水源的角度上看，作为灌溉水源的河流、湖泊等的水文特征有其自身的变化规律。从河流、湖泊取水打破了天然河川径流的年内、年际分配过程，改变其原有的产汇流特性，使水循环系统由原来单一的自然系统结构转变为"自然-人工"二元结构。从取水方式的角度上看，采用不同的取水方式会影响到灌区系统各循环通量的

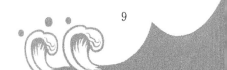

数量。采用水库取水或有坝取水，增加了地表雍水面积，增大了水面蒸发量；采用打井抽水，将改变地下水的径流分布过程，使自然状态下的地下水集中分布在田面上。从取水水量的角度上看，天然河流、湖泊的来水量受季节影响较大，且具有年内、年际分配不均的特性。采用低坝引水，当来水量大于渠首引水能力时，以渠首引水能力确定取水量；反之，以来水量确定取水量。而对于采用无坝引水和提水的灌区，除了考虑来水量和渠首引水能力外，还需考虑取水口河道水位的高低。

2. 输水系统

灌溉水在输水系统中由干渠到支渠，再到斗渠、农渠的逐级分配，改变了自然状态下地面产汇流过程，增加了各级渠道分水的环节；同时也改变了自然状态下水的入渗过程，增加了渠系水的渗漏通量。不同的输水方式，对灌区系统水循环的影响不同。采用管道输水，除了管道连接部位易发生渗漏，输水管道沿线灌溉水损失较小，转化为土壤水、地下水的通量也较少，相应地对输水管道沿线的生态环境补水较少；采用渠道输水方式，沿线渗漏量是渠系水量损失的重要组成部分，渗漏量会引起地下水位上升，导致农田渍害，甚至引起次生盐碱化。对渠道进行衬砌是提高渠系水利用效率的有效措施之一。但渠道衬砌后，切断了地下水补给的途径，减少了地表水向地下水转化的通量；同时大面积衬砌也易造成地下水位下降，将对井灌及当地居民生活产生不利影响。

3. 配水系统

通过配水系统，灌溉水从输水系统末端进入田间，一部分转化为土壤水储存在作物根系土壤中被作物吸收利用；一部分用于作物棵间土壤蒸发与作物蒸腾，剩余的超过田间持水能力的部分则形成深层渗漏。影响灌区配水系统水循环的主要因素可以概括为田间状况和灌水技术。田间状况的不同直接决定了灌溉水循环转化通量的不同，如田块不平整，深层渗漏和作物无效蒸腾较多，进入水循环的通量也相应较多。采用不同的灌水技术，也会影响灌溉水在田间的循环转化通量。采用漫灌、淹灌等传统地面灌水技术，将导致深层渗漏和无效蒸腾相对较大；而采用喷灌、微灌等节水灌溉技术，有助于减小深层渗漏、作物棵间蒸发和植株蒸腾，减少土壤无效蒸发和地表径流，提高灌溉水的田间利用效率，加快灌溉水到作物水的转化。

4. 排水系统

农田排水过程与输水过程相反，可以看作是通过排水系统将分散在田间的灌溉退水逐级汇流的过程。这一过程人为改变了自然状态下灌溉退水的行进路线。采用不同的排水方式，会对农田水循环产生不同影响。采用水平排水，主要排除的是部分土壤浅层超渗水，这直接影响土壤水向深层地下水的转化；而采用垂直排水，即通过人工打井抽取地下水，使地下水向竖井汇集，这将影响地下水向地表水的转化。此外，由于人们在农作物生长过程中大量施用化肥、农药，可能污染承泄区水质，这将影响灌溉退水的二次循环。

2.1.2 灌区系统多水源循环转化模型的构建

灌区多水源循环转化可以看作是一个在降水、蒸发和径流等自然水循环过程的基础上，考虑人工取水、输水、配水、排水等灌溉活动的影响，使灌区形成一个取、输、配、排相结合的多水源循环动态关系体系。取水系统、输水系统将多种水资源输送到配水系统中，在农田、城乡居民地间进行分配，不能被作物利用的多余水量经由排水系统排出灌区。本书根据灌区系统多水源循环转化机制，充分考虑取水、输水、配水和排水系统对天然水循环的影响，构建灌区系统多水源循环转化模型。

2.1.2.1 取水系统多水源循环转化模型

不同的灌溉水源，取水方式不同，在取水系统中循环转化的路径也不尽相同。对于利用河川径流作为灌溉水源的取水系统，无论是采用无坝、有坝或是水库取水方式，都是直接从河流、水库等开阔水面中取水。就整个取水系统而言，存蓄灌溉水源的河库存在蒸发、渗漏损失，扣除这部分损失，余水一部分进入输水系统，另外一部分则沿原河道或闸坝流走。取水系统的降水量直接归入河库来水之中。

对于利用地下水作为灌溉水源的取水系统，直接从散布在田间的管井、筒井等抽取地下水，这部分地下水的蒸发相对较小，近似忽略不计，抽取的地下水直接进入田间配水系统。对于利用雨水、微咸水、再生水等非常规水资源的取水系统，多经特殊的集水或处理系统进入田间配水系统。因此，对于地下水和非常规水源的循环转化关系，在配水系统中统一进行研究。

根据水量平衡原理构建取水系统水循环转化模型，即

$$R_G + R_H + R_W + G_G = E_G + S_G + R_{k+c} + R_Q \qquad (2-1)$$

式中　R_G——黄河来水量，万 m^3；

　　　R_H——灌溉回归水量，万 m^3；

　　　R_W——外调水量，万 m^3；

　　　G_G——地下水补给量，万 m^3；

　　　E_G——取水系统内河道水面蒸发量，万 m^3；

　　　S_G——t 时段内断面距离为 L 的河段内取水系统内河道渗漏量，万 m^3；

　　　R_{k+c}——进入输水系统的水量，万 m^3；

　　　R_Q——黄河下泄水量，万 m^3。

1. 取水系统内河道水面蒸发量 E_G 的计算

采用水面蒸发经验模型计算取水系统内河道水面蒸发量，该方法建立在蒸发的物理过程基础上的，具有较高精度。河道水面蒸发量计算模型为

$$E_G = \Delta e [0.09 + 0.2567(1-r^2)^{1/2}](0.4498 + 0.7232 W^{2-1.3369W^{0.05}}) \qquad (2-2)$$

式中　E_G——取水系统内河道水面蒸发量，mm/d；

　　　r——相对湿度，以小数计；

　　　Δe——饱和水汽压差，hPa；

　　　W——平均风速，m/s。

2. 取水系统内河道渗漏量 S_G 的计算

灌区取水系统内河道渗漏量是灌区地表水补给地下水的重要方式。当河道水位高于周边地下水位时，补给地下水；反之，则由地下水对其进行补给。河道渗漏量计算模型为

$$Q_渗 = (Q_上 - Q_下 + Q_{区入} - Q_{区出})(1-\lambda)\frac{L}{L'} \qquad (2-3)$$

式中　　　$Q_渗$——河道渗漏补给流量，m^3/s；

　　$Q_上$，$Q_下$——河道上游、下游水文断面实测流量，m^3/s；

$Q_{区入}$，$Q_{区出}$——上下游区间加入和引出流量，m^3/s；

　　　　λ——修正系数；

　　　　L——计算河段长，m；

　　　　L'——上下游两水文断面间河段长，m。

2.1.2.2 输水系统多水源循环转化模型

由于不同灌区系统的渠系概化级数不尽相同，为研究方便，将输水渠系分为输水干渠和支渠渠系两部分。

根据水量平衡原理构建输水干渠水循环转化模型，即

$$R_{k+1} = R_k + P_{4k} + G_{4k} - E_{4k} - S_{4k} - R_c - I_2 - I_{3k} \tag{2-4}$$

式中　R_k——进入第 k 渠段的干渠水量，万 m^3；

R_{k+1}——进入第 $k+1$ 渠段的干渠水量，万 m^3；

R_c——进入支渠渠系的配水量，万 m^3；

E_{4k}——第 k 渠段的干渠水面蒸发量，万 m^3；

S_{4k}——第 k 渠段的干渠入渗量，万 m^3；

P_{4k}——进入第 k 渠段的干渠降水量，万 m^3；

I_2——干渠引水补给坑塘量，万 m^3；

I_{3k}——第 k 渠段的干渠水直接退入排水沟量，万 m^3；

G_{4k}——第 k 段干渠的地下水补给量，万 m^3。

输水支渠的渠系水循环转化模型为

$$R_c + P_{4c} + G_{4c} = E_{4c} + I_1 + I_4 + S_{4c} + I_{3c} \tag{2-5}$$

式中　E_{4c}——支渠渠系水面蒸发量，万 m^3；

S_{4c}——支渠渠系入渗量，万 m^3；

P_{4c}——进入支渠渠系降水量，万 m^3；

I_1——输水进入农田的灌溉水量，万 m^3；

I_{3c}——支渠渠系水直接退入排水沟量，万 m^3；

I_4——引水进入城乡居民用水量，万 m^3；

G_{4c}——第 c 段支渠的地下水补给量，万 m^3。

输水系统中的水量损失主要集中在渠道渗漏和渠道水面蒸发。渠道水面蒸发量计算与取水系统中水面蒸发量的计算方法相同。渠道渗漏量与渠道的长度、地下水埋藏深度、渠床土壤条件、渠道衬砌情况等因素有关。考虑地下水顶托和渠道衬砌对渠道输水渗漏的影响，引入地下水顶托修正系数 γ 和渗水量折减系数 β，采用 Kostiakov 经验公式计算渠道渗漏量，即

$$S_{4i} = 0.01 L\beta\gamma t A Q_i^{1-m} \tag{2-6}$$

式中　S_{4i}——第 i 段渠道的渗漏量，m^3；

$\qquad L$——渠道长度，km；

$\qquad \beta$——渗水量折减系数；

$\qquad \gamma$——地下水顶托修正系数；

$\qquad Q_i$——第 i 段渠道净流量，m^3/s；

$\qquad A$——渠床土壤透水系数；

$\qquad m$——渠床土壤透水指数；

$\qquad t$——时间，s。

2.1.2.3　配水系统多水源循环转化模型

配水系统是建立在完整面域上的系统。根据下垫面条件的不同，配水系统不仅包括田间配水、坑塘配水、城乡居民配水，还包括分布在灌区系统内的林草地和天然土体。林草地和天然土体虽然未直接通过灌区系统配水，但在垂直方向上却消耗一部分天然降水，水平方向上参与其他配水系统的地表和地下径流过程，需要在建模过程中予以考虑。

1. 田间水循环

土壤是实现地表水、地下水、非常规水等多种水资源转化的重要场所，也是蒸发蒸腾、入渗、地表径流、地下径流、地下水垂直补给等要素循环转化的重要载体。对于田间土壤水系统，主要的补给来源为大气降水、灌溉水、潜水蒸发等；主要的消耗项为蒸发蒸腾和渗漏。为了更好地反映土壤水在各个层次上的转化通量，模型将土壤在垂直方向上分为 4 层，从上至下依次为土壤浅层、土壤深层、潜水层和承压水层。其中，土壤浅层对应的是地表以下 1m 左右的作物根系活动层，土壤深层对应的是浅层土壤下边界与潜水层上边界之间的土壤包气带部分。此外，在浅层土壤表面进一步划分出地表层，将地表层最大厚度作为判断地表是否形成径流的临界值。田间多水源循环转化关系如图 2-4 所示。

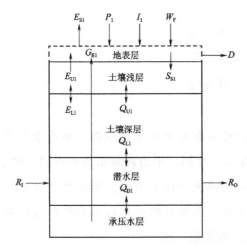

图 2-4　田间多水源循环转化关系

（1）地表层。根据田间多水源循环转化关系，对地表层进行水量平衡分析，即

$$H_S = H_{S0} + P_1 - D - E_{S1} + \frac{10(I_1 + G_{E1} + W_F - S_{S1})}{A_i} \tag{2-7}$$

$$D = \begin{cases} 0 & H_S \leqslant H_{Smax} \\ H_S - H_{Smax} & H_S > H_{Smax} \end{cases} \tag{2-8}$$

式中　H_S——地表蓄水量，mm；

　　　H_{S0}——初始地表蓄水量，mm；

　　　P_1——降水量，mm；

　　　I_1——灌水量，万 m^3；

　　　W_F——非常规水的补给量，万 m^3；

　　　D——地表排水量，mm；

　　　E_{S1}——植被截留蒸发量，mm；

　　　S_{S1}——入渗到浅层土壤的水量，万 m^3；

　　　H_{Smax}——地表蓄水层最大厚度，mm；

　　　G_{E1}——开采的地下水量，万 m^3；

　　　A_i——第 i 个子区的农田灌溉面积，km^2。

入渗到浅层土壤的水量 S_{S1} 为

其中
$$S_{S1} = ft \tag{2-9}$$

$$f = (f_0 - f_c)e^{-\alpha t} + f_c \tag{2-10}$$

式中　f——t 时刻的入渗率，mm/h；

　　　f_0——降水或灌溉初始时刻的入渗率，mm/h；

　　　f_c——稳定入渗率，mm/h；

　　　α——与土壤特性有关的递减指数。

植被截留蒸发量 E_{S1} 用 Noilhan - Planton 公式计算，即

$$E_{S1} = V_{eg} E_P \left(\frac{W_r}{W_{rmax}}\right)^{2/3} \tag{2-11}$$

$$\frac{\partial W_r}{\partial t} = V_{eg} P_1 - E_{S1} - R_r \tag{2-12}$$

$$R_r = \begin{cases} 0 & W_r \leqslant W_{rmax} \\ W_r - W_{rmax} & W_r > W_{rmax} \end{cases} \tag{2-13}$$

$$W_{\mathrm{rmax}} = 0.2 V_{\mathrm{eg}} LAI \qquad (2-14)$$

$$E_{\mathrm{P}} = \frac{(RN-G)\Delta + \dfrac{\rho_{\mathrm{a}} C_{\mathrm{P}} \delta_{\mathrm{e}}}{r_{\mathrm{a}}}}{\lambda(\Delta+\gamma)} \qquad (2-15)$$

$$\gamma = \frac{C_{\mathrm{P}} P}{0.622\lambda} \qquad (2-16)$$

式中　V_{eg}——地表植被覆盖面积率；

　　　W_{r}——植被截留水量，mm；

　　W_{rmax}——植被最大截留能力，mm；

　　　E_{P}——潜在蒸发量，mm；

　　　R_{r}——超过植被最大截留能力流出的水量，mm；

　　LAI——叶面积指数；

　　　RN——净辐射量，MJ/m²；

　　　G——传入水中的感热通量，MJ/m²；

　　　Δ——饱和水汽压对温度的导数，kPa/℃；

　　　ρ_{a}——空气密度，kg/m³；

　　　C_{P}——空气的定压比热，J/(kg·℃)；

　　　δ_{e}——实际水汽压与饱和水汽压之差，kPa；

　　　r_{a}——蒸发表面的空气动力学阻抗，s/m；

　　　λ——水的气化潜热，MJ/kg；

　　　γ——空气湿度常数，kPa/℃；

　　　P——大气压，kPa。

（2）浅层土壤。浅层土壤的补给主要来源于地表层入渗量 S_{S1}，消耗项是浅层土壤蒸发和植被蒸腾量 E_{U1}。此外，在水势梯度作用下浅层和深层土壤之间也存有部分水分交换 Q_{U1}。浅层土壤的水量平衡关系为

$$\theta_{\mathrm{U}} H_{\mathrm{U}} = H_{\mathrm{U0}} + S_{\mathrm{S1}} - E_{\mathrm{U1}} - Q_{\mathrm{U1}} \qquad (2-17)$$

式中　θ_{U}——浅层土壤的含水率；

　　H_{U0}——浅层土壤初始蓄水量，mm；

　　　H_{U}——时段末浅层土壤厚度，mm；

　　E_{U1}——浅层土壤蒸发和植被蒸腾量，mm；

　　Q_{U1}——浅层和深层土壤间水分通量，取向下为正。

其中

$$Q_{U1} = K_{U,L} \left[\frac{2(S_L - S_U)}{H_L + H_U} + 1 \right] \qquad (2-18)$$

$$K_{U,L} = \frac{2K_U K_L}{K_U + K_L} \qquad (2-19)$$

式中 S_U——浅层土壤水吸力，mm；

S_L——深层土壤水吸力，mm；

H_L——深层土壤厚度，mm；

$K_{U,L}$——浅层和深层土壤间的平均非饱和导水率，mm/d；

K_U，K_L——浅层和深层土壤非饱和导水率。

K_U、K_L 为

$$K(S) = \frac{K_S}{1 + fS^N} \qquad (2-20)$$

式中 S——土壤水吸力，mm；

K_S——土壤饱和导水率，mm/d；

f，N——经验系数和指数。

浅层土壤蒸发和植被蒸腾量 E_{U1} 的计算采用综合系数法计算，即

$$E_{U1} = k_s k_c ET_0 \qquad (2-21)$$

$$k_s = \frac{\ln(A_w + 1)}{\ln(101)} \qquad (2-22)$$

$$A_w = \frac{\theta - \theta_w}{\theta_f - \theta_w} \qquad (2-23)$$

式中 k_s——土壤供水系数；

θ——土壤含水率；

θ_f——田间持水率；

θ_w——凋萎系数；

A_w——土壤中实际有效水分占最大有效水分的比例；

k_c——综合作物系数，与作物种类、生育期和作物的群体叶面积指数等因素有关。

（3）深层土壤。以深层土壤为研究对象，建立水量平衡方程，即

$$\theta_L H_L = H_{L0} + Q_{U1} - E_{L1} - Q_{L1} \qquad (2-24)$$

式中　θ_L——深层土壤的含水率，%；

　　　H_{L0}——深层土壤初始蓄水量，mm；

　　　H_L——时段末深层土壤厚度，mm；

　　　Q_{U1}——深层土壤潜水蒸发量，mm；

　　　Q_{L1}——田间土壤深层和潜水层间水分通量，mm；

　　　E_{L1}——潜水蒸发量，mm。

由于潜水层内为饱和土壤水，吸力为 0，则田间土壤深层和潜水层间水分通量 Q_{L1}（向下为正）为

$$Q_{L1}=K_L\left(1-\frac{2S_L}{H_L}\right) \tag{2-25}$$

当地下水位埋深超过潜水理论极限蒸发深度时，潜水蒸发已十分微弱，可忽略不计，但在理论极限蒸发深度内的潜水蒸发量仍需考虑。潜水蒸发量计算的经验公式有很多，模型采用应用相对较广泛的公式来计算潜水蒸发量 E_{L1}，即

$$E_{L1}=E_{max}(1-e^{-\eta E_0/E_{max}}) \tag{2-26}$$

$$E_{max}=AH^{-m} \tag{2-27}$$

式中　E_{max}——潜水极限蒸发强度，mm；

　　　η——经验指数，与土壤性质和地下水位埋深有关；

　　A，m——与土壤性质有关的参数；

　　　H——潜水埋深，m。

（4）潜水层。对于潜水层来讲，输入项有区域地下水流入量和取水河道、输水渠道、灌区内坑塘的渗漏补给量；输出项有潜水开采量和区域地下水流出量；变化项为潜水层与土壤包气带水之间的水分交换通量，以及潜水层与深层承压水之间的越流补给量。以区域潜水层为研究对象建立水量平衡方程，即

$$Q_{L1}+Q_{L6-7}+S_{2-4}+Q_{D1}+Q_{D6-7}-G_G-G_{2-4}-G_{E1}-G_{E2}+1000\frac{R_I-R_O}{F}$$

$$=\mu(H_{D2}-H_{D1}) \tag{2-28}$$

式中　Q_{L1}——田间土壤深层和潜水层间水分通量，mm；

　　　Q_{L6-7}——林草地土壤深层和潜水层间水分通量，mm；

　　　S_{2-4}——分别对应坑塘渗漏量、排水沟渗漏量、输水渠道渗漏量，mm；

Q_{D1}——田间深层承压水对潜水的越流补给量，mm；

Q_{D6-7}——林草地深层承压水对潜水的越流补给量，mm；

G_G——输水渠系地下水补给量，mm；

G_{2-4}——分别为坑塘、排水沟和输水渠系地下水补给量，mm；

G_{E1}——田间潜水开采量，mm；

G_{E2}——城乡居民地潜水开采量，mm；

R_I，R_O——区域潜水层地下水流入和流出量，m^3；

F——区域面积，m^2；

μ——潜水层给水度；

H_{D1}，H_{D2}——时段始、末地下水平均埋深，mm。

（5）承压水层。深层承压水主要的补给来源为地下水侧向径流及上覆潜水层的越流补给。平原区侧向补给微弱，开采条件下含水层弹性释放量主要考虑越流补给和人工开采承压水量，即

$$1000 \frac{R_I' - R_O'}{F} - Q_{D1} - Q_{D6-7} - G_{E1}' - G_{E2}' = s(H_{D2} - H_{D1}) \qquad (2-29)$$

式中　G_{E1}'——田间深层承压水开采量，mm；

G_{E2}'——林草地深层承压水开采量，mm；

R_I'，R_O'——区域承压水层地下水流入量、流出量，m^3；

s——承压含水层的弹性释水系数。

2. 坑塘水循环

在灌区系统内的低洼地区散布了一些坑塘，主要用于承接灌溉退水、山洪和地下水补给，在配水系统中起到存蓄的作用，这对于改善灌区生态环境、调节气候具有重要作用。

根据水量平衡原理，坑塘水循环转化关系为

$$\Delta Q_1 = P_2 + I_2 + F + D_1 + G_2 - E_2 - S_2 \qquad (2-30)$$

式中　ΔQ_1——坑塘蓄水变量，mm；

P_2——坑塘降水量，mm；

I_2——干渠引水补给坑塘量，mm；

F——洪水补给量，mm；

D_1——灌溉退水补给坑塘量，mm；

E_2——坑塘蒸发量，mm；

S_2——坑塘入渗量，mm；

G_2——地下水与坑塘的补排量，mm。

地下水与坑塘的补排量主要取决于地下水位与坑塘水位间的高低，地下水位高于坑塘水位时，地下水向坑塘补给，反之则由坑塘向地下水入渗。

坑塘与地下水的补排量为

$$G_G = T(H_g - H + d)t \tag{2-31}$$

$$d = H\left(\frac{Q}{Q_{\max}}\right)^{\alpha} \tag{2-32}$$

式中　d——坑塘水深，m；

H——坑塘总深度，m；

Q——坑塘蓄水量，万 m^3；

$Q_{\max}$——坑塘最大蓄水能力，万 m^3；

α——幂指数；

G_G——坑塘与地下水的补排量，万 m^3；

T——排水系数，m^2/d；

H_g——单元内地下水的平均埋深，m；

t——计算时长，d。

3. 城乡居民地水循环

对于灌区系统内的城乡居民地，存在有生活、工业用水，涉及的用水行业和水源类型较多，若从整个用水过程的角度分析各类水源的消耗与损失，不仅计算过程繁复，而且对于分析整个灌区系统水循环的意义不大。为了简化计算，本书从水资源输入和输出的角度考虑城乡居民地的水循环，将具体的生活、工业用水过程黑箱化，仅考虑整个城乡居民地生活、工业用水的耗水量和污水排放量。

根据水量平衡原理，构建城乡居民地水循环转化模型，即

$$P_5 - E_5 - D_3 = \frac{10(S_W + W_C - I_4 - G_{E2})}{A_i} \tag{2-33}$$

式中　P_5——城乡居民地降水量，mm；

I_4——城乡引用地表水量，万 m^3；

G_{E2}——城乡引用地下水量，万 m^3；

S_W——城乡污水排放量，万 m^3；

E_5——城乡居民地蒸发量，mm；

W_C——城乡耗水量，万 m^3；

D_3——城乡居民地径流排水量，mm。

城乡耗水量 W_C 包括工业耗水量和生活耗水量。城镇生活用水多采用集中供水方式，水量几乎全部消耗于居民生活和供用水过程中的蒸发；农村生活用水多采用分散打井供水，耗水量等于农村人畜取用水量。即

$$W_C = W_L + W_I \qquad (2-34)$$

$$W_L = q_1 P_{1i} + q_2 P_{2i} \qquad (2-35)$$

$$W_I = \sum \lambda Q_{Ii} \qquad (2-36)$$

式中　W_L——生活耗水量，万 m^3；

$\quad\quad W_I$——工业耗水量，万 m^3；

$\quad q_1, q_2$——城镇和农村人均每天耗水定额，$m^3/(人 \cdot d)$；

P_{1i}, P_{2i}——第 i 个区域城镇和农村人口数，万人；

$\quad\quad\quad \lambda$——工业耗水率；

$\quad\quad Q_{Ii}$——第 i 个区域的工业用水量，万 m^3。

城乡污水排放量主要由工业和城镇生活污水排放量组成，农村生活所产生的污水量相对较小，一般忽略不计。城乡污水排放量 S_W 为

$$S_W = K \sum (1-\lambda) Q_{Ii} + K' q_1 P_{1i} \qquad (2-37)$$

式中　K——工业污水排放系数，一般取 0.8；

$\quad\quad K'$——城镇生活污水排放系数，一般取 0.6~0.9。

由于城乡居民用地多采用防水处理，地面的透水性相对较差。为了简化计算，假设蒸发量仅与洼地储流量和地面径流量有关，城乡居民地的入渗量近似为 0。城乡居民地蒸发量 E_5 和径流排水量 D_3 分别为

$$\frac{\partial H_u}{\partial t} = P_5 - E_5 - D_3 \qquad (2-38)$$

$$E_5 = \begin{cases} c E_{5max} & P_5 + H_u \geqslant E_{5max} \\ P_5 + H_u & P_5 + H_u < E_{5max} \end{cases} \qquad (2-39)$$

$$D_3 = \begin{cases} 0 & H_u \leqslant H_{umax} \\ H_u - H_{umax} & H_u > H_{umax} \end{cases} \qquad (2-40)$$

式中 H_u——洼地储流量，mm；

$\quad\quad H_{umax}$——最大洼地储流量，mm；

$\quad\quad c$——城乡居民用地的面积率，%。

4. 林草地及天然土体水循环

与田间水循环相比，林草地、天然土体各部分水循环要素组成与之大体相同，计算方法也类似，区别在于林草地、天然土体水循环减少了部分灌溉配水。

2.1.2.4 排水系统多水源循环转化模型

排水系统与输水系统结构类似，但两者在分流与汇流特点上有所区别。输水系统从干渠（管路）到支渠（管路）逐渐分流，径流量逐级减少；排水系统则刚好相反，从支沟（暗管）到干沟（暗管）逐渐汇流，径流量也逐步增大。

以排水最末级干沟为研究对象，按照水量平衡原理建立排水系统水循环转化模型，即

$$R_{P+1}=R_P+R_{ZP}-S_3+I_3+D_2+G_3+0.1(P_3-E_3)A_i \qquad (2-41)$$

式中 R_P——进入第 P 沟段的干沟水量，万 m^3；

$\quad\quad R_{P+1}$——进入第 $P+1$ 沟段的干沟水量，万 m^3；

$\quad\quad P_3$——排水干沟降水量，mm；

$\quad\quad R_{ZP}$——支沟排入干沟水量，万 m^3；

$\quad\quad E_3$——水面蒸发量，mm；

$\quad\quad S_3$——排水沟入渗量，万 m^3；

$\quad\quad I_3$——引水渠道直排水量，万 m^3；

$\quad\quad D_2$——田面退水直排入排水沟的水量，万 m^3；

$\quad\quad G_3$——地下水排入排水沟的水量，万 m^3。

2.1.2.5 灌区系统多水源循环转化模型

在分析灌区系统各组成部分的基础上，构建灌区系统多水源循环转化模型，灌区系统多水源循环转化水均衡示意图如图 2-5 所示。

由图 2-5 可知，通过取水系统引取的地表水资源，经输水系统各级渠道输送到配水系统当中，在坑塘、田间、城乡居民地、林草地间进行分配，不能被作物利用的多余水量经由排水系统排出灌区。地下水是连接灌区系统各部分的重要组成部分，对整个灌区系统的地下水资源而言，也应满足区域水量的平衡，

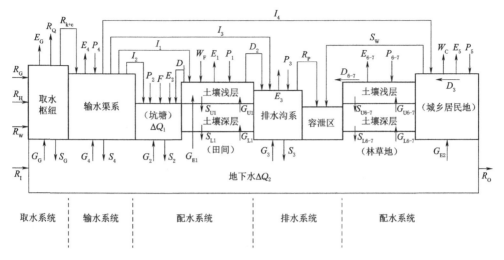

图 2-5 灌区系统多水源循环转化水均衡示意图

因此对灌区系统地下水建立平衡方程，即

$$\Delta Q_2 = S_G - G_G + S_4 - G_4 + S_2 - G_2 + S_{L1} - G_{L1} - G_{E1} + S_3 - G_3$$
$$- G_{E2} + S_{L6-7} - G_{L6-7} + R_I - R_O \qquad (2-42)$$

式中　ΔQ_2——区域地下水蓄水变量，万 m^3；

　　　S_4——输水渠系入渗量，万 m^3；

　　　G_4——地下水补给输水渠系量，万 m^3；

　　　S_{L6-7}——林草地入渗量，万 m^3；

　　　G_{L6-7}——地下水补给林草地的水量，万 m^3；

　　　R_I——周边河库补给地下水的量，万 m^3；

　　　R_O——地下水侧排流出量，万 m^3。

对于整个区域而言，输入项主要包括河库来水量 R_G、灌溉回归水量 R_H、外调水量 R_W、区域总降水量 P_Z、灌区周边河库侧向补给量 R_I、灌区周边洪水补给量 F、非常规水补给量 W_F。输出项主要有区域总蒸发量 E_Z、排水沟排出量 R_P、城乡污水排入容泄区的量 S_W、地下水侧排流出量 R_O。整个灌区系统的蓄水变量 ΔQ 可以根据水均衡原理表示为

$$\Delta Q = \Delta Q_1 + \Delta Q_2 = R_G + R_H + R_W + P_Z + R_I + F + W_F - E_Z - R_P - S_W - R_O$$
$$(2-43)$$

2.1.3　人民胜利渠灌区多水源循环转化关系

2.1.3.1　研究区概况

人民胜利渠灌区是我国北方典型的平原井渠结合灌区，灌区位于黄河北岸，地域包括新乡市郊、新乡县、武陟县、原阳县、获嘉县、延津县、卫辉市、滑县，共计 38 个乡，793 个村，总人口 215.89 万人。

人民胜利渠灌区规划灌溉面积 9.923 万 hm^2。现有总干渠 1 条、干渠 5 条、支渠 41 条、斗渠 391 条、农渠 1651 条，渠道总长 1923km。总干渠自渠首闸开始，自西南向东北至新乡市饮马口入卫河，长 52.7km，设计流量 80m^3/s，实际过水能力 60m^3/s；设计衬砌长度 45.4km，实际衬砌 17.11km，衬砌率为 32.5%。干渠总长 144.834km，设计流量 8～35m^3/s，实际输水能力 5.6～25m^3/s；设计衬砌长 156.83km，实际衬砌长 64.467km，衬砌率为 44.5%。支渠总长 485.571km，设计流量 1.01～7.6m^3/s，实际输水能力 0.6～4.6m^3/s；设计衬砌长 199.63km，实际衬砌长 90.949km，衬砌率为 18.7%。斗渠总长 658.7km。农渠总长 688.37km。

人民胜利渠灌区实行灌排分设的渠系布置，主要排水渠系有卫河、东西孟姜女河、总干渠、南长虹渠、西柳青河和文岩渠。

人民胜利渠灌区有支排 33 条，均已按五年一遇除涝标准开挖，建筑物大部分按十年一遇除涝标准修建。但近年来，由于浑水灌溉管理不善，造成排水沟淤积，乡镇企业排放污水、废水，致使河道水质污染严重。

依据含水介质及空隙类型，区内调查深度范围内地下水可划分为松散岩类孔隙水、半胶结碎屑岩类孔隙裂隙水两类。根据含水层组的埋藏条件，区内地下水可划分为浅层含水层组、中深层含水层组、深层含水层组。

浅层含水层组底板埋深 80～130m，浅层水为潜水-微承压水，含水介质为冲洪积及风积的粗砂、中砂、细砂岩层，可见 2～4 层，单层厚度 8～80m，总厚度 44～110m，由南向北含水层厚度逐渐变薄。根据单井涌水量（5m 降深计算），浅层含水层组可划分为强富水区、中富水区和弱富水区，浅层含水层组富水性分区图如图 2-6 所示。其中：①强富水区分布在七里营、郎公庙、关堤一带，含水层岩性以中砂、细砂为主，厚度大于 70m，单井涌水量 3000～4800m^3/d，渗透系数 16～25m^3/d；②中富水区分布在小冀北、大召营、洪门、古固寨、延津、获嘉一带，含水层岩性以中砂、细砂为主，厚度 $50\sim70m$，单井涌水量 $1100\sim2900m^3/d$，渗透系数 $12\sim20m/d$；③弱富水区分布在共产主义渠两侧洼地、卫河淤积区、太山庙、卫辉一带，含水层岩性以细中砂、中细砂、粉细砂为主，一般厚度小于 $30m$，单井涌水量 $700\sim900m^3/d$，渗透系数 $12\sim18m/d$。

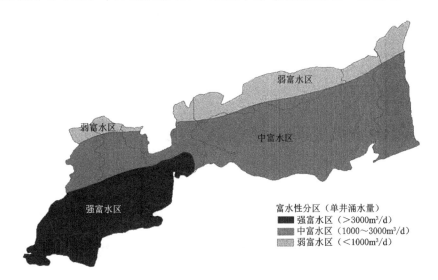

图 2-6　浅层含水层组富水性分区图

古黄河漫滩区地势高，地表水、地下水径流条件较好，地下水埋深大，地下水矿化度一般为 $1g/L$ 左右，土体含盐量 0.1% 左右。古黄河背河洼地区，地势低平，地表水、地下水径流条件差，灌区历史上有名的老盐碱地，都分布在此区域内，比如获嘉县的丁村和新乡县的洪门。地下水还受气候、灌溉等因素影响，具有以年为周期的季节性变化特征，表现为灌溉蒸发型，水盐运动以垂直交替为主。除局部地下水过量开采地区外，水位变幅 $2\sim3m$，盐分变幅不大，矿化度多小于 $1g/L$，局部可达 $2\sim4g/L$。

降水是灌区水资源的一个主要来源。但单从水量上看，多年平均降水量不足 $600mm$，有效降水量并不能满足农田需水量的要求，还必须引黄河水和利用地下水。近年来，由于黄河水资源实行以供定需，灌区引黄水量受到极大限制，保证率为 50% 时，分配给人民胜利渠的可引黄水量为 5.37 亿 m^3。灌区地下水分为浅层地下水（潜水）和深层地下水，浅层地下水含水层以粉细沙、中沙和粗沙为主，水量丰富，底板埋深 $40\sim60m$；深层地下水含水层底板埋深 $90\sim110m$。灌区地下水主要利用的是潜水，机井很少抽取深层地下水。人民胜利渠灌区地下水来源主要以降雨入渗和灌溉入渗补给为主。

2.1.3.2　计算分区与时段

为了保持灌区配水的连续性，在不打断灌溉输水渠道的基础上，以灌区主要引水口门为节点，干渠、分干渠覆盖的灌溉区域作为分区的依据，将整个灌区划分为 7 个子区。灌区分区示意图如图 2-7 所示，灌区分区基本情况见表 2-1。

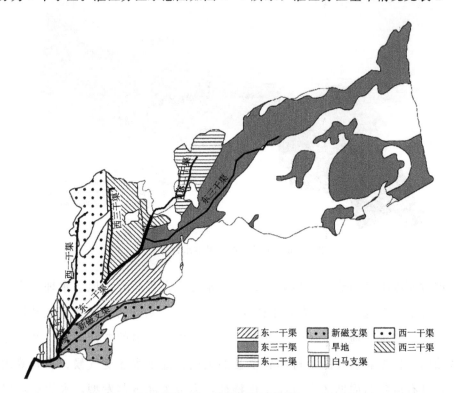

图 2-7　灌区分区示意图

表 2-1　　　　　　　　　　灌 区 分 区 基 本 情 况

序号	分　区	行政区	地　貌	土壤性质	控制面积/km²
1	新磁支渠	获嘉县 武陟县 新乡县 原阳县	古漫滩区	壤黏土 砂黏壤土 壤土	113.05
2	白马支渠	武陟县 获嘉县	古漫滩区	砂黏壤土 壤黏土	45.88
3	东一干渠	获嘉县 新乡县 原阳县	古漫滩区	壤黏土 砂黏壤土 壤土	166.81

续表

序号	分 区	行政区	地 貌	土壤性质	控制面积/km²
4	西一干渠	获嘉县 新乡县	古漫滩区 背河洼地区	壤黏土 砂黏壤土 壤土	186.88
5	西三干渠	获嘉县 新乡县	背河洼地区	壤黏土 砂黏壤土 壤土	108.70
6	东三干渠	滑县 卫辉市 新乡县 延津县	背河洼地区 卫河淤积区	砂土 砂黏壤土 壤土 壤黏土	758.03
7	东二干渠	卫辉市 新乡市郊 新乡县 延津县	卫河淤积区	壤土 砂黏壤土 黏壤土 砂土	107.45

根据灌区现状土地利用情况，其中林草地占 58.48km²，占灌区总面积的 3.93%；林地、水浇地、水田和草地占 993.31km²，占灌区总面积的 66.81%；旱地占 413.2km²，占灌区总面积的 27.79%；城镇建设用地占 18.74km²，占灌区总面积的 1.26%；水域占 3.11km²，占灌区总面积的 0.21%。灌区土地利用类型空间分布如图 2-8 所示。

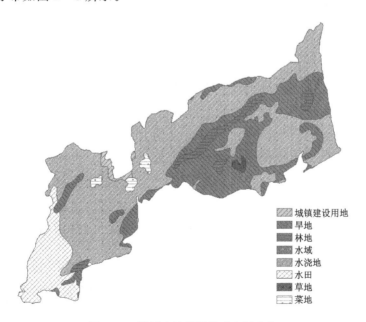

图 2-8 灌区土地利用类型空间分布

　　为了简化计算，将种植比例小的作物进行归并，结合各行政区的种植结构，确定各子区冬小麦、夏玉米和春播棉的种植面积。灌区作物种植面积见表 2-2。

表 2-2　　　　　　　　　　灌 区 作 物 种 植 面 积

序号	分　区	冬小麦/hm²	春播棉/hm²	夏玉米/hm²
1	新磁支渠	4058.7	77.6	734.1
2	白马支渠	2745.6	41.8	340.2
3	东一干渠	9251.4	1253.4	5192.7
4	西一干渠	6207.4	1910.0	4357.1
5	西三干渠	1850.3	835.6	2745.6
6	东三干渠	23098.6	14026.3	13489.1
7	东二干渠	2566.5	2566.5	3461.8
8	全灌区	49778.5	20711.2	30320.6

　　为了便于灌溉管理，更好地反映灌区水循环过程的时间分异性，多水源循环转化模型以日为计算时长，同时假定逐日的水循环过程是均匀变化的。

2.1.3.3　模型验证

　　考虑到灌区缺乏实测的地表径流量资料，并且灌区地表植被覆盖面积超过 70%，选用蒸散量作为评价模型模拟地表水适用性的指标。给水度是反映包气带土层持水和释水能力的重要指标，可直接反映地下潜水位的动态，故选用该指标作为模型模拟地下水转化的评价指标。

　　1. 蒸散量

　　以 2001—2010 年为验证期，模型模拟的灌区年均蒸散量模拟值和 2004—2008 年年均遥感监测值相比较，相对误差为 -2.9%。2001—2010 年灌区平均蒸散量模拟的相对误差见表 2-3。灌区年均逐月蒸散量遥感监测值与模拟值对比图、拟合图如图 2-9、图 2-10 所示，从结果来看，蒸散量的最大值均出现在 5 月，最小值均出现在 12 月，逐月变化趋势一致。这表明构建的灌区多水源循环转化模型，能够较好地模拟地表水循环转化关系。

表 2-3　　　　　2001—2010 年灌区年均蒸散量模拟的相对误差

遥感监测值/mm	模拟值/mm	相对误差/%
630.3	611.8	-2.9

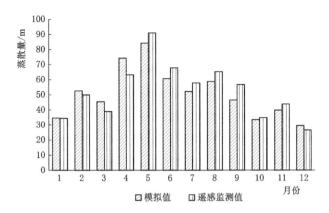

图 2-9 灌区年均逐月平均蒸散量遥感监测值与模拟值对比图

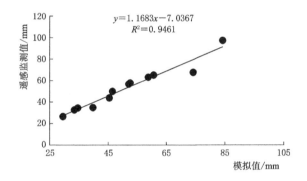

图 2-10 灌区年均逐月平均蒸散量遥感监测值与模拟值拟合图

2. 给水度

根据灌区多水源循环转化模型结果，可以统计出各子区的地下水调蓄量和地下水埋深升降值，各子区和全灌区的给水度 μ_i 即为

$$\mu_i = \frac{\Delta Q_{2i}}{\Delta H_i A_i} \qquad (2-44)$$

式中 ΔQ_{2i}——第 i 个子区的地下水调蓄量，万 m^3；

A_i——第 i 个子区的面积，km^2；

ΔH_i——第 i 个子区的地下水埋深升降值，升为正降为负，m。

灌区分区给水度值见表 2-4，利用给水度值与地下水非稳定流试验构建的灌区多水源循环转化模型，能够较好地模拟地下水循环转化关系。

表 2 - 4　　　　　　　　　　　　灌区分区给水度值

序号	分　区	地下水调蓄量 /万 m³	地下水埋深升降值 /m	给水度值
1	新磁支渠	−4.37	−0.007	0.055
2	白马支渠	−1.42	−0.006	0.052
3	东一干渠	−8.84	−0.008	0.066
4	西一干渠	−20.80	−0.013	0.086
5	西三干渠	−557.46	−0.523	0.098
6	东三干渠	−119.09	−0.017	0.092
7	东二干渠	−14.39	−0.015	0.089

2.1.3.4　结果分析

将各系统流入项作为输入项，各系统除蒸发和渗漏以外的流出项作为输出项，将转化过程中的蒸发、渗漏作为水资源转化项，灌区系统 2001—2010 年多年平均水资源转化情况见表 2 - 5。

表 2 - 5　　　　　　灌区系统 2001—2010 年多年平均水资源转化情况

灌区系统	输入量 /万 m³	输出量 /万 m³	转　化　量			
			蒸发（散）量 /万 m³	渗漏量 /万 m³	合计 /万 m³	占比 /%
取水系统	2523526	2522541	7	978	985	0.9
输水系统	41794	24216	468	17110	17578	16.2
配水系统	105986	17070	60767	28149	88916	81.7
排水系统	9849	8568	411	870	1281	1.2

从灌区系统组成方面看，取水系统水资源转化量为 985 万 m³，这部分转化量在整个灌区系统中最小，主要以渠首闸和取水渠道渗漏为主，这可能与灌区采用无坝取水方式及渠首枢纽规模较小有关。排水系统水资源转化量也以渗漏为主，转化量为 1281 万 m³。

输水系统水资源转化量为 17578 万 m³，水资源转化主要集中在渠道渗漏上，约占总引黄水量的 42%，这部分渗漏损失量虽然没有配水系统的大，但由于灌区输水渠道长，渠道防渗措施不完备，全灌区的衬砌率仅为 24%，易造成引黄水的渗漏，抬高输水渠道沿线的地下水位，这增加了沿线农田遭受渍害和土壤次生盐碱化的风险。

灌区系统水资源转化量主要集中在配水系统中，约占系统总转化量的 81.8%。其中，农田蒸散量和渗漏量分别为 60767 万 m³ 和 28149 万 m³，城乡居民地蒸发量为 1051 万 m³，林草地蒸发和渗漏量分别为 1726 万 m³ 和 1719 万 m³。由此可知，配水系统水资源消耗主要集中在农田蒸散和渗漏上，其中农田渗漏量约占 26%，这可能是因为大部分地区仍采用大水漫灌等落后灌溉方式，从而造成的水资源浪费。

人民胜利渠灌区 2001—2010 年年均"四水"资源转化通量如图 2-11 所示。在大气水和地表水的转化过程中，大气水通过降水和产流（0.15 亿 m³）转化为地表水，地表水通过水面蒸发（0.19 亿 m³）、人工取用（0.69 亿 m³）转化为大气水。在大气水和土壤水的转化过程中，大气水通过降水入渗（2.81 亿 m³）补给土壤水，土壤水通过蒸发蒸散（5.97 亿 m³）转化为大气水。在土壤水和地下水的转化过程中，土壤水通过下渗补给（1.18 亿 m³）转化为地下水，地下水通过潜水蒸发（0.19 亿 m³）、地下水灌溉补给（1.84 亿 m³）转化为土壤水。在地下水和地表水的转化过程中，地下水通过基流（0.85 亿 m³）转化为地表水，地表水通过渠系渗漏补给（1.80 亿 m³）转化为地下水。在地表水和土壤水的转化过程中，地表水通过灌溉（1.71 亿 m³）补给土壤水，土壤水通过壤中流（0.11 亿 m³）转化为地表水。灌区年均引黄水量 4.04 亿 m³，排入容泄区水量 0.86 亿 m³，地表水蓄变量 -0.1 亿 m³；周边地下水边界流入 0.81

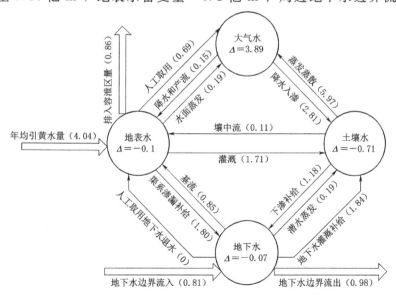

图 2-11　灌区 2001—2010 年年均"四水"资源转化通量（单位：亿 m³）

亿 m³，地下水边界流出 0.98 亿 m³，地下水蓄变量－0.07 亿 m³；土壤水蓄变量－0.71 亿 m³；大气水蓄变量 3.89 亿 m³。引起灌区大气水蓄变量增加的最主要来源是土壤的蒸发蒸散，这部分水量约占"四水"转化总通量的 34%。灌区年均地下水蓄变量为－0.71 亿 m³，这可能与灌区局部地区超采地下水有关，如东三干渠下段的牌杨庄村，2010 年地下水平均水位已下降至 9.48m，而地下水位的持续下降非常容易引发地面沉降，对生态环境造成不利影响。地表水、土壤水和地下水等均存在负向补给趋势，减少了当地水资源可利用量。

2.2 基于耗散-汇合结构的灌区水循环模型研发

2.2.1 模型结构

本书采用自主研发的流域分布式水循环模型（WACM）模拟分析宁夏引黄灌溉绿洲水循环要素的变化，为绿洲水循环模拟、节水的生态环境效应和节水潜力评估提供技术平台。

WACM 是基于人类活动频繁地区水的分配、循环转化规律及其伴生的物质（C、N）、能量变化过程而建立的，WACM 框架如图 2-12 所示。其中，水循环模块是 WACM 的核心，其模拟基本过程与其结构分别如图 2-13、图 2-14 所示。

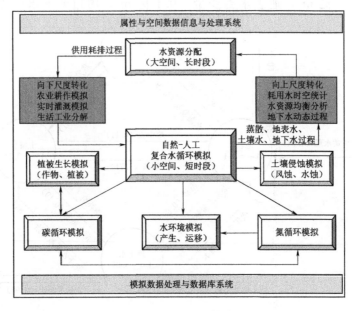

图 2-12 WACM 框架

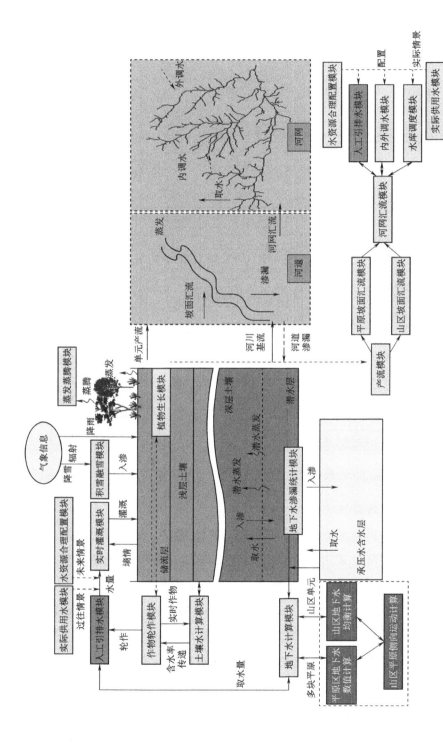

图 2 - 13　WACM 水循环模块模拟基本过程

模拟过程主要包括自然水循环过程和灌区引水、农田实时灌溉、灌区排水、其他人工影响等人工因素主导的水循环过程。其他功能及模块的实现均是以此为基础展开。

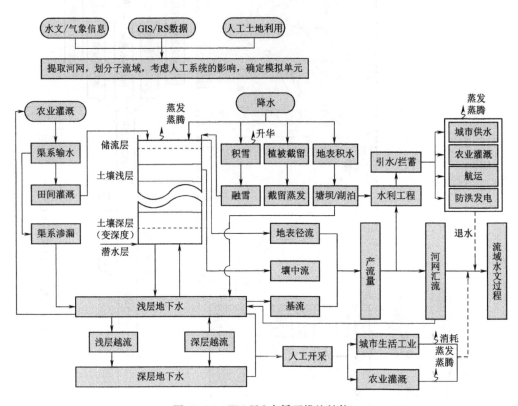

图 2-14　WACM 水循环模块结构

1. 蒸散发过程的模拟

蒸散发过程的模拟主要包括水面蒸发、裸地蒸发、植被覆盖域蒸散发和不透水域蒸发。水面蒸发采用 Penman 公式进行模拟计算；裸地蒸发采用修正的 Penman 公式进行计算；植被覆盖域蒸散发包括土壤蒸发、植被蒸腾、植被截留蒸发，分别采用修正的 Penman 公式、Penman-Monteith 公式和 Noilhan Planton 模型进行模拟计算；不透水域蒸发主要根据 Penman 公式计算，并结合降水量、地表（洼地）储流能力和潜在蒸发能力进行模拟计算。

2. 土壤水过程模拟

为了计算不同下垫面状况对地表径流的蓄存效应，模型在土壤层上考虑设置了地表储流层，根据模拟需要将土壤分为 n 层采用通用土壤水模型进行计算。

另外，在遇到土壤冻融的情况时，将土壤水分为固态水和液态水两种形态，通过冻结过程和冻融过程，基于水量与能量平衡，采用改进的度日因子法分别模拟其变化量。

3. 地下水过程模拟

地下水主要考虑浅层地下水（潜水）和深层地下水（承压水）运动过程的模拟，采用平面二维地下水数值模型对研究区地下含水层进行模拟计算，数值模型采用中心隐式差分方法对地下水方程组进行离散，然后采用高斯-赛德尔方法进行迭代求解。另外，模型中还提供了基于水均衡原理的简化地下水模型，可根据需要选用。

4. 坡面汇流与河道汇流过程模拟

将坡面和河道水流均看作是一种特殊形式的简单非恒定流，依据圣维南方程组，简化其惯性力项和压力项的影响，得到运动波方程，采用隐式差分方法对方程组进行离散，采用牛顿迭代方法进行方程组的求解。另外，模型还提供了采用马斯京根法求解河道汇流过程的模块。

5. 灌区引水过程模拟

灌区引水分为渠灌区引水、井灌区引水和井渠结合灌区引水。对于灌区引水模型构建：①在渠灌区设置 1 条引水干渠，无论灌区是否跨多个子流域，均根据灌区渠系工程图的支渠引水节点位置，从上而下，逐个节点进行引水模拟，将水量从支渠分配到各个水循环单元；②在井灌区，采用从某水循环单元节点取水的形式，将井灌区的所有井及井群概化到某几个水循环单元，再根据其辐射区域，将井灌水量分配到各个水循环单元，解决地下水模拟计算与井灌区模拟计算的衔接问题；③在井渠结合灌区，由于井灌与渠灌的引水方式均设置为节点，故而只需将上述两个过程同时完成即可。引水模拟的关键计算在于水循环单元灌水量的分配与渠系输水损失计算。

6. 农田实时灌溉过程模拟

灌区灌水过程是一个受气象条件、灌溉需水量、灌溉可用水量等因素综合影响的过程。其关键问题是计算每个水循环计算单元的当日灌水量（模型计算时间步长为天），它是由单元所在的灌区属性、当前灌溉制度和当日可灌总水量决定的。

模型中考虑灌区、非灌区两种单元类型，根据灌溉水源进一步分为渠灌区、井灌区、井渠结合灌区和雨养农业区，并根据不同类型的灌区设定不同的灌溉保证率，进一步考虑作物轮作、复种和区域灌溉制度对农田作物灌溉的影响，以降水量、地表水和地下水等多种水源作为水量控制，实现作物复种条件下的农田实时灌溉过程模拟。

7. 灌区排水过程模拟

与引水不同的是，灌区排水影响到全流域的产汇流，如何进行排水沟的从物理到数学过程的概化是一个关键问题，对于农、斗、支沟模型概念性的概化到各水循环单元内，体现在排水沟底板高程和渗漏损失上，而排水干沟在每个子流域均设置 1 条，子流域内属于灌区的单元格按照一定的方式坡面汇流到排水干沟，再通过排水干沟汇到子流域的主河道，而子流域内不属于灌区的单元格，按照天然的方式直接汇到子流域的主河道。这样，在主河道的模拟上需要增加 1 个排水节点，模拟该断面的水量过程。排水模拟的关键在于水循环单元的排水量计算与排水方式的确定。其中，排水干沟按照一维运动波方法计算排水过程，农田排水的支沟、斗沟，田间排水毛沟等，则基于水量平衡原理来计算其变化过程。

8. 湖泊湿地过程模拟

湖库湿地的模拟根据补排水量平衡计算，其主要消耗项为蒸发和渗漏。

湖泊湿地的水量平衡关系为

$$\Delta Q = P + Q_F + Q_R + Q_T + Q_U - E_W \tag{2-45}$$

式中　　ΔQ——湖泊水量蓄变量；

$\quad\quad E_W$——本时段水面蒸发量；

$\quad\quad P$——本时段降水量；

$\quad\quad Q_F$——本时段周边洪水补给量；

$\quad\quad Q_T$——本时段灌溉退水补给湖泊水量；

$\quad\quad Q_R$——本时段人工直接补给湖泊水量；

$\quad\quad Q_U$——地下水与湖泊的补排关系。

当地下水位低于湖水位时，湖泊向地下水渗漏，反之，地下水向湖泊补给。

湖泊的地下水排泄量与田间排水沟地下水排泄类似，首先需计算湖泊的水深，而湖泊水量与湖泊水深的幂函数关系为

$$d = H \left(\frac{Q}{Q_F} \right)^a \tag{2-46}$$

式中　　d——湖库水深；

Q——湖库水量；

H——湖库的总深度；

α——幂指数；

Q_F——湖库的最大蓄水能力。

根据地下水排水的经验公式，计算湖库与地下水的交换量，即

$$Q_U = T(H_g - H + d) \qquad (2-47)$$

式中　T——排水系数；

H_g——地下水埋深。

9. 其他人工影响过程模拟

除引水、灌溉、排水外，人工影响过程包括水库调节过程、工业生活用水过程等。其中，水库调节过程模拟按照汛期、汛末和非汛期分别采用相应的水库调度过程进行水量的控制，进而模拟河道径流变化。工业生活用水过程模拟则基于水量平衡从相应的取水单元进行扣除。

2.2.2　模型构建

2.2.2.1　基础数据预处理

模型需要的基础数据包括研究区的空间数据、水文地质数据、气象观测数据、水文观测数据、灌区引排水数据和经济社会数据等，WACM 主要输入数据信息见表 2-6。

表 2-6　　　　　　　　　　WACM 主要输入数据信息

数据项	数据内容	备注
空间数据	DEM	2015 年
	土地利用图	2010/2015 年
	植被覆盖图	2010/2015 年
	河网水系图	—
	土壤分布图	2000 年
水文地质数据	地下水井站分布、水文地质参数	2008 年以来，逐月
气象观测数据	降水、气温、风速、相对湿度	2008 年以来，逐日
水文观测数据	主要水文控制站点的流量过程信息	2008 年以来，逐月
灌区引排水数据	引排水渠系分布、引排水过程信息	2008 年以来，逐月
经济社会数据	农业、工业、生活和生态用水量等信息	2008 年以来，逐年

1. 研究区 DEM 信息

采用的是 2009 年美国国家航空航天局（National Aeronautics and Space Administration，NASA）发布的全球 DEM 数据，数据采样精度为 30m，海拔精度为 7~14m。研究区 DEM 信息如图 2-15 所示。

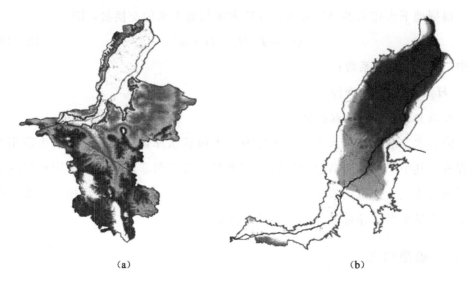

　　（a）　　　　　　　　　　　　　　　　　　（b）

图 2-15　研究区 DEM 信息

2. 土地利用分布信息

对研究区 2015 年土地利用分布信息进行解译分析，研究区 2015 年土地利用分布信息如图 2-16 所示。

3. 土壤空间分布信息

本书采用中国科学院南京土壤研究所公布的全国土壤分布图进行分析，研究区土壤空间分布信息，如图 2-17 所示。

4. 灌区引排水渠系分布信息

灌区引水渠系和排水渠系分布信息分别如图 2-18、图 2-19 所示。

5. 气象站空间分布信息

气象数据资料来自国家气象局网站共享数据资料，共有气象站点 7 个。研究区气象站点空间分布信息如图 2-20 所示。

6. 水文地质信息

水文地质信息主要包括研究区地下水含水层结构、含水层厚度、给水度、渗透系数及初始埋深等。研究区水文地质信息如图 2-21 所示。

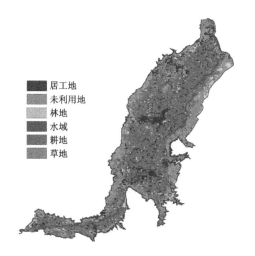

图 2-16　研究区 2015 年土地利用分布信息

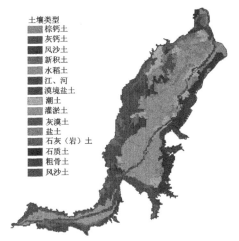

图 2-17　研究区土壤空间分布信息

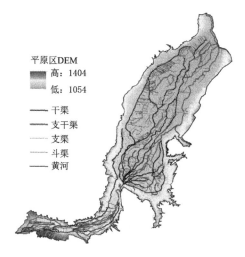

图 2-18　灌区引水渠系分布信息

图 2-19　灌区排水渠系分布信息

7. 经济社会用水信息

根据模型需要通过宁夏水资源公报整理得到 2008—2017 年研究区经济社会供、用水量，研究区经济社会供、用水量见表 2-7。

2.2.2.2　计算单元的划分

计算单元的划分需要兼顾子流域、行政区划、灌区范围等特征信息。首先依据宁夏所在的水资源三级分区范围与宁夏省级行政区划范围确定研究区的外边界，这也是提取 DEM、土地利用、土壤等信息的边界。其次根据研究区的现

▲　气象站点

图 2-20　研究区气象站点空间分布信息

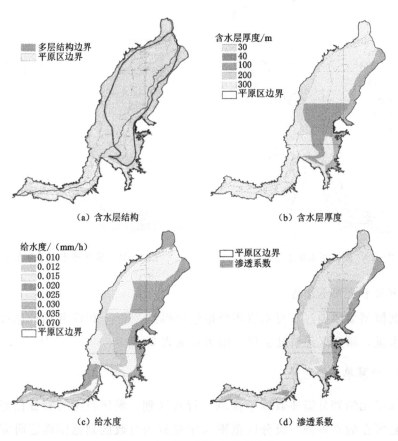

含水层厚度/m
30
40
100
200
300
平原区边界

多层结构边界
平原区边界

（a）含水层结构

（b）含水层厚度

给水度/（mm/h）
0.010
0.012
0.015
0.020
0.025
0.030
0.035
0.070
平原区边界

平原区边界
渗透系数

（c）给水度

（d）渗透系数

图 2-21　研究区水文地质信息

表 2-7 研究区经济社会供、用水量

年份	供水量/亿 m³					用水量/亿 m³				
	地表水	引黄水	地下水	污水处理回用	合计	农业	工业	城镇生活	农村生活	合计
2008	0.660	68.379	5.139	0	74.178	69.125	3.331	1.083	0.640	74.178
2009	0.734	66.292	5.208	0	72.234	66.717	3.676	1.180	0.661	72.234
2010	0.877	66.075	5.418	0	72.370	66.369	4.121	1.212	0.668	72.370
2011	0.897	67.104	5.586	0	73.587	66.978	4.647	1.304	0.658	73.587
2012	0.858	62.881	5.453	0.142	69.334	62.458	4.873	1.374	0.629	69.334
2013	0.764	65.638	5.559	0.166	72.127	65.058	5.010	1.428	0.631	72.127
2014	0.994	63.675	5.472	0.172	70.313	63.130	4.978	1.559	0.646	70.313
2015	1.074	63.969	5.137	0.187	70.367	63.682	4.353	1.667	0.665	70.367
2016	0.990	58.376	5.306	0.219	64.891	57.720	4.389	2.111	0.671	64.891
2017	0.906	59.376	5.533	0.241	66.056	56.372	4.516	2.335	0.662	66.056
平均	1.048	72.966	5.497	0.188	79.553	72.943	4.769	1.189	0.577	79.552

状灌溉范围和 DEM 分布特征，考虑与研究区具有显著水力联系的毗邻区域确定研究区内山区与平原区的边界范围。对山区按照子流域汇流特征划分计算单元，平原区则考虑引排水渠系分布特征进行计算单元划分。

1. 平原区计算单元划分

平原区计算单元划分需要综合考虑研究区对应的行政区、引水灌域、排水灌域及地下水计算需求来综合确定。

（1）引水灌域单元划分。根据青铜峡灌区及卫宁灌区总干、干渠、分干和支渠的分布情况，以末级渠段对应的灌溉范围为依据，同时兼顾行政区范围，划分引水灌域，共得到 265 个引水灌域单元（干渠灌域总共 18 个）。

（2）排水灌域单元划分。根据宁夏青铜峡灌区和卫宁灌区的总干沟、干沟、分干沟和支沟的分布情况，以末级排水沟对应的排水范围为依据，同时兼顾行政区范围，划分排水灌域单元，共得到 539 个排水灌域单元。

（3）引水灌域与排水灌域的叠加。将划分的引水灌域单元和排水灌域单元进行空间叠加，并进一步剖分，得到 1850 个引排水单元，每个单元都有唯一的引水渠系和排水沟道与之对应，并且有明确的行政区范围。

（4）地下水计算单元划分。为了便于进行地下水数值模拟计算，将平原区以 1km×1km 正方形栅格进行划分，得到 10712 个计算单元。

2. 山区计算单元划分

对山区水循环过程进行模拟计算主要是为了给平原区单元划分提供地表汇流和山前侧渗补给的边界信息。因此，山区计算单元划分中，主要依据山区DEM 信息对其汇水单元进行划分和提取，得到 358 个计算单元。

3. 最终确定的计算单元

将山区和平原区划分的单元进行合并，即得到模拟计算所需的单元，共计11070 个。根据确定的计算单元，对土地利用、土壤信息、水文地质参数等按照单元范围进行提取，得到每个单元各种土地利用类型、土壤类型的分布面积和水文地质参数分区值。

2.2.3　模型率定与验证

2.2.3.1　判别标准

当模型的结构和输入参数初步确定后，需要对模型进行参数校准和验证。一般选用相对误差 R_e、相关系数 R^2 和确定性效率系数 E_{ns}（Nash – Suttcliffe）来评价模型的适用性。相对误差 R_e 计算公式为

$$R_e = \frac{Q_{sim,i} - Q_{obs,i}}{Q_{obs,i}} \times 100\% \tag{2-48}$$

式中　R_e——模型模拟的相对误差；

$Q_{sim,i}$——模拟值；

$Q_{obs,i}$——实测值。

若 $R_e > 0$，说明模拟值偏大；若 $R_e < 0$，则说明模拟值偏小；若 $R_e = 0$，则说明模型模拟结果与实测值正好吻合。

相关系数 R^2 反映了模拟径流流量和实测径流流量的相关程度，其值越接近1，说明二者的相关性越好，其值越小则反映了二者相关性越差。R^2 通过 Excel提供的计算工具直接得到，其计算公式为

$$R^2 = \frac{\left[\sum_{i=1}^{n}(Q_{sim,i} - \overline{Q_{sim}})(Q_{obs,i} - \overline{Q_{obs}})\right]^2}{\sum_{i=1}^{n}(Q_{sim,i} - \overline{Q_{sim}})^2 \sum_{i=1}^{n}(Q_{obs,i} - \overline{Q_{obs}})^2} \tag{2-49}$$

式中　$\overline{Q_{sim}}$——平均模拟径流流量；

$\overline{Q_{obs}}$——平均实测径流流量；

n——观测的次数。

E_{ns} 的允许取值范围在 $0\sim1$，值越大表明效率越高；当该值小于 0 时，说明模拟结果没有采用平均值准确。确定性效率系数 E_{ns} 的计算公式为

$$E_{ns} = 1 - \frac{\sum_{i=1}^{n}(Q_{obs,i} - Q_{sim,i})^2}{\sum_{i=1}^{n}(Q_{obs,i} - \overline{Q_{obs}})^2} \qquad (2-50)$$

通常，通过实测数据资料对模型进行率定和验证是利用模型研究水循环过程的关键必备环节。本次研究区为引排水渠系复杂的大型灌区，结合实测资料情况，对水循环过程中的蒸发、径流和地下水过程进行率定和验证。其中，蒸发采用研究区各县市水面蒸发观测资料进行验证；排水过程采用宁夏回族自治区水文局提供的青铜峡和卫宁灌区主要排水干沟 2008—2017 年长系列月流量过程信息进行验证；地下水埋深则利用 2008—2017 年灌区 152 眼地下水观测井实测资料进行验证。

2.2.3.2 水面蒸发对比验证

蒸发验证依据研究区各区县监测的水面蒸发资料（2008—2017 年），将实测值与模拟值进行对比，各区县水面蒸发量验证效果见表 2-8，水面蒸发量率定与验证如图 2-22 所示。可以看出，R_e 均在 10% 以内，R^2 在 0.9 以上，E_{ns} 在 0.8 以上，满足精度要求。

表 2-8　　　　　　　　各区县水面蒸发量验证效果

项目	惠农区	大武口区	平罗县	贺兰县	银川市
E_{ns}	0.80	0.87	0.82	0.87	0.84
R^2	0.91	0.94	0.93	0.96	0.95
R_e	-2.08%	-1.95%	-0.48%	-1.95%	-2.51%
项目	永宁县	青铜峡市	吴忠市区	中宁县	中卫市
E_{ns}	0.87	0.86	0.86	0.83	0.84
R^2	0.96	0.93	0.93	0.92	0.93
R_e	-1.99%	0.05%	-0.24%	-1.87%	-2.24%

2.2.3.3 灌区排水过程验证

灌区排水过程依据灌区主要排水干沟 2008—2017 年长系列月流量过程信息

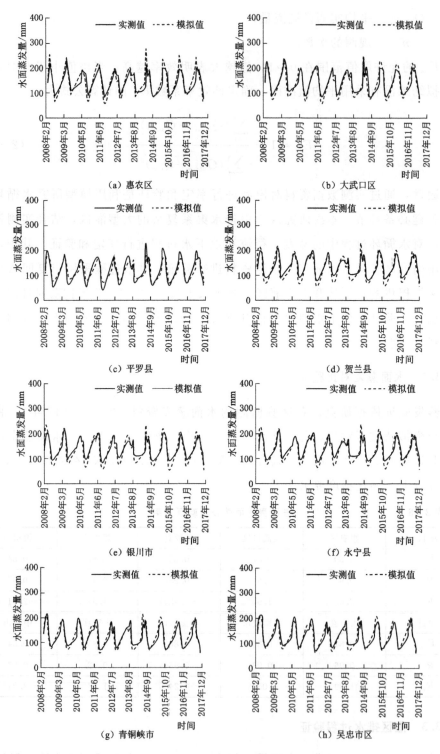

图 2-22 （一）　水面蒸发量率定与验证

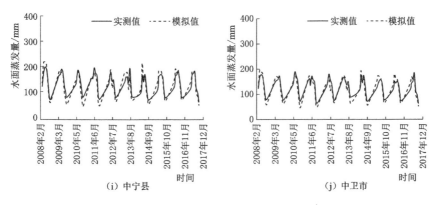

（i）中宁县　　　　　　　　　　（j）中卫市

图 2-22（二）　水面蒸发量率定与验证

对模型进行验证工作。主要排水沟排水月过程验证如图 2-23 所示。可以看出，模拟值与实测值拟合较好（相对误差均在 20% 以内，相关系数在 0.85 以上，纳什效率系数在 0.7 以上），满足精度要求。

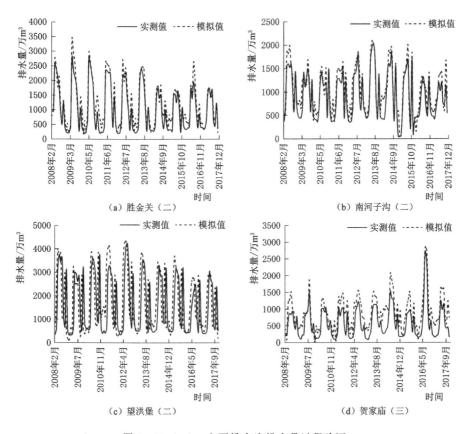

（a）胜金关（二）　　　　　　　　（b）南河子沟（二）

（c）望洪堡（二）　　　　　　　　（d）贺家庙（三）

图 2-23（一）　主要排水沟排水月过程验证

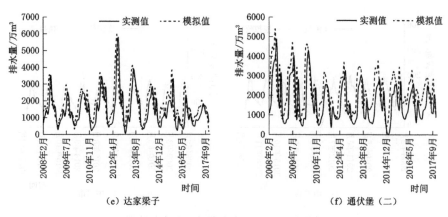

（e）达家梁子　　　　　　　　　　　（f）通伏堡（二）

图 2-23（二）　主要排水沟排水月过程验证

2.2.3.4　地下水验证

根据灌区 152 眼浅层地下水观测井 2008—2017 年逐月埋深序列资料，与地下水模拟结果进行对比验证。灌区部分观测井近 10 年逐月地下水埋深变化过程验证及 2017 年地下水埋深空间模拟效果验证如图 2-24、图 2-25 所示，在变化趋势上能够较好地反映实际变化特征。

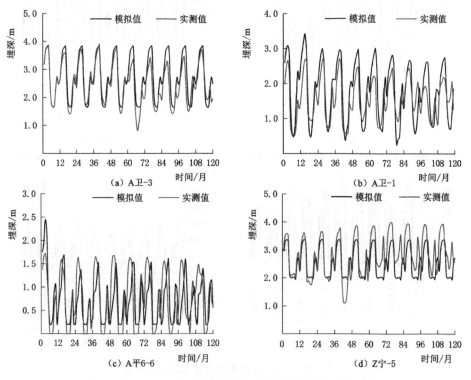

（a）A卫-3　　　　　　　　　　（b）A卫-1

（c）A平6-6　　　　　　　　　　（d）Z宁-5

图 2-24（一）　灌区部分观测井地下水埋深变化过程验证

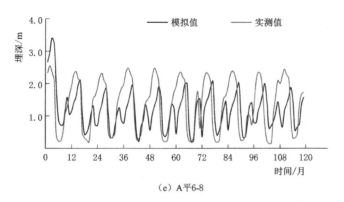

（e）A平6-8

图 2-24（二） 灌区部分观测井地下水埋深变化过程验证

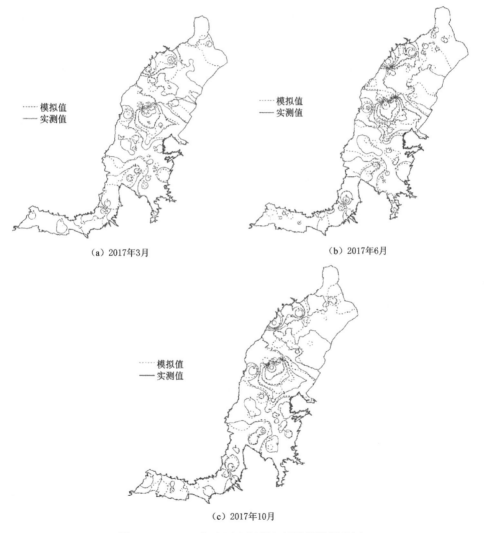

（a）2017年3月   （b）2017年6月

（c）2017年10月

图 2-25　2017年地下水埋深空间模拟效果验证

2.2.4　水平衡结构解析

区域水平衡问题研究有三方面的含义：第一是降水径流平衡，即降水量与蒸发量、径流量的平衡，它是一个区域总的水量平衡关系，也是水文循环意义上的水量平衡；第二是水资源的供、用、耗、排平衡，它是从机理上认识和描述一个区域或者流域内已经形成的水资源量收支平衡关系，即来水量（水资源量）与耗水量、排水量的平衡；第三是水资源的供需平衡关系，即自然条件可以供给的水资源量与社会经济环境对水资源的需求关系之间的平衡。前两个平衡是水文科学意义上的水量平衡，而水资源供需平衡是经济社会系统的水量平衡，也就是水资源供需安全问题。它们之间意义各不相同但又相互关联。

本书基于土地利用分类，即引水渠系、居工地、未利用地、湖泊湿地、河道与排水沟、林地、草地、农田，根据平原区水循环模型（WACM）模拟计算结果，可输出分灌域、分行政区下、分子流域及分单元的每种土地利用水量平衡结果，并对不同尺度空间的地表水、地下水、土壤水和区域总水量进行平衡分析验证。引黄灌溉绿洲水量平衡表见表 2 - 9，其为整个引黄灌溉绿洲平原2008—2017 年系列的水平衡结果。可以看出，绿洲多年平均降水 20.49 亿 m³，占输入水量的 25.8%；引黄河水量 55.10 亿 m³，占输入水量的 69.4%；山前侧渗补给、周边山区洪水、黄河侧渗补给及深层地下取水量共计 3.79 亿 m³，占输入水量的 4.8%。输出水量中，占比重最大的为耗水量，包括蒸散消耗与人工消耗水量，多年平均 47.23 亿 m³，占总输出量的 59.5%；其次为灌区排水量，年均 30.19 亿 m³，占总输出量的 38.0%；侧排入黄河 0.81 亿 m³，占总输出量的1.0%；地下水蓄变量减少 0.12 亿 m³，反映了区域地下水持续下降的事实。

表 2 - 9　　　　　　　　　　引黄灌溉绿洲水量平衡表

平衡项目	输入项	数量/亿 m³	输出项	数量/亿 m³	蓄变量/亿 m³
引水渠系	降水	0.21	蒸发	1.32	
	引黄河水	55.10	渠系渗漏	24.10	
	潜水蒸发	0.05	引入田间	28.32	
			人工生态补水	1.62	
	合计	55.36	合计	55.36	0.00

续表

平衡项目	输入项	数量/亿 m³	输出项	数量/亿 m³	蓄变量/亿 m³
居工地	降水	1.72	蒸散发	1.57	
	潜水蒸发	0.10	入渗地下	0.08	
	工业生活浅层地下取水	1.27	地表产流	0.16	
	工业生活深层地下取水	1.82	工业生活耗水	0.96	
	工业生活地表取水	0.11	工业生活耗水	2.25	
	合计	5.02	合计	5.02	0.00
未利用地	降水	2.93	蒸散发	3.18	
	潜水蒸发	0.94	入渗地下	0.51	
	渠系渗漏	0.03	地表产流	0.21	
	合计	3.90	合计	3.90	0.00
湖泊湿地	降水量	0.53	蒸发量	2.44	
	地下水补给河湖	0.38	补给地下水量	0.09	
	人工生态补水量	1.62			
	合计	2.53	合计	2.53	0.00
河道与排水沟	降水量	0.32	蒸发量	1.73	
	农田地表排水	7.35	补给地下水量	0.31	
	非农田地表产流	1.32	人工取水量	0.12	
	地下水排泄沟道	21.39	灌区排水量	30.47	
	工业生活排水量	2.25			
	合计	32.63	合计	32.63	0.00
林地	降水	0.67	蒸散发	1.34	
	潜水蒸发	0.75	入渗地下	0.10	
	渠系渗漏	0.03	地表产流	0.01	
	合计	1.45	合计	1.45	0.00
草地	降水	3.88	蒸散发	4.52	
	潜水蒸发	1.27	入渗地下	0.61	
草地	渠系渗漏	0.05	地表产流	0.07	
	合计	5.20	合计	5.20	0.00

续表

平衡项目	输入项	数量/亿 m³	输出项	数量/亿 m³	蓄变量/亿 m³
农田	降水	10.23	蒸散发	30.18	
	潜水蒸发	7.16	入渗地下	10.30	
	引黄灌溉	28.32	农田地表排水	7.36	
	当地地表水灌溉	0.01			
	当地地下水灌溉	0.49			
	渠系渗漏	1.63			
	合计	47.83	合计	47.83	0.00
地下水平衡分析	河渠渗漏补给	22.76	潜水蒸发	10.28	
	地表入渗补给	11.60	农田地下水开采	0.49	
	山前侧渗补给	1.11	工业生活开采	1.27	
	黄河侧渗补给	0.02	补给河湖湿地	0.38	
			地下水排泄沟道	21.39	
			侧排入黄河	0.81	
			浅层补给深层	0.99	
	合计	35.49	合计	35.61	−0.12
灌区水量平衡分析	降水	20.49	蒸散发	47.23	
	引黄河水	55.10	灌区排水	30.19	
	山前侧渗补给	1.11	工业生活耗水	0.96	
	黄河侧渗补给	0.02	侧排入黄河	0.81	
	周边山区洪水	0.84	浅层补给深层	0.99	
	生活工业深层地下取水	1.82	地下水蓄变量	−0.12	
	合计	79.38	合计	79.38	0.00

2.2.5　灌区供用水结构及其变化特征

2.2.5.1　供水水源结构及变化

从广义水资源角度来看，引黄灌溉绿洲供水水源主要包括降水、引黄水、当地地表水及地下水。2008—2017 年近十年供水量及占比变化如图 2−26 所示。可以看出，引黄水量持续减少，占比从 74.0% 下降至 66.1%；降水近年来呈增加趋势，供水占比从 21.7% 最高增加至 33.5%；当地地表水供水量较小，地下水供水量占比基本稳定在 4.6% 左右。

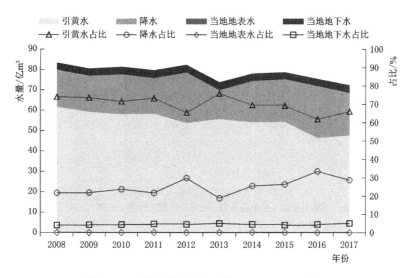

图 2-26　供水量及占比变化（2008—2017 年）

2.2.5.2　用水结构及用水效率变化

引黄灌溉主要为农业用水。按照传统计算口径，所有引黄水除直接供给工业生活和生态用水外，其余水量均计入农业用水，2008 年以来农业用水占比从 93.7% 下降到 90.1%，工业用水占比则从 3.3% 降至 2.7%，生活和生态用水则持续增加，从 3.1% 增加至 7.2%。不考虑引黄生态供水效应下，近十年引黄灌溉绿洲供水结构变化如图 2-27（a）所示。

在干旱或半干旱地区，农业灌溉除了支撑农作物生产功能之外，还隐秘担负着极其重要的生态功能，灌溉输水及田间渗漏水量通过直接供给沿途植被、湖泊湿地或先入渗补给地下水再通过潜水蒸发等途径提供给植被及河湖生态，这一部分水分功能往往被忽视，常常被认为是"浪费的"水分，然而这部分水分反而是决定绿洲生态系统健康状态的关键因素。其中，引黄灌溉水量中未进入田间的水量就担负着绿洲生态功能的生态补充用水效应，考虑引黄生态供水效应下近十年引黄灌溉绿洲供水结构变化如图 2-27（b）所示。可以看出，随着节水措施的不断强化推进，引水总量持续显著下降；进入田间的水量基本平稳，占比从 45.5% 上升至 51.9%；渗漏损失补充生态的水量减少趋势十分显著，占比从 48.1% 降至 38.2%，其生态效应正在逐步显现，人工生态补水量持续增加。

近十年来，引黄灌溉绿洲灌溉面积总体保持平稳，略有增加，但灌溉用水总量持续减少，灌溉用水量与灌溉面积相关性分析如图 2-28 所示，说明灌区

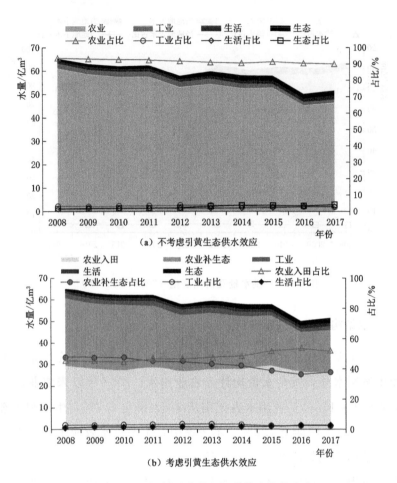

（a）不考虑引黄生态供水效应

（b）考虑引黄生态供水效应

图 2-27　近十年引黄灌溉绿洲供水结构变化

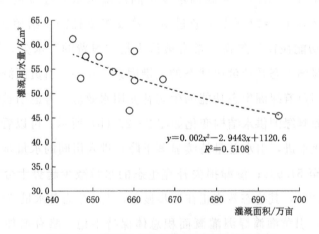

$$y=0.002x^2-2.9443x+1120.6$$
$$R^2=0.5108$$

图 2-28　灌溉用水量与灌溉面积相关性分析

正在以更少的水量支撑同等甚至更多的农田灌溉，其背后正是灌溉用水效率的显著提升。进一步分析引黄灌溉绿洲用水效率指标，可知农田亩均毛灌溉用水量从 948m³/亩降至 705m³/亩，降幅达 26%，而田间亩均灌溉用水量从 461m³/亩降至 406m³/亩，降幅约 12%，说明渠系水输送漏损减少更为显著，渠系水利用系数在过去十年有了显著的提升。近十年农田亩均毛灌溉用水量与田间亩均灌溉用水量变化如图 2-29 所示。

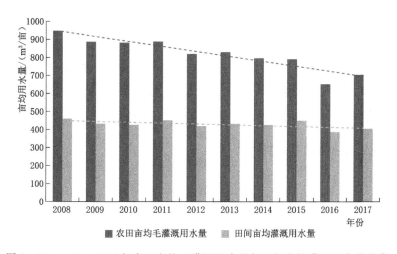

图 2-29　2008—2017 年农田亩均毛灌溉用水量与田间亩均灌溉用水量变化

2.2.6　绿洲耗水结构及其变化特征

耗水量是指在输水和用水过程中，通过居民和牲畜饮用、产品带走、蒸腾蒸发等多种途径消耗掉而不能回归到地表水体或地下的水量，主要包括生活、工业、农作物生产和天然生态耗水量。耗水过程既是人类干预水分循环的过程，如满足人畜生活和工农业生产等社会经济发展的耗水过程，也是自然界的一种水文现象，比如植物的蒸散发、水面蒸发等。绿洲耗水量的含义是指绿洲区域内用于自然界和人类活动所消耗的水资源总量（包括当地降水、周边来水和外调水等）。

天然状态下，干旱绿洲耗水机制单一，降雨经植被冠层截留、地表洼地蓄流，入渗形成土壤水和地下水，除了少量灌区周边来水形成的地表径流和地下水外，主要消耗于当地人工系统和天然生态系统的蒸散发。由于受到人类活动的干扰，绿洲水循环规律发生剧烈的变化，耗水机制也随之改变。强烈的人类活动将改变流域的下垫面条件，陆地表面的覆盖率、植物分布方式和土壤质地等发生了变化，从而改变区域入渗、产流、汇流规律，进而影响当地的地表水、地下水和土壤水资源量及其时空分布。

大量引水灌溉及大量排水，除了引排水渠道本身的水面蒸发之外，农田灌溉用水增加，天然裸地蒸发由农作物蒸腾蒸发所取代，也增加了蒸发量。引排水渠道的水量跑冒滴漏和农田灌溉的排水使得区域土壤蓄水量和地下水蓄积量迅速增加，补给天然林草和湖泊湿地，增加天然生态系统的蒸发蒸腾量，形成了完全不同于天然状态的土地利用结构。由于天然-人工耗水完全融为一体，当地降水与外来水源难以区分，给辨识区域耗水结构、耗水过程和耗水机理增加了难度，导致定量化评估绿洲节水潜力和生态耗水面临困境。本书基于WACM，首先考虑不同耗水水源，其次基于用水过程特点区分不同水源消耗量，为分析绿洲耗水结构特征及演变规律提供了可能。

2.2.6.1　现状耗水量及其结构特征

目前关于宁夏平原区耗水量研究已经作了大量的工作，并取得了重要成果，主要通过河段差法、引排差法、蒸发量法进行耗水量的核定。

（1）河段差法。采用黄河入、出宁夏河段水量差（河段差）进行耗水量的核定，该方法基于实际观测量计算，方法简便，但由于黄河控制断面测量误差和对当地降雨考虑较少，河段差法计算结果与实际的误差太大。

（2）引排差法。相对于河段差法，引排差法测量精度有所提高，但由于只能进行部分排水量的监测，以及排水沟组成的复杂，引排差法还停留在监测数据外延的阶段。

（3）蒸发量法。相对于引排差法，蒸发量法试图从耗水机理解决区域耗水量问题，但目前的研究仅仅考虑了区域作物的蒸散发，没有计算区域天然生态消耗水量。

本书采用水循环法，利用开发的WACM，从区域整体水循环的角度，分析宁夏平原区消耗水量。

根据对宁夏平原区灌溉绿洲水循环模拟的耗水结果分析，得到2017年实际情况下水资源消耗量和黄河水资源消耗量，宁夏引黄灌溉绿洲现状耗水结构分析见表2-10。宁夏灌溉绿洲（不含黄河干流宁夏段）广义水资源消耗量48.76亿 m^3。如果认为当地降水、周边地下侧渗补给、山区洪水均消耗于平原绿洲，则2017年黄河干流河段水资源消耗量25.23亿 m^3，占广义水资源消耗量（不含黄河干流宁夏段）的 51.7%；若考虑黄河干流宁夏段蒸发消耗，则平原灌溉绿洲消耗黄河水资源量为 29.25 亿 m³，占广义水资源消耗量（含黄河干流宁夏段）的 54.6%。

2017 年黄河水资源消耗量（不含黄河干流宁夏段）中，生态耗水总量 16.87 亿 m³，占资源耗水量的 34.6%。其中：当地水资源生态消耗量 10.73 亿 m³，占生态耗水总量的 63.6%；黄河水资源生态消耗量 5.71 亿 m³，占生态耗水总量的 33.9%，占黄河水资源消耗量的 22.7%。若考虑黄河干流宁夏段，则生态耗水总量 21.7 亿 m³，占资源消耗量的 40.5%；黄河水资源生态消耗量 9.73 亿 m³，占生态耗水总量的 44.9%，占黄河水资源消耗量的 33.3%。

表 2-10　　　　　　　宁夏引黄灌溉绿洲现状耗水结构分析

项　目	广义水资源消耗量/亿 m³	当地水资源消耗量/亿 m³	黄河水资源消耗量/亿 m³
引水渠系	1.30	0.23	1.07
居工地	2.63	1.97	0.66
未利用地	3.19	3.10	0.09
林地	1.34	0.72	0.62
草地	4.94	4.26	0.68
农田	31.00	11.48	19.52
湖泊湿地	2.60	0.58	2.02
河道与排水沟	1.76	1.18	0.58
小计	48.76	23.53	25.23
黄河干流宁夏段	4.83	0.81	4.02
合计	53.59	24.34	29.25

注　当地降水全部消耗在区域内。

2.2.6.2　耗水量变化

1. 耗水量年际变化

近十年来，引黄灌溉绿洲总耗水量呈增加趋势，多年平均耗水量为 47.23 亿 m³，黄河水消耗量与当地水资源消耗量均呈增加趋势，多年平均耗水量分别为 24.77 亿 m³、22.46 亿 m³，宁夏灌溉绿洲近十年耗水变化如图 2-30 所示。

2. 耗水量年内变化

近十年来，引黄灌溉绿洲 4—9 月耗水量呈增加趋势，多年平均耗水量为 39.73 亿 m³，其他月耗水量基本保持不变，多年平均耗水量为 7.50 亿 m³，宁

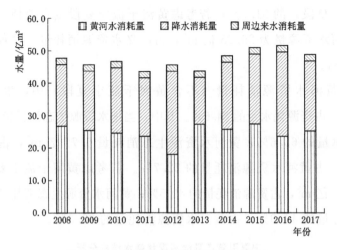

图 2-30　宁夏灌溉绿洲近十年耗水变化

夏灌溉绿洲近十年耗水年内变化分布如图 2-31 所示。

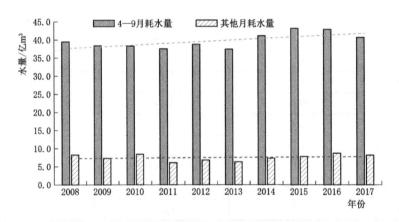

图 2-31　宁夏灌溉绿洲近十年耗水年内变化分布

2.2.6.3　经济社会耗水量与自然生态耗水量

从用水端进行分类，区域耗水量可分为经济社会耗水和自然生态耗水。其中，经济社会耗水量包括农田耗水量和工业生活耗水量，自然生态耗水量主要指除农田耗水和工业耗水以外的自然蒸发、蒸腾耗水量。近十年来，引黄灌溉绿洲多年平均经济社会耗水量为 31.14 亿 m^3，占总耗水量的 66%；自然生态耗水量为 16.09 亿 m^3，占总耗水量的 34%，近十年耗水占比在 33%～36% 波动，宁夏灌溉绿洲近十年自然生态耗水量占比变化如图 2-32 所示。

在生态耗水中，湖泊湿地耗水量占比最大，达到 34%；其次为草地、未利

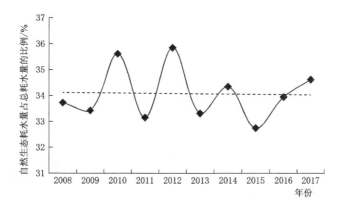

图 2-32　宁夏灌溉绿洲近十年自然生态耗水量占比变化

用地、居工地、林地，耗水量占比分别为 28%、20%、10%、8%。宁夏灌溉绿洲耗水结构占比如图 2-33 所示。

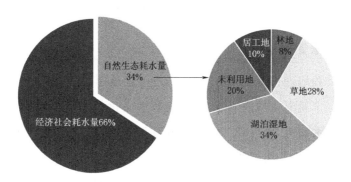

图 2-33　宁夏灌溉绿洲耗水结构占比

2.2.7　绿洲排水构成及其变化特征

2.2.7.1　排水量来源构成及变化

近十年来，引黄灌溉绿洲总排水呈显著减少趋势，总排水主要由三部分组成，包括地下排水、地表排水和工业生活排水。总排水量的减少主要由地下排水量减少引起，如地下排水量由 2008 年的 24.1 亿 m³ 减少到 2017 年的 16.7 亿 m³，地表排水量和工业生活排水量略有减少基本保持平稳，多年平均排水量分别为 8.4 亿 m³ 和 2.25 亿 m³。宁夏灌溉绿洲排水来源构成如图 2-34 所示。以上说明引黄灌溉绿洲近年来的节水已对排水量产生较大影响，特别是对地下排水量影响较为显著，这可能是由于节水显著减少了对地下水的补给而引起地下水位下降，进而导致排水量显著减少。

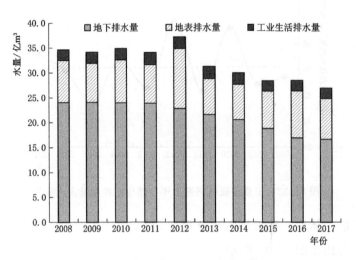

图 2-34　宁夏灌溉绿洲排水来源构成

2.2.7.2　分区排水量变化

由于引水量和地理位置的不同，导致各个灌区排水条件的不同，进而导致排水量的差异，宁夏灌溉绿洲各分灌区排水量变化如图 2-35 所示。其中河西灌区多年平均排水量为 18.31 亿 m³，河东灌区多年平均排水量为 6.51 亿 m³，河北灌区多年平均排水量为 3.46 亿 m³，河南灌区多年平均排水量为 2.81 亿 m³。各分灌区的排水量中地下排水量占总排水量的比例达到 65% 以上；工业生活排水量占总排水量的比例均在 10% 以下，其中河西灌区的工业生活排水量占总排水量

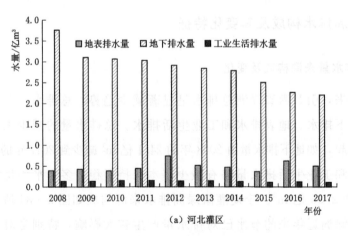

（a）河北灌区

图 2-35（一）　宁夏灌溉绿洲各分灌区排水量变化

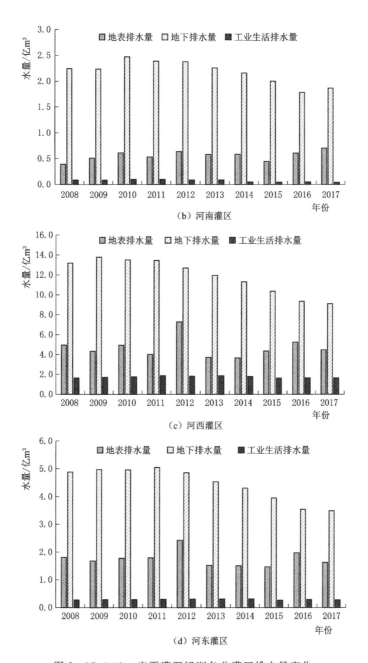

图2-35（二） 宁夏灌溉绿洲各分灌区排水量变化

的比例最高仅达到9%，其他三个灌区的占比均在4%以下。近十年，引黄灌溉绿洲各大分灌区的总排水量均呈减少趋势，各大分灌区地下排水量显著减少，地表排水量和工业生活排水量在一个较为平稳的阶段，由此可知，各灌区排水量的减少主要是由于地下排水量的减少而引起的。近年来灌溉绿洲实施大规模节水措施，入渗补给量减少，地下水位下降，是引起地下排水减少的主要原因。

2.2.8　绿洲地下水补排变化特征

2.2.8.1　地下水补给构成及变化

地下水补给主要由河渠渗漏补给、地表入渗补给（农田入渗补给与降水入渗补给）、周边侧渗补给（山前侧渗补给与黄河侧渗补给）构成。近十年，引黄灌溉绿洲地下水补给量总体呈显著减小趋势，其中，地表入渗补给和周边侧渗补给量变化较小，基本保持稳定，而河渠渗漏补给量呈显著减少趋势。河渠渗漏补给量占总入渗补给量的比例从 2008 年的 72％下降到 2017 年的 57％；地表入渗补给和周边侧渗补给所占比例呈增加趋势。说明近年来引黄灌溉绿洲实施的渠系衬砌等节水工程对绿洲地下水的补给量减少影响较为明显，尽管在田间也实施了田间高效节水灌溉工程、土地平整等措施，但对入渗补给减少的影响相对较小。宁夏灌溉绿洲地下水补给来源变化如图 2-36 所示。

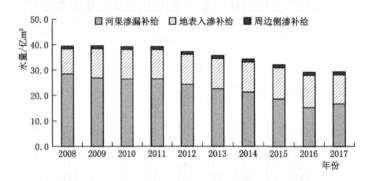

图 2-36　宁夏灌溉绿洲地下水补给来源变化

2.2.8.2　地下水排泄途径及变化

地下水排泄途径主要有排泄补给沟道、潜水蒸发、地下水开采、侧排入黄河、补给湖泊湿地及浅层补给深层地下水。宁夏灌溉绿洲地下水排泄变化如图 2-37 所示，近十年，引黄灌溉绿洲地下水排泄量呈显著减小趋势，其中排泄沟道水量显著减少，潜水蒸发量呈减小趋势，其他地下水排泄项的变化较小，基本保持稳定。地下水排泄各项途径中排泄沟道和潜水蒸发是两种主要途径，两者排泄水量占总排泄水量的 89％，其他各项之和仅占 11％。由以上可知，地下水排泄的减少是由于地下水排泄排沟道和潜水蒸发的减少导致，近年来引黄灌溉绿洲实施渠系衬砌、高效节灌等节水工程，致使地下水位下降，进而引起地下水排泄沟道水量和潜水蒸发量显著减少。

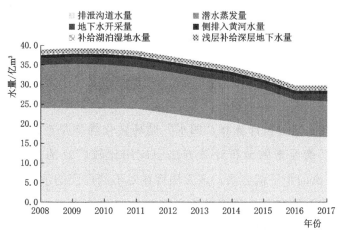

图 2 - 37 宁夏灌溉绿洲地下水排泄变化

2.3 井渠结合灌区水资源高效利用效应研究

由于认识到灌区水资源高效利用指标效应问题及其产生原因，国内外的专家学者力求厘清不同尺度水资源高效利用指标的影响因素及演变规律，从而科学的调整用水策略，达到水资源高效利用的目的，而目前关于灌区水资源高效利用尺度效应的研究成果主要集中在地表水灌区，对地下水的利用考虑较少，因此，本节针对井渠结合灌区存在地下水回归利用这一实际情况，以人民胜利渠灌区为例，开展井渠结合灌区水资源高效利用尺度效应研究，以期为灌区不同尺度的水资源高效利用评价与调配提供理论依据。

2.3.1 井渠结合灌区水资源高效利用尺度效应分析方法

2.3.1.1 尺度划分

尺度一般是指所考察的事物特征及变化的时间和空间范围，不同学科领域对尺度内涵的理解和尺度的划分方法不同。井渠结合灌区水资源高效利用尺度效应研究中尺度主要是指空间尺度，根据研究需要和灌区空间特征，按田间尺度、中等尺度和灌区尺度三类进行水量平衡区的划分。所谓田间尺度是指单个或多个连在一起的小田块。中等尺度是指灌溉系统内一条渠道（可以是斗渠、支渠或干渠）所控制的面积，它是灌区内的局部灌溉区域，田间尺度和中等尺度的上边界是作物冠层，下边界是不透水层。灌区尺度是指一个灌溉系统或灌区所包含的总面积，其水量平衡区的上、下边界与田间尺度和中等尺度相同。

2.3.1.2　水平衡要素分析方法

灌区水平衡要素分析计算和"四水"循环转化规律是灌区水资源高效利用的基础。而水平衡要素的分析计算方法中应用比较广泛的是国际水管理研究院（IWMI）提出的水平衡方法。该方法旨在对不同尺度的水平衡要素进行系统全面的分类，从而研究各个尺度的水分消耗、转化和利用过程。IWMI 水平衡方法对水平衡要素的划分如图 2-38 所示。

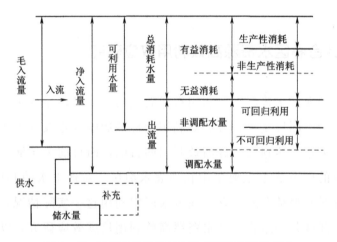

图 2-38　IWMI 水平衡方法对水平衡要素的划分

IWMI 在对水平衡要素分类的基础上，提出了适合尺度效应研究的三类评价指标：①总消耗比例指标（depleted fraction），反映的是水资源经过一个区域后被实际消耗的程度；②生产性消耗比例指标（process fraction），反映的是水资源在系统中生产性消耗所占的比例；③水分生产率指标（water productivity），反映的是水资源的产出效率。IWMI 水平衡方法中的指标分类及其定义见表 2-11。

表 2 - 11   IWMI 水平衡方法中的指标分类及其定义

指 标 分 类	定　义
总消耗比例指标	总消耗水量占毛入流量比例 DFgross 总消耗水量占净入流量比例 DFnet 总消耗水量占可利用水量比例 DFavailable
生产性消耗比例指标	生产性消耗水量占毛入流量比例 PFgross 生产性消耗水量占净入流量比例 PFnet 生产性消耗水量占可利用水量比例 PFavailable 生产性消耗水量占总耗水量比例 PFdepletion
水分生产率指标	毛入流量水分生产率 WPgross 净入流量水分生产率 WPnet 总耗水量水分生产率 WPdepletion 生产性消耗水量水分生产率 WPprocess 可利用水量水分生产率 WPavailable

2.3.1.3　评价指标及量化方法

1. 评价指标

除了 IWMI 提出的上述评价指标外，针对井渠结合灌区情况，其水资源高效利用效应研究中采用的评价指标还包括灌溉回归水分析指标、灌溉效益费用分析指标、灌溉水分生产率和净灌溉量水分生产率。

（1）灌溉回归水分析指标。灌溉回归水是指灌溉水未被利用又由田间、渠道排出或渗入地下并汇集到沟、渠、河道和地下含水层中，成为可再利用的水源，包括渠系渗漏、渠系退水、田间深层渗漏和田间排水等。

在合适的条件下，灌溉回归水都有被灌区内部或灌区外其他区域重新利用的潜在可能，可称之为理论回归水量。而事实上，在理论回归水量中，可能只有一部分被灌区内部重新利用，这部分水量被称作重复利用水量。理论回归水量扣除重复利用水量，就是实际回归水量。井渠结合灌区地表水地下水的联合利用，拓展了回归水重复利用的途径，分析不同尺度回归水的重复利用情况，对提高井渠结合灌区用水效率具有十分重要的意义。

引入灌溉水重复利用率、回归水重复利用率、灌溉水回归率和实际回归率作为灌区回归水分析指标。灌溉水重复利用率指重复利用水量与灌溉水量之比；回归水重复利用率是指重复利用水量与理论回归水量之比；灌溉水回归率指实际回归水量与灌溉水量之比；实际回归率是指实际回归水量与理论回归水量之比。

灌区回归水包括渠系退水、田间排水、灌区总计算渗漏补给量 q_{all}。重复利用的渠系退水和田间排水可由灌区监测数据得到。

灌区总计算渗漏补给量 q_{all} 可按田间渗漏补给量 q_f、渠系渗漏补给量 q_y 和井灌输水渗漏补给量 q_w 分别计算。灌区总计算渗漏补给量 q_{all} 为

$$q_{all} = q_f + q_y + q_w \tag{2-51}$$

式中　q_f——田间渗漏补给量，m^3；

　　　q_y——渠系渗漏补给量，m^3；

　　　q_w——井灌输水渗漏补给量，m^3。

田间渗漏补给量为

$$q_f = stA \tag{2-52}$$

$$s = \frac{[h(\bar{\theta}) - h] K(\theta)}{L} \tag{2-53}$$

$$K(\theta) = K_e^{\frac{-a}{h(\theta)}} \tag{2-54}$$

$$h(\theta) = \frac{h_b}{\left(\dfrac{\theta - \theta_r}{\theta_s - \theta_r}\right)^{1/\lambda}} \tag{2-55}$$

式中　θ——土壤含水率，%；

　$h(\theta)$——负压水头，m；

　　　h_b——进气压力值，Pa；

　　　θ_r——剩余含水率，%；

　　　θ_s——饱和含水率，%；

　　　λ——大于 0 的正常数，无因次，反映土壤空隙大小分布；

　　　K——水力传导度，m/h；

　　　a——与土壤质地有关的经验常数，无因次；

　　　s——土壤单位面积渗漏速度，m/s；

　　　$\bar{\theta}$——土壤计划湿润层平均含水率，%；

　　　h——土壤计划湿润层下边界位置负压水头，m；

　　　L——土壤计划湿润层平均含水率所在土层至计划湿润层下边界的渗径长度，m；

　　　q_f——田间渗漏补给量，m^3；

　　　t——产生渗漏的时间，h；

A——田间灌溉面积，m^2。

渠系渗漏补给量近似为

$$q_y = (1-m)Q_d \qquad (2-56)$$

式中　q_y——渠系渗漏补给量，m^3；

　　　m——渠系水利用系数；

　　　Q_d——渠首引水量，m^3。

如果井灌采用管道输水，则井灌输水渗漏补给量近似为 0；如果利用渠道输水，则井灌输水渗漏补给量为

$$q_w = (1-n)Q_j \qquad (2-57)$$

式中　q_w——井灌输水渗漏补给量；

　　　n——井灌使用的渠系水利用系数；

　　　Q_j——井灌的地下水开采量。

（2）灌溉效益费用分析指标。衡量灌区农业灌溉投入产出的经济效果，需进行灌溉效益费用分析。井渠结合灌区因井灌和渠灌的灌溉成本不同，导致投入产出效果不同。分析井渠结合灌区不同尺度上地表水地下水联合调度产生的效益费用情况，可为提高灌区水资源利用的经济效益提供参考。将农业灌溉效益费用比和农业灌溉净经济效益作为灌溉效益费用分析指标。农业灌溉效益费用比指灌溉效益与灌溉成本费用之比；农业灌溉净经济效益指灌溉效益与灌溉成本费用之差。

（3）灌溉水分生产率及净灌溉量水分生产率。除了 IWMI 提出的水分生产率指标外，对于井渠结合灌区来讲，灌溉水分生产率和净灌溉量水分生产率也是十分重要的水分生产率指标。灌溉水分生产率 WP_I 是指作物产量与灌溉水量之比。净灌溉量水分生产率 WP_{netI} 指作物产量比上灌溉水量与重复利用的回归水量之差。

2. 水平衡要素解析

研究井渠结合灌区水资源高效利用尺度效应，首先必须深入了解各类水资源高效利用措施的基本原理和灌区内各尺度的水分循环关系，使水平衡各要素能够反映出人类对水分循环的干预作用。根据井渠结合灌区各个尺度的水分利用和循环转化特征，基于国际水管理研究院（IWMI）的水平衡方法，对评价指标计算所涉及的各尺度水平衡要素进行解析。井渠结合灌区不同尺度水平衡要

素解析见表 2-12。

表 2-12　　　　　　　　井渠结合灌区不同尺度水平衡要素解析表

水平衡要素	田间尺度	中等尺度	灌区尺度
1　入流量	●	●	●
1.1　净入流量	●	●	●
1.2　毛入流量	●	●	●
1.2.1　渠道灌溉		●	●
1.2.2　承压水灌溉	●	●	●
1.2.3　降水量	●	●	●
1.2.4　边界外渠系补给量	●	●	●
1.2.5　地下水入流量	●	●	●
2　储水变化量	●	●	●
2.1　土壤储水变化量	●	●	●
2.2　地下水储水变化量	●	●	●
3　总耗水量	●	●	●
3.1　作物腾发量	●	●	●
4　出流量	●	●	●
4.1　渠道退水			●
4.2　田间排水	●	●	●
4.3　地下水出流量	●	●	●
5　重复利用水量	●	●	●
5.1　田间灌溉补给	●	●	●
5.2　渠系损失补给量		●	●

注　●表示需要考虑该平衡要素。

3. 数据获取

井渠结合灌区水循环过程中不同尺度水平衡要素分析数据和作物生长数据可采用统计数据、试验监测数据或借助数值模拟方法及遥感技术（RS）获取。尺度效应的描述方法依赖于数据获取途径，两者不可分割。以上数据获取途径和尺度效应描述方法总体分为试验观测和数值模拟方法两大类。

2.3.2　案例

采用上述尺度效应分析方法，以人民胜利渠灌区为例进行水资源高效利用尺度效应研究，以期为井渠结合灌区不同尺度的水资源高效利用评价与调配提供理论依据。

2.3.2.1 情景模式的设定

井渠结合灌溉对合理利用水资源、提高水资源利用效率、提高农田灌溉保证率以及防止土壤盐碱化都具有重要作用。不同井渠结合灌溉模式对以上作用发挥的效果不同。什么时间用井灌什么时间用渠灌，用多少井水多少渠水对灌区水循环的影响不同，进而对回归水的重复利用影响也不同，导致在不同尺度上采用不同的井渠结合灌溉模式产生的用水效率和效益的尺度效应也不同。

目前，不同气象条件下，不同井渠结合灌溉模式如何影响灌溉系统水平衡过程的量化研究很少，开展不同井渠结合灌溉模式下灌区不同尺度水平衡要素的变化规律以及水资源高效利用指标演变特征研究，将为从水循环角度研究提高灌区用水效率和效益提供理论基础，为研究灌区水资源合理配置提供理论依据，因此，具有重要的理论意义和应用价值。

人民胜利渠灌区夏作物以小麦为主，秋作物生育期与降雨时间耦合关系较好，基本不需灌溉或只需灌一水。因此，以人民胜利渠灌区冬小麦为例，结合当地多年的生产实践，设置不同的井渠结合灌溉情景模式，采用 SWAT 与 MODFLOW 耦合模型，模拟分析不同情景模式下用水效率指标随空间尺度及水文年度的变化特征及规律。

气象因素对灌区用水效率影响显著，其中降雨和蒸腾蒸发是主要因素。为了全面探讨灌区水资源高效利用的尺度变化特征，需要考虑不同水文年度条件下灌区的水循环过程和作物生长情势。根据人民胜利渠 1951—2008 年的全年降水量排频，平水年（$P=50\%$）和枯水年（$P=75\%$）频率年的降水量分别为539mm 和 449mm。选择历史上与以上降水量最接近的年份为代表年，代表年的选取见表 2-13，模拟时段选为 2 个代表年的小麦生育期，模拟时间步长为天。

表 2-13　　　　　　　　　代表年的选取

选取依据	枯水年（$P=75\%$）	平水年（$P=50\%$）
P-Ⅲ型曲线降水量/mm	449	539
历史最接近降水量/mm	445.2	528
历史最接近年份	1982	1989
相对误差/%	−0.85	−2.04

按井渠双灌（又称井渠双配套）设定不同模式，即同一灌溉地块，既能用地表水渠灌，又能用地下水井灌，地表水、地下水联合运用，在斗、农、毛渠的渠首或渠旁打井，田间工程一体化，实行统一调配、统一管理。具体情境模式设定如下：

（1）模式1。井渠结合，以渠灌为主，汛前和冬灌用井灌，其他时间用渠灌。枯水年井渠用水比为1：1.1，平水年为1：1.25。

（2）模式2。井渠结合，以井灌为主，多用井灌。枯水年井渠用水比为1：0.4，平水年为1：0.38。

不同水文年井渠结合灌溉情景模式设定见表2-14。

表 2-14　　　　　　　不同水文年井渠结合灌溉情景模式设定

井渠结合模式	作物及生育阶段		灌水时间/（月.日）	计划湿润层深度/m	枯水年（P=75%）		平水年（P=50%）	
					灌水定额/mm	水源	灌水定额/mm	水源
模式1	小麦	播种	10.26—10.31	0.8	90.0	渠灌	75.0	渠灌
		冬灌	12.1—12.10	0.7	75.0	井灌	60.0	井灌
		返青	2.20—2.28	0.7				
		拔节	4.5—4.15	0.7	75.0	渠灌	75.0	渠灌
		灌浆	5.1—5.10	0.7			60.0	井灌
		麦黄	5.20—5.31	0.7	75.0	井灌		
		小计			315.0		270.0	
模式2	小麦	播种	10.26—10.31	0.8	90.0	渠灌	75.0	渠灌
		冬灌	12.1—12.10	0.7	75.0	井灌	60.0	井灌
		返青	2.20—2.28	0.7				
		拔节	4.5—4.15	0.7	75.0	井灌	75.0	井灌
		灌浆	5.1—5.10	0.7			60.0	井灌
		麦黄	5.20—5.31	0.7	75.0	井灌		
		小计			315.0		270.0	

同一水平年不同情景模式只有井渠结合灌溉模式不同，其他条件均相同。

2.3.2.2　尺度的划分及评价指标

将研究区划分为田间、支渠、分干渠、灌区4个尺度。

（1）田间尺度。田间尺度即末级渠道控制的范围，包括一个或几个田块，上边界为作物冠层，下边界到潜水底板，作物根系层以下的非饱和带与饱和带都包含在其中，因此，田间深层渗漏、浅层地下水抽水量和毛管上升水都是该尺度内的水循环。田间尺度存在深层渗漏水量的回归再利用过程。

（2）支渠和分干渠尺度。支渠和分干渠尺度即支渠或分干渠控制的范围，属于中等尺度，比田间尺度多了输水渠系，其水量损失途径增多，不仅包括田间渗漏，还包括渠系渗漏及灌溉退水和排水，这些回归水量有一部分在本尺度重复利用；另一部分流出本尺度，流出本尺度的这部分对本尺度来讲才算真正的损失水量。因此，中等尺度与田间尺度相比，并不是只增加了渠道的灌溉引水量，应该综合考虑渠道引水量增加和回归水重复利用的影响。

（3）灌区尺度。灌区尺度包括了整个灌区的控制范围，其涉及的面积更大，渠系更多，情况更为复杂。

研究尺度划分范围示意图如图 2-39 所示，研究尺度划分基本情况见表 2-15。

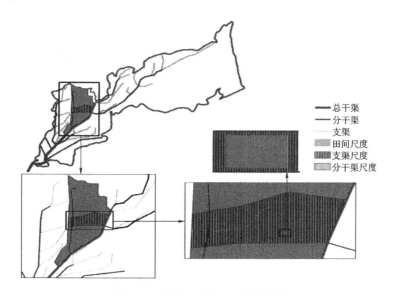

图 2-39　研究尺度划分范围示意图

表 2-15　　　　　　　　　研究尺度划分基本情况表

尺度	上边界	下边界	水　平　边　界	位置	面积/hm^2
田间尺度	土表	潜水底板	末级渠道控制范围（不含渠道）	翟坡	1.33
支渠尺度	土表	潜水底板	支渠控制范围（含支渠及以下渠系）	西三干三支	2572.67
分干渠尺度	土表	潜水底板	分干渠控制范围（含分干渠及以下渠系）	西三干	7197.33
灌区尺度	土表	潜水底板	灌区控制范围（含干渠及以下渠系）	全灌区	97200.00

人民胜利渠灌区水资源高效利用效应分析采用的评价指标有水分生产率指标、灌溉回归水分析指标和灌溉效益费用分析指标。水分生产率指标具体包括灌溉水分生产率、毛入流量水分生产率、净入流量水分生产率和净灌溉量水分生产率；灌溉回归水分析指标包括灌溉水重复利用率、灌溉水回归率、回归水重复利用率和实际回归率；灌溉效益费用分析指标包括灌溉效益费用比和灌溉净经济效益。

2.3.2.3　人民胜利渠灌区地表水-地下水耦合模型构建

在缺乏田间试验观测资料的情况下，要进行灌区不同尺度水资源高效利用的研究，分布式水文模型是一种有效手段，它能充分利用有限的基本资料，模拟得到不同尺度上的水平衡要素及作物产量，从而计算出水资源高效利用指标。

SWAT 是一种具有物理基础的分布式水文模型，在灌区水循环模拟中得到了广泛的应用。但 SWAT 对平原灌区特点及旱作物模块考虑较少，同时对地下水模拟能力较弱，未考虑不同子流域之间的地下水真实流动关系，不能准确反映河流与含水层之间的相互关系，不能真实地模拟地下水位的动态变化和抽水井对地下水的影响。MODFLOW 是被各国同行一致认可功能强大的模块化三维地下水流模拟模型。因此，在前人研究的基础上对 SWAT 进行了进一步修改，用 MODFLOW 取代 SWAT 的地下水模拟模块，构建适合人民胜利渠灌区的地表水-地下水分布式耦合模型，用以模拟分析不同水文年灌区水资源高效利用指标随尺度的变化规律。

1. SWAT 的改进

（1）毛管上升水计算的修改。原 SWAT 模型，毛管上升水计算式为

$$W = ET_0 C \tag{2-58}$$

式中　W——毛管上升水，mm；

　　　ET_0——参考作物腾发量，mm；

　　　C——经验系数。

计算的毛管上升水作为损失，直接蒸发到大气中，不参加土壤水分循环。模型中并未考虑作物因素和土壤因素对毛管上升水的影响。毛管上升水计算式为

$$W = ET_a e^{-bd} \tag{2-59}$$

式中　ET_a——作物实际腾发量，mm/d；

b——反映土壤输水能力的经验系数，黏土取 1.9，壤土取 2.0，砂土取 2.1；

d——地下水埋深，m。

修改后的 SWAT 将式（2-59）计算的毛管上升水加入到土壤水分循环中，作为地下水对土壤水的补给。

（2）地下水埋深计算功能的增加。原 SWAT 中地下水模块的模拟计算使用的是地下水水位这一变量，而不是地下水埋深，但农业水土工程中很多与地下水相关的计算都是使用地下水埋深，修改后的 SWAT 毛管上升水的计算也使用地下水埋深。因此在模型中增加地下水埋深的计算，即

$$H_{埋} = H - Z \tag{2-60}$$

式中 $H_{埋}$——地下水埋深，m；

H——潜水底板到地表的深度，m；

Z——地下水水位，m。

（3）灌溉渠道渗漏的修改。原 SWAT 没有渠道渗漏损失计算模块，根据渠系输配水功能和分布，将灌溉渠系分为输水渠道和配水渠道，使用渠系水利用系数估算渠系渗漏损失，这在丘陵灌区提取的子流域边界与渠系吻合较好的情况下是适用的。但人民胜利渠灌区属于平原灌区，渠系并不都与子流域边界重合，不能按上述方法进行分类，渠系渗漏损失只能概化。不考虑渠道中输水流量对渗漏损失的影响计算渠系渗漏损失量，并将其作为地下水的补给，即

$$W_{渠渗} = W_{渠引}(1 - \eta_y) \tag{2-61}$$

式中 $W_{渠渗}$——渠系渗漏量，m^3；

$W_{渠引}$——渠首毛引水量，m^3；

η_y——渠系水利用系数。

（4）旱作物模拟模块的修改。原 SWAT 只能对生育期在一年内的作物生长进行模拟，对跨年作物如冬小麦的模拟就会出错。因此改进作物种植操作模块，对作物种植日期参数 ipl 和生长日期参数 icr 分别进行调整，使其适合于跨年作物的生长模拟。

原 SWAT 将田间持水量作为灌水上限，认为旱作物田间灌水不产生深层渗漏，实际上由于灌水过程中局部超额灌溉，灌水上限会经常产生短时间超过田间持水量的情况，所以旱作物灌水也会产生深层渗漏，尤其在井渠结合灌区，

因产生的深层渗漏可以补给地下水并重复利用，一般渠灌定额较大，田间水分损失以深层渗漏为主。因此，将田间持水量的上限去掉，采用田间水利用系数法估算田间深层渗漏量，并将其补给地下水，但此方法仅在井渠结合灌区适用。田间深层渗漏量为

$$W_{田渗} = W_{田毛}(1 - \eta_f) \tag{2-62}$$

式中　$W_{田渗}$——田间深层渗漏量，mm；

　　　$W_{田毛}$——进入田间的毛灌水量，mm；

　　　η_f——田间水利用系数。

（5）蒸腾蒸发量计算的修改。原 SWAT 中作物蒸腾和土壤蒸发是分开计算的，在灌区一般作物叶面积指数较大，蒸腾蒸发量计算以作物蒸腾量为主，而原 SWAT 中作物蒸腾是采用与作物叶面积指数相关的经验公式，公式中的叶面积指数是根据美国作物的生长情况给出的默认值，根据人民胜利渠灌区多年的灌溉管理经验，采用作物系数法计算作物实际腾发量更加符合当地实际。实际作物腾发量为

$$ET_a = K_c ET_0 \tag{2-63}$$

式中　ET_a——实际作物腾发量，mm；

　　　K_c——作物系数；

　　　ET_0——参考作物腾发量，mm。

2. SWAT-MODFLOW 耦合模型构建

（1）模型基础数据构建。模型建立所需基本图件包括 DEM 图、土壤分布图和土地利用图。DEM 图是确定研究区地形高程、坡度等参数，划分子流域的基础数据，本书使用的 DEM 图精度为 90m。土壤属性决定了土壤中水和气的运动状况，对各水文响应单元中的水循环起着重要作用，对 SWAT 的模拟结果产生重要影响，根据《河南省土壤图集》概化绘制出研究区的土壤分布图。土地利用图根据研究区土地利用调查结果绘制。

模型运行的主要输入数据包括气象数据、参考作物腾发量、土壤理化性质、水文地质参数、作物生长参数和管理措施、作物系数等。气象数据采用国家气象信息中心新乡站的实测数据，监测项目包括 1951—2008 年逐日平均气压、最高气压、最低气压、平均气温、最高气温、最低气温、平均相对湿度、最小相对湿度、平均风速、最大风速及风向、极大风速及风向、日照时数、降水量。

参考作物腾发量由模型基于以上实测数据，采用 Penman-Monteith 公式计算得出。研究区内各土壤类型不同土层的土壤理化性质通过试验和调查资料获得。水文地质参数主要包括潜水含水层的渗透系数 K 和给水度 μ，根据 2000 年《河南省新乡县区域水文地质调查》成果，将研究区划分为 8 个水文地质参数分区。作物生长参数由调查和田间试验得出。管理措施主要是各种作物灌溉制度，由灌区灌溉试验和调查资料获得。作物系数参考人民胜利渠灌区相关研究成果确定。人民胜利渠灌区小麦各生育阶段作物系数见表 2-16。

表 2-16 人民胜利渠灌区小麦各生育阶段作物系数

生育阶段	播种—越冬期	越冬—返青期	返青—拔节期	拔节—抽穗期	抽穗—乳熟期	乳熟—成熟期
作物系数	0.55	0.52	0.86	1.14	1.00	0.65

（2）子流域和水文响应单元的划分。从研究区 DEM 图提取河网水系，并根据实际情况进行修正得到研究区河网水系图。根据 DEM 图和河网水系图，将整个研究区划分为不同子流域，同一子流域具有相同气象因子、地形要素、河道特征等，模型将人民胜利渠灌区划分为 41 个子流域。每个子流域内可能存在多种土壤类型和土地利用类型及多种作物和土壤类型的组合，从而使子流域内具有不同的水文响应。为了反映这种差异，SWAT 中采用水文响应单元（HRU）的划分方法，将每个子流域划分为 1 个或多个 HRU，每个 HRU 具有相同的土地利用类型和土壤类型。采用 5% 作为土地利用类型和土壤类型的面积阈值，舍去子流域内不到 5% 的土地利用类型和土壤类型，通过重新划分的土地利用图和土壤分布图的叠加，将研究区 41 个子流域划分为 216 个 HRU。

（3）SWAT 与 MODFLOW 的耦合。MODFLOW 具有水平边界和垂直边界。水平边界为给定的流量边界；垂直边界中下边界为不透水边界，上边界为渠系渗漏补给、田间灌溉补给、潜水蒸发量和地下水开采边界。

利用 Arcview 将 SWAT 中人民胜利渠灌区的土地分布图和土壤分布图分辨率都调整为 300m，然后将二者叠加得到 HRU 的空间地理位置。在 MODFLOW 中也将研究区离散为 300m×300m 的正方形网格，在平面上剖分为 184 行×248 列，垂向剖分为 3 层，整个模型为 184 行×248 列×3 层结构，共 136896 个单元。将 HRU 与 MODFLOW 中的网格匹配起来，在每一个计算时段内，将 SWAT 的蒸发、入渗等计算结果作为 MODFLOW 的输入，MODF-

LOW 模拟的地下水位等结果作为 SWAT 的输入，实现 SWAT 与 MODFLOW 的耦合计算。

2.3.2.4　模型的率定和验证

SWAT - MODFLOW 耦合模型是一个具有众多参数的复杂的分布式水文模型，必须通过参数率定和验证才能使模型更符合研究区的实际情况，保证模拟的准确性和可靠性。选用相对误差 R_e、相关系数 R^2、归一化的均方根误差 NRMS 及 E_{ns} 来评价模型的适用性。

1. 模型率定

（1）径流率定。根据掌握的研究区资料，选择牛屯村站、关堤桥站和秦村营桥站作为地表径流的模型率定监测站，监测站位置图如图 2 - 40 所示。选用 2006 年 1 月—2007 年 12 月地表径流对模型进行率定。

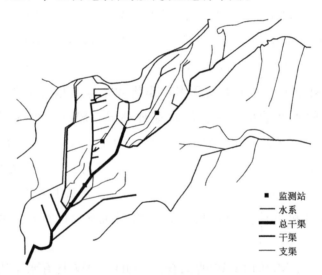

图 2 - 40　监测站位置图

首先，按水量平衡来校准参数，包括总水量的平衡和各部分水量的平衡，如蒸发、地表径流和基流等。其次，按流量过程进行调参，需考虑地表和河道汇流时间、流量峰值以及退水过程等方面参数。经过反复多次的模型参数调整，使模拟值与监测值达到基本吻合。监测站径流率定结果图如图 2 - 41 所示。监测站率定期地表径流模拟效果相关评价指标见表 2 - 17。

（2）蒸腾蒸发量率定。由于受监测资料的限制，采用遥感 ET 数据进行率定，所用遥感影像为 LANDSAT7 卫星的 ETM 数据，遥感 ET 的监测范围为新

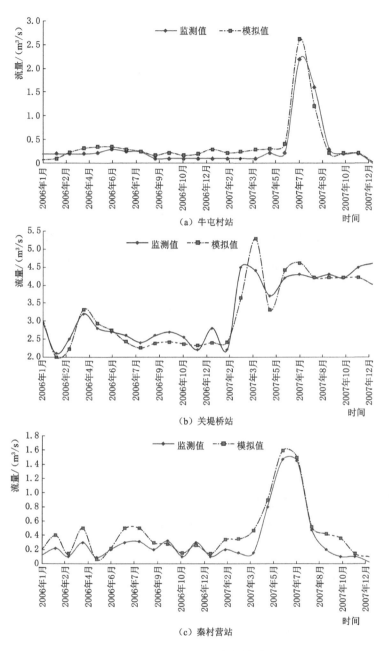

(a) 牛屯村站

(b) 关堤桥站

(c) 秦村营站

图 2-41 监测站径流率定结果图

乡县，为整个研究区的一部分，因此本次蒸腾蒸发量的拟合区域选择新乡县，即通过 SWAT 计算整个区域的蒸腾蒸发量，通过 GIS 空间分析，提取新乡县的蒸腾蒸发量模拟结果与遥感结果进行对比。2007 年新乡县蒸腾蒸发量模拟值和遥感监测值分别为 601.3mm、618.0mm，相对误差为 -2.7%，可见模拟效果较好。率定期蒸腾蒸发量模拟值与遥感监测值对比见表 2-18。

表 2-17　　　　　　　监测站率定期地表径流模拟效果相关评价指标

年份	评价指标	牛屯村站	关堤桥站	秦村营站
2006—2007	相关系数 R^2	0.921	0.873	0.939
	确定性效率系数 E_{ns}	0.900	0.848	0.856

表 2-18　　　　　　　率定期蒸腾蒸发量模拟值与遥感监测值对比

年份	模拟值/mm	监测值/mm	相对误差/%
2007	601.3	618.0	−2.7

（3）地下水位率定。研究区地下水观测孔共有 33 个，利用 2007 年观测资料进行 MODFLOW 水文地质参数率定。率定期 MODFLOW 地下水位模拟值与观测值误差指标见表 2-19。由结果可知，相关系数 R^2 平均值为 0.77，表明地下水位模拟值和观测值吻合较好；归一化均方根误差 $NRMS$ 平均值为 0.15；模型的确定性效率系数 E_{ns} 平均值为 0.67，误差指标均在允许范围内，表明模型运行稳定，模拟效果较好，具有较好的适应性。

表 2-19　　　　率定期 MODFLOW 地下水位模拟值与观测值误差指标

年份	相关系数 R^2	归一化均方根误差 $NRMS$	确定性效率系数 E_{ns}
2007	0.77	0.15	0.67

2. 模型验证

（1）径流验证。将模型模拟的 2004 年 1 月—2005 年 12 月径流结果与实测资料中成果进行对比。监测站径流验证结果图如图 2-42 所示，监测站验证期地表径流模拟效果相关评价指标见表 2-20。牛屯村站、关堤桥站和秦村营站模拟值与监测值的相关系数均大于 0.75，确定性效率系数均大于 0.7，表明模型在研究区径流模拟中具有较好的适应能力。

表 2-20　　　　　　　监测站验证期地表径流模拟效果相关评价指标

年份	评价指标	牛屯村站	关堤桥站	秦村营站
2004—2005	相关系数 R^2	0.886	0.872	0.984
	确定性效率系数 E_{ns}	0.719	0.867	0.980

（2）蒸腾蒸发量验证。验证期 2006 年新乡县遥感蒸腾蒸发量和模型模拟蒸腾蒸发量分别为 625.89mm 和 605.00mm，两者相对误差为 3.45%。为验证其

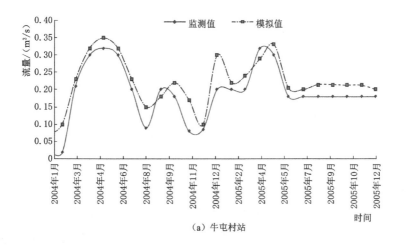

（a）牛屯村站

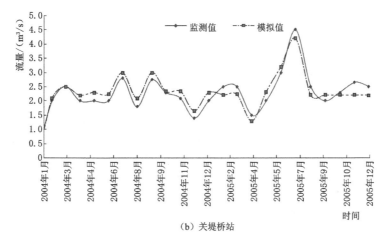

（b）关堤桥站

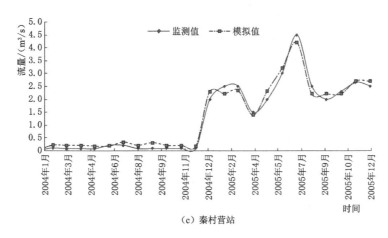

（c）秦村营站

图 2-42 监测站径流验证结果图

准确性及数据的完整性，对 2004 年和 2005 年的蒸腾蒸发量也进行了模拟作为验证，结果表明率定后的模型模拟能力较强。验证期蒸腾蒸发量模拟值与遥感监测值对比见表 2-21。

表 2-21　　　　　　　验证期蒸腾蒸发量模拟值与遥感监测值对比

年份	模拟值/mm	遥感监测值/mm	相对误差/%
2004	652.52	641.20	1.77
2005	574.53	567.20	1.29
2006	625.89	605.00	3.45

（3）地下水位验证。研究区地下水观测孔共有 33 个，利用 2003 年观测资料进行模型验证。验证期 MODFLOW 地下水位模拟值与观测值误差指标见表 2-22。由结果可知，相关系数 R^2 平均值为 0.85，表明地下水位模拟值和观测值吻合较好；归一化均方根误差 $NRMS$ 平均值为 0.21；模型的确定性系数 E_{ns} 平均值为 0.59。模型验证效果较好，表明模型具有较好的适应性，可用于灌区水循环转化模拟。

表 2-22　　　　验证期 MODFLOW 地下水位模拟值与观测值误差指标

年份	相关系数 R^2	归一化均方根误差 $NRMS$	确定性效率系数 E_{ns}
2003	0.85	0.21	0.59

2.3.2.5　尺度效应及影响机理分析

1. 各水文年不同灌溉模式下不同尺度的水平衡状况

为了减小空间变异性的影响，各水文年不同灌溉模式下水平衡要素的模拟计算取各尺度模拟范围的平均值。各尺度水平衡状况只按小麦种植面积进行统计分析，灌区平水年、枯水年各尺度水平衡状况模拟结果见表 2-23、表 2-24。由于地下水的开采，储水变化量为负值，因此，净入流量比毛入流量大。

表 2-23　　　　　　　灌区平水年（$P=50\%$，降水量 528 mm）
各尺度水平衡状况模拟结果　　　　　　单位：mm

水平衡要素	田间尺度		支渠尺度		分干渠尺度		灌区尺度	
	模式 1	模式 2	模式 1	模式 2	模式 1	模式 2	模式 1	模式 2
净入流量	366.14	366.14	383.52	371.76	381.57	370.78	375.07	367.53
毛入流量	306.56	221.34	376.37	256.24	441.40	289.79	571.83	353.97

续表

水平衡要素	田间尺度		支渠尺度		分干渠尺度		灌区尺度	
	模式1	模式2	模式1	模式2	模式1	模式2	模式1	模式2
渠道灌溉	170.45	85.23	236.56	118.28	300.05	150.03	431.46	215.73
承压水灌溉	0.00	0.00	0.00	0.00	0.00	0.00	0.00	0.00
生育期降水量	136.11	136.11	136.11	136.11	136.11	136.11	136.11	136.11
边界外渠系补给量	0.00	0.00	3.70	1.85	5.24	3.65	4.26	2.13
地下水入流量	0.00	0.00	0.00	0.00	0.00	0.00	0.00	0.00
储水变化量	−59.57	−144.80	−7.15	−115.52	59.83	−81.00	196.76	−13.56
土壤储水变化量	24.28	24.28	25.90	25.90	20.30	20.30	17.50	17.50
地下水储水变化量	−83.85	−169.07	−33.05	−141.42	39.53	−101.30	179.26	−31.06
总消耗水量	360.00	360.00	360.00	360.00	360.00	360.00	360.00	360.00
麦田腾发量	360.00	360.00	360.00	360.00	360.00	360.00	360.00	360.00
出流量	6.14	6.14	23.15	11.57	20.60	10.30	15.79	7.89
渠道退水	0.00	0.00	23.15	11.57	20.60	10.30	15.79	7.89
田间排水	6.14	6.14	0.00	0.00	0.00	0.00	0.00	0.00
地下水出流量	0.00	0.00	0.00	0.00	0.00	0.00	0.00	0.00
净灌溉水量	276.14	276.14	293.53	281.76	293.15	283.34	289.88	285.36
灌溉总水量	306.82	306.82	372.93	339.87	437.98	374.16	572.63	445.14
渠道灌溉	170.45	85.23	236.56	118.28	300.05	150.03	431.46	215.73
潜水灌溉	136.36	221.59	136.36	221.59	137.93	224.14	141.18	229.41
承压水灌溉	0.00	0.00	0.00	0.00	0.00	0.00	0.00	0.00
重复利用水量	30.68	30.68	79.40	58.11	144.84	90.83	282.75	159.78
田间灌溉补给	30.68	30.68	36.82	36.82	36.82	36.82	36.82	36.82
渠系损失补给量	0.00	0.00	42.58	21.29	109.59	56.56	250.74	130.79

表 2-24　　　灌区枯水年（$P=75\%$，降水量 445.2 mm）

各尺度水平衡状况模拟结果　　　　　　　　单位：mm

水平衡要素	田间尺度		支渠尺度		分干尺度		灌区尺度	
	模式1	模式2	模式1	模式2	模式1	模式2	模式1	模式2
净入流量	434.16	434.16	452.46	440.89	450.73	439.95	444.37	436.47
毛入流量	304.90	219.67	381.52	261.37	453.72	301.30	597.24	378.89
渠道灌溉	187.50	102.27	260.22	141.94	330.06	180.03	474.60	258.87
承压水灌溉	0.00	0.00	0.00	0.00	0.00	0.00	0.00	0.00
生育期降水量	117.40	117.40	117.40	117.40	117.40	117.40	117.40	117.40

续表

水平衡要素	田间尺度		支渠尺度		分干尺度		灌区尺度	
	模式 1	模式 2	模式 1	模式 2	模式 1	模式 2	模式 1	模式 2
边界外渠系补给量	0.00	0.00	3.90	2.03	6.26	3.87	5.24	2.62
地下水入流量	0.00	0.00	0.00	0.00	0.00	0.00	0.00	0.00
储水变化量	−129.26	−214.49	−70.94	−179.52	2.98	−138.64	152.87	−57.58
土壤储水变化量	−13.32	−13.32	−16.45	−16.45	−10.33	−10.33	−7.99	−7.99
地下水储水变化量	−115.93	−201.16	−54.49	−163.07	13.31	−128.31	160.86	−49.59
总消耗水量	427.00	427.00	427.00	427.00	427.00	427.00	427.00	427.00
麦田腾发量	427.00	427.00	427.00	427.00	427.00	427.00	427.00	427.00
出流量	7.16	7.16	25.46	13.89	22.66	12.36	17.37	9.47
渠道退水	0.00	0.00	25.46	13.89	22.66	12.36	17.37	9.47
田间排水	7.16	7.16	0.00	0.00	0.00	0.00	0.00	0.00
地下水出流量	0.00	0.00	0.00	0.00	0.00	0.00	0.00	0.00
净灌溉水量	261.77	261.77	284.05	279.80	288.37	282.69	294.48	287.85
灌溉总水量	357.95	357.95	430.67	397.62	502.47	438.65	651.07	523.58
渠道灌溉	187.50	102.27	260.22	141.94	330.06	180.03	474.60	258.87
潜水灌溉	170.45	255.68	170.45	255.68	172.41	258.62	176.47	264.71
承压水灌溉	0.00	0.00	0.00	0.00	0.00	0.00	0.00	0.00
重复利用水量	35.80	35.80	89.79	68.50	161.77	107.77	313.48	190.51
田间灌溉补给	35.80	35.80	42.95	42.95	42.95	42.95	42.95	42.95
渠系损失补给量	0.00	0.00	42.89	23.40	114.50	67.70	261.84	151.77

　　田间尺度毛入流量包括降水和渠道灌溉，支渠以上尺度还包括边界外渠系补给。田间尺度平水年模式 1 渠道灌溉占毛入流量的 55.6%，降水占 44.4%，模式 2 渠道灌溉占毛入流量的 38.5%，降水占 61.5%；枯水年模式 1 渠道灌溉占毛入流量的 61.5%，降水占 38.5%，模式 2 渠道灌溉占毛入流量的 46.6%，降水占 53.4%。支渠尺度平水年模式 1 渠道灌溉占毛入流量的 62.9%，降水占 36.2%，模式 2 渠道灌溉占毛入流量的 46.2%，降水占 53.1%；枯水年模式 1 渠道灌溉占毛入流量的 68.2%，降水占 30.8%，模式 2 渠道灌溉占毛入流量的 54.3%，降水占 44.9%。灌区尺度平水年模式 1 渠道灌溉占毛入流量的 75.5%，降水占 23.8%，模式 2 渠道灌溉占毛入流量的 60.9%，降水占 38.5%；枯水年模式 1 渠道灌溉占毛入流量的 79.5%，降水占 19.7%，模式 2 渠道灌溉占毛入流量的 68.3%，降水占 31%。由田间尺度到灌区尺度，渠道灌

溉占毛入流量的比重越来越大，降水所占比重逐渐减小，这是由于随着尺度增大包含输配水渠系增多，渠系输水损失增大，使得渠首引水灌溉量变大，逐渐超过降水量对入流的贡献，枯水年由于降雨比平水年少，表现更为明显。

随着尺度增大，渠系输水损失增大，补给地下水量也相应增大，这些水量都可以被抽取出流重复利用，重复利用量随尺度增大呈现增大的趋势。因此，模式 1 抽取地下水灌溉量较少的情况下，地下水储水变化量由负值变为正值，地下水储水变化量由减少转变为逐渐增大，表明随着尺度增大，地下水的补给量大于抽取量，模式 2 地下水储水变化量减少幅度也逐渐降低，不同水文年变化趋势相同。

总消耗水量同一水文年两种灌溉模式下只有井灌、渠灌的用水量和时间不同，农田灌溉定额、降水和其他气象条件等均相同，因此，模拟出的麦田腾发量相同。出流量，支渠以上尺度渠道有部分退水，田间排水被同尺度其他田块重复利用，基本没有排水出流，不同水文年情况相同。

2. 各水文年不同尺度水资源高效利用指标的变化规律

（1）水分生产率指标。受资料限制，精确模拟产量存在困难，因此采用与设置灌溉模式相同水文年对应的实际产量评价水分生产率。因为水文年相同，作物实际耗水及灌区水平衡要素与模拟情景具有可比性，并且同一水文年两种灌溉模式下麦田腾发量是相同的，而相同的作物腾发量对应的作物产量也应相同。根据灌区 1989 年（平水年）各县冬小麦产量统计资料可知，冬小麦平均产量为 5328kg/hm²；根据灌区 1982 年（枯水年）各县冬小麦产量统计资料可知，冬小麦平均产量为 5530kg/hm²。

灌溉水分生产率和毛入流量水分生产率都是随尺度增大而减小，从小尺度到大尺度，灌溉水分生产率减幅约为 0.5kg/hm²，毛入流量水分生产率减幅约为 0.85kg/hm²。其主要是随着尺度的增大，更多的渠系纳入研究范围内，渠系输水损失增大，导致灌溉水量和毛入流量增大较多所造成的。

净入流量水分生产率和净灌溉量水分生产率都呈现先由田间尺度到支渠尺度减小，然后由支渠到灌区尺度增大的趋势，这是由于支渠尺度比田间尺度多了输水渠系，增多了水量损失的途径，支渠尺度的渠道退水出流较大，净入流量和净灌溉水量都比田间尺度大。而由支渠到灌区尺度随着尺度增大，小尺度上的出流在更大尺度被重复利用了，灌溉水的重复利用率增大，出流减少，净入流量和净灌溉水量都相应减小。

由图 2-43、图 2-44 所示，可知，不同水文年相同灌溉模式下的各种水分生产率基本是平水年大于枯水年，只有毛入流量水分生产率与此规律相反。分析其原因，水分生产率主要受降水和腾发量的影响，平水年降水较大，腾发量较小，灌溉水分、净入流量水分和净灌溉量水分都比枯水年小很多，所以这些水分生产率比枯水年大；虽然枯水年腾发量比平水年大，比平水年多引一些渠水，但从地下水储变量减少幅度来看主要还是靠地下水灌溉，而地下水灌溉属于尺度内水量转移，不算毛入流量，另由于降水减少很多，对毛入流量影响较大，因此，枯水年毛入流量比平水年小或接近，毛入流量水分生产率比平水年大。

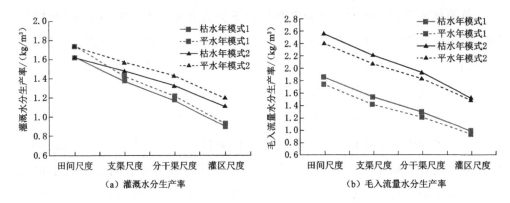

图 2-43　不同情景模式灌溉水分生产率和毛入流量水分生产率随尺度的变化

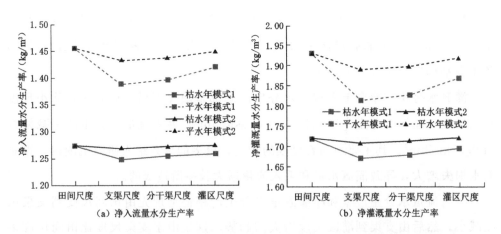

图 2-44　不同情景模式净入流量水分生产率和净灌溉量水分生产率随尺度的变化

（2）回归水分析指标。由于井渠结合灌区可重复利用田间或渠道渗入地下含水层的回归水，其灌溉回归水重复利用量的主要来源即渠系渗漏补给地下水

量和田间灌溉渗漏补给地下水量，而灌溉定额及田间水利用系数相同条件下，各尺度田间灌溉渗漏补给地下水量基本相同，灌溉回归水重复利用量的增减主要依靠渠系渗漏补给地下水量。灌溉水重复利用率呈现随尺度的增大而增大的趋势，增幅为 0.3～0.4，其原因是随着尺度增大，纳入尺度内的渠系增加，渠系渗漏补给地下水量增大，另外，小尺度的田间排水和渠道退水在大尺度上被全部和部分重复利用了，使重复利用量的增速比灌溉水总量的增速大。相同灌溉模式，平水年比枯水年灌溉水重复利用率大，这是因为平水年比枯水年降水量大，土壤更接近饱和，田间灌水渗漏补给地下水量比枯水年大，导致重复利用量比枯水年大或接近，另外平水年灌溉水总量比枯水年小，所以二者之比平水年为大。

不同情景模式灌溉水重复利用率和灌溉水回归率、回归水重复利用率和实际回归率随尺度的变化分别如图 2-45、图 2-46 所示。

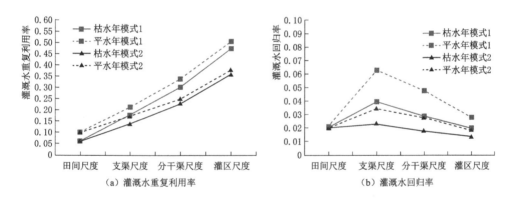

图 2-45　不同情景模式灌溉水重复利用率和灌溉水回归率随尺度的变化

灌溉水回归率呈现先由田间尺度到支渠尺度增大，然后由支渠到灌区尺度而减小的趋势。这是由于支渠尺度比田间尺度多了输水渠系，增多了水量损失的途径，支渠尺度的渠道退水出流较大，实际灌溉回归水量比田间尺度大，灌溉水回归率也相应增大。而由支渠到灌区尺度随着尺度增大，小尺度上的出流在更大尺度被重复利用了，灌溉水的重复利用率增大，出流（实际灌溉回归水量）减少，灌溉水回归率也相应减小。平水年相应各尺度上的田间排水和渠道退水出流都比枯水年大，而各尺度上的灌溉总水量却比枯水年小，因此，平水年的灌溉水回归率比枯水年大。

理论回归水量等于重复利用的回归水量加上出流量。回归水重复利用率在

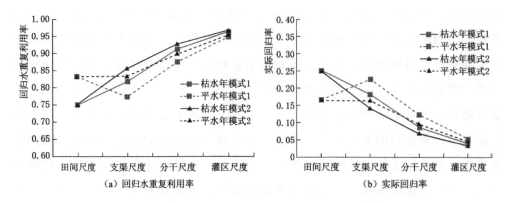

图 2-46　不同情景模式回归水重复利用率和实际回归率随尺度的变化

支渠以上尺度呈现随尺度增大而增大的趋势，其原因是随着尺度增大，纳入尺度内的渠系增加，渠系渗漏补给地下水量增大，使重复利用量增大，而出流量随尺度增大而减小，所以重复利用量与理论回归水量的比值增大；而田间尺度到支渠尺度虽然重复利用量增大，但出流量也增大，回归水重复利用率是增大还是减小，要看重复利用量和出流量二者增大的幅度。支渠以上尺度枯水年重复利用量与理论回归水量的比值比平水年大，而在田间尺度，由于枯水年降水少，土壤干燥能容纳较多水分，田间灌水入渗补给地下水量比平水年减小幅度大，即重复利用量比平水年减小幅度大，由于灌水量比平水年大，田间排水出流没有减少，所以回归水重复利用率比平水年小。

由于实际回归率与回归水重复利用率之和为 1，所以实际回归率曲线所呈现的规律与回归水重复利用率正好相反。

（3）效益及费用分析指标。不同情景模式灌溉效益费用比和灌溉净经济效益随尺度的变化如图 2-47 所示。从图 2-47 可以看出，灌溉效益费用比和灌溉

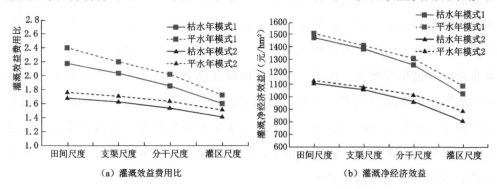

图 2-47　不同情景模式灌溉效益费用比和灌溉净经济效益随尺度的变化

净经济效益随着尺度增大而减小，其原因是随着尺度增大，渠灌、井灌水量增大，灌水费用增加，但产量不变，因此灌溉效益费用比和灌溉净经济效益下降。平水年各尺度上渠灌、井灌都比枯水年小，灌水费用比枯水年小很多，在增产量相差不大的情况下，平水年的灌溉效益费用比和灌溉净经济效益比枯水年大。

从各指标尺度效应的演变规律来看，净入流量水分生产率、净灌溉量水分生产率、灌溉水回归率等几个指标的变化趋势在支渠尺度存在拐点，其原因为中等以上尺度比田间尺度增加了输水渠系，其水量损失途径增多，灌溉水回归及重复利用情况也有变化。因此，在评价水资源利用效率和效益时，要注意田间尺度与中等以上尺度评价指标及影响因素的不同。

3. 各水文年不同灌溉模式水资源高效利用指标对比

支渠以上尺度相同水文年模式 2 下的各种水分生产率都比模式 1 下的大，主要因为模式 2 以井灌为主，输水损失量少，灌溉用水量小，水分生产率高，而田间尺度由于不同灌溉模式的灌溉定额都相同，因此除毛入流量外，其余水分生产率指标二者均相同，毛入流量水分生产率也是模式 2 比模式 1 大。

支渠以上尺度相同水文年模式 1 比模式 2 灌溉水重复利用率大。这是由于模式 1 是以渠灌为主，模式 2 以井灌为主，其他条件相同情况下模式 1 的渠系渗漏补给地下水量比模式 2 大，导致重复利用量与灌溉水总量的比值也比模式 2 大；支渠以上尺度以渠灌为主的模式 1 其出流量（渠道退水出流）也比以井灌为主的模式 2 大，而且对重复利用量与理论回归水量（重复利用量与出流量之和）的比值影响较大，导致模式 1 比模式 2 回归水重复利用率小。而田间尺度由于不同灌溉模式的灌溉定额、重复利用量和出流量都相同，因此各回归水分析指标均相同。

由于模式 1 以渠灌为主，其灌水费用低于以井灌为主的模式 2，在相同水文年增产量相同的情况下，各尺度上模式 1 的灌溉效益费用比和灌溉净经济效益较模式 2 大。

第3章　变化环境下灌区水资源优化配置研究

3.1　区域气候变化情景的构建

3.1.1　排放情景与气候模式数据

3.1.1.1　排放情景

排放情景是一种关于对辐射有潜在影响的物质（如温室气体、气溶胶）未来排放趋势的合理表述。描述未来潜在的人为气候变化、其背后的驱动力和应对选择的各类情景已经成为 IPCC 工作中的一个重要组成部分。对应于未来可能出现的不同社会经济发展情况，通常要制作不同的排放情景。此前 IPCC 先后发展了两套温室气体和气溶胶排放情景，即 IS92（1992 年）和 SRES（Special Report on Emissions Scenarios，2000 年）排放情景，分别应用于 IPCC 第三次和第四次评估报告。IPCC AR5 中，确定使用一套不同于 SRES 排放情景的基准排放情景，即以稳定浓度为特征的新情景——"典型浓度路径"（Representative Concentration Pathways，RCPs）。

与 IPCC 第三次和第四次评估报告中所用的 SRES 排放情景中的非气候政策相比，RCPs 可以代表一系列 21 世纪的气候政策。每个 RCP 都提供全面的高空间分辨率资料集，涉及土地利用变化、基于行业的空气污染物排放量、到 2100 年的人为排放量和温室气体浓度。1950—2100 年历史和未来预估总的人为辐射强迫如图 3-1 所示，体现了不同时段发展的排放情景之间的区别及联系。

RCPs 主要情景具体描述如下：

（1）RCP2.6 情景。RCP2.6 情景把全球气温上升限制在 2.0℃ 之内，其中 21 世纪后半叶能源应用为负排放。辐射强迫在 2100 年之前达到峰值，到 2100

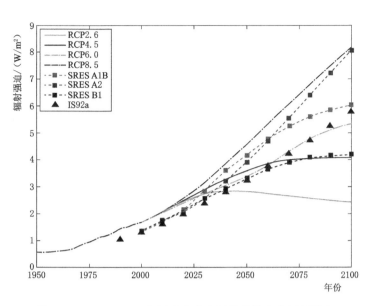

图 3-1 1950—2100 年历史和未来预估总的人为辐射强迫

年下降至 2.6W/m²。

（2）RCP4.5 情景。RCP4.5 情景中 2100 年辐射强迫稳定在 4.5W/m²，大气温室气体浓度稳定在 $650×10^{-6}$ CO_2 当量，路径形状为未超过目标水平达到稳定，预计升温 2.4～5.5℃（平均 3.6℃）。

（3）RCP8.5 情景。RCP8.5 情景假定人口最多、技术革新率不高、能源改善缓慢，所以收入增长慢。这将导致长时间高能源需求及高温室气体排放，而缺少应对气候变化的政策。2100 年辐射强迫上升至 8.5W/m²。

3.1.1.2 气候模式数据

当前，气候模式是预测未来气候变化情景的主要工具，它在气候变化预估中具有不可替代的作用。气候模式从空间范围上可分为全球气候模式和区域气候模式，而从复杂程度上可分为简单气候模式、中等复杂程度气候模式和完全耦合气候模式。目前用于气候变化预估的气候模式主要是海-气耦合模式，即大气和海洋均有独立的控制方程组，但它们又通过界面上的交换过程耦合在一起。目前的全球气候模式中大气模式的分辨率一般大于 250km，垂直分辨率边界层上约为 1km；海洋模式分辨率一般比大气模式高，为 125～250km，垂直分辨率为 200～400km。对于一些尺度较小的物理过程等，在模式中以参数化的形式给出。

　　由世界气候研究计划发起的耦合模式比较计划（CMIP），经历了前期的 4 个阶段，已经提供了迄今为止时间最长、内容最为广泛的气候变化模式资料库，为预估未来的气候变化提供了不可替代的科学基础依据。本书采用气候模式诊断与比较计划（PCMDI）公开发布的 CMIP5 试验结果。选用的 25 个全球气候模式来自中国、美国、英国等 10 个国家的 18 个研究机构，25 个 CMIP5 模式基本信息见表 3 - 1。分别收集各模式基准期（1971—2000 年）和未来预估时段（2021—2050 年）RCP2.6、RCP4.5、RCP8.5 情景下的气温、降水月平均模拟数据用于气候变化影响评估。

表 3 - 1　　　　　　　　　　25 个 CMIP5 模式基本信息

模式编号	研究机构（国家）	模式名称	分辨率
M01	Beijing Climate Center, China Meteorological Administration (China)	BCC - CSM1.1	128×64
M02		BCC - CSM1.1 (m)	320×160
M03	College of Global Change and Earth System Science, Beijing Normal University (China)	BNU - ESM	128×64
M04	National Center for Atmospheric Research (USA)	CCSM4	288×192
M05	Community Earth System Model Contributors (USA)	CESM1 (CAM5)	288×192
M06	Commonwealth Scientific and Industrial Research Organization in collaboration with Queensland Climate Change Centre of Excellence (Australia)	CSIRO - Mk3.6.0	192×96
M07	Canadian Centre for Climate Modelling and Analysis (Canada)	CanESM2	128×64
M08	LASG, Institute of Atmospheric Physics, Chinese Academy of Sciences and CESS, Tsinghua University (China)	FGOALS - g2	128×60
M09	The First Institute of Oceanography, SOA (China)	FIO - ESM	128×64
M10	NOAA Geophysical Fluid Dynamics Laboratory (USA)	GFDL - CM3	144×90
M11		GFDL - ESM2G	144×90
M12		GFDL - ESM2M	144×90
M13	NASA Goddard Institute for Space Studies (USA)	GISS - E2 - R	144×90
M14	National Institute of Meteorological Research/Korea Meteorological Administration (South Korea)	HadGEM2 - AO	192×145
M15	Met Office Hadley Centre (additional HadGEM2 - ES realizations contributed by Instituto Nacional de Pesquisas Espaciais) (UK)	HadGEM2 - ES	192×145
M16	Institut Pierre - Simon Laplace (France)	IPSL - CM5A - LR	96×96
M17		IPSL - CM5A - MR	144×143
M18	Japan Agency for Marine - Earth Science and Technology, Atmosphere and Ocean Research Institute (The University of Tokyo), and National Institute for Environmental Studies (Japan)	MIROC - ESM	128×64
M19		MIROC - ESM - CHEM	128×64

模式编号	研究机构（国家）	模式名称	分辨率
M20	Atmosphere and Ocean Research Institute（The University of Tokyo）, National Institute for Environmental Studies, and Japan Agency for Marine-Earth Science and Technology（Japan）	MIROC5	256×128
M21	Max-Planck-Institut für Meteorologie（Max Planck Institute for Meteorology）（Germany）	MPI-ESM-LR	192×96
M22		MPI-ESM-MR	192×96
M23	Meteorological Research Institute（Japan）	MRI-CGCM3	320×160
M24	Norwegian Climate Centre（Norway）	NorESM1-M	144×96
M25		NorESM1-ME	144×96

3.1.2　区域气候模拟效果评估

本书将模拟的气候系列均值及其离散程度与实测值相比较，评估 25 个模式模拟区域气候的效果。其中，表征多年平均模拟值 x_{sim} 与实测值 x_{obs} 偏离程度采用相对误差 E_r（气温为绝对误差）表示，即

$$E_r = \frac{x_{sim} - x_{obs}}{x_{obs}} \times 100\% \tag{3-1}$$

表征模拟（实测）值 x_i 与平均值 $\overline{x}$ 的离散程度采用变差系数 C_v 表示，即

$$C_v = \sqrt{\frac{1}{n} \sum_{i=1}^{n} \left(\frac{x_i}{\overline{x}} - 1 \right)^2} \tag{3-2}$$

为便于比较，将实测气象站点资料和不同分辨率的模式模拟数据分别采用距离反比插值法和双线性插值法统一到 1°×1° 分辨率网格上。

3.1.2.1　气温

1. 相对误差 E_r

25 个 CMIP5 模式模拟的基准期平均气温与实测值的差值如图 3-2 所示，年/季平均气温情况统计见表 3-2。88%（22 个）的模式模拟气温存在冷偏差，E_r 在 -3.5~1.9℃，平均 E_r 约为 1.5℃。就单一模式模拟表现而言，MIROC-ESM 和 MIROC-ESM-CHEM 模式的模拟效果较好，BCC-CSM1.1 模式模拟的结果相对较差。从各季气温模拟上看，也多为冷偏差，夏季模拟冷偏差的模式数量相对较少，占选用模式的比例为 56%，其他各季均在 70% 以上；E_r 平均值在冬季最大，为 2.3℃，而在春季最小，为 1.3℃。

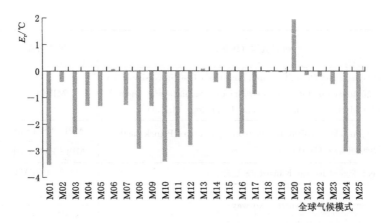

图 3 - 2　25 个 CMIP5 模式模拟的基准期平均气温与实测值的差值

表 3 - 2　　　　25 个 CMIP5 模式模拟的基准期不同时间平均气温情况

时间	暖偏差个数， （比例/%）	最大暖偏差 /℃	冷偏差个数， （比例/%）	最大冷偏差 /℃	平均误差 /℃
年	3，(12)	1.9	22，(88)	−3.5	1.5
春季	7，(28)	2.5	18，(72)	−3.6	1.3
夏季	11，(44)	2.9	14，(56)	−3.2	1.5
秋季	3，(12)	1.7	22，(88)	−4.3	2.0
冬季	3，(12)	2.4	22，(88)	−4.8	2.3

25 个 CMIP5 模式模拟的基准期逐月气温与实测值如图 3 - 3 所示，可知，

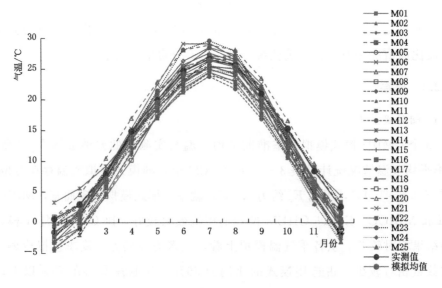

图 3 - 3　25 个 CMIP5 模式模拟的基准期逐月气温与实测值

几乎所有模式都能较好的模拟气温的年内变化,具有较好的一致性;但各月模拟均值低于实测值,特别是11—12月和1—2月。

从模拟气温的空间分布上看,E_r 在 $-6.0 \sim 2.9℃$。除 MIROC5 模式模拟全区域平均气温偏高外,其他模式的模拟表现在空间上存在一定的差异。大多数模式模拟郑州市、许昌市、平顶山市和漯河市等区域平均气温偏低,局部地区偏差达 5.9℃;部分模式模拟商丘市和周口市的平均气温偏高 $0 \sim 1℃$。

25 个 CMIP5 模式模拟的基准期平均气温与实测值绝对误差空间分布如图 3-4 所示。

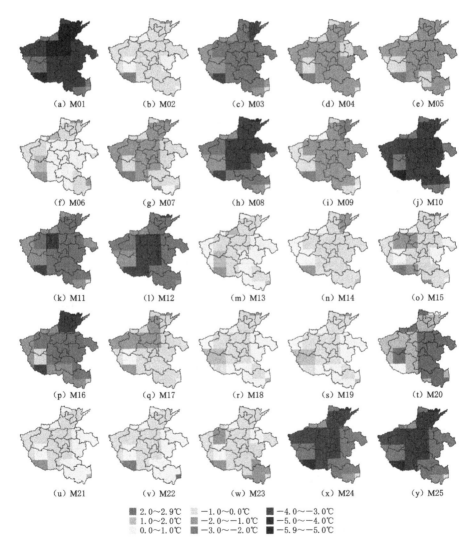

图 3-4　25 个 CMIP5 模式模拟的基准期平均气温与实测值绝对误差空间分布

2. 变差系数 C_v

25 个 CMIP5 模式模拟的基准期气温 C_v 值与实测值的差值如图 3-5 所示，年/季 C_v 情况统计见表 3-3。从年际变化上看，约 92%（23 个）的模式模拟的 C_v 值大于实测值，差值在 $-0.009 \sim 0.045$，平均值约 0.011。从季变化上看，模拟的 C_v 值也明显大于实测值，各季均有 80% 以上的模式模拟 C_v 偏大；冬季 C_v 模拟偏差相对较大。

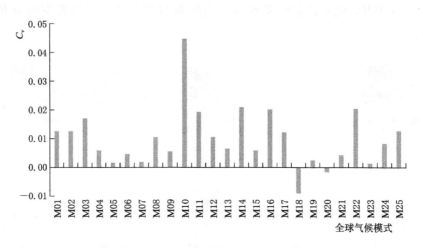

图 3-5　25 个 CMIP5 模式模拟的基准期气温 C_v 值与实测值的差值

表 3-3　　　　25 个 CMIP5 模式模拟的基准期气温年/季 C_v 情况统计

时间	正偏差个数，（比例/%）	最大正偏差/%	负偏差个数，（比例/%）	最大负偏差/%	平均值/%
年	23，（92）	0.045	2，（8）	−0.009	0.011
春季	23，（92）	0.072	2，（8）	−0.005	0.015
夏季	21，（84）	0.037	4，（16）	−0.004	0.011
秋季	21，（84）	0.026	4，（16）	−0.017	0.015
冬季	23，（92）	0.086	2，（8）	−0.019	0.018

从模拟基准期气温的年系列 C_v 差值空间分布上来看，C_v 差值在 $-0.008 \sim 0.077$。大多数模式在全区域模拟的 C_v 值高于实测值，MIROC-ESM 模式在全区域模拟的 C_v 值低于实测值。

25 个 CMIP5 模式模拟的基准期平均气温 C_v 值与实测值误差空间分布如图 3-6 所示。

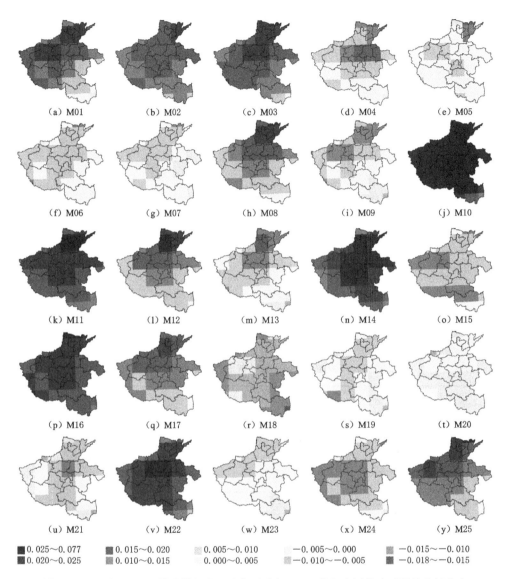

(a) M01 　(b) M02 　(c) M03 　(d) M04 　(e) M05

(f) M06 　(g) M07 　(h) M08 　(i) M09 　(j) M10

(k) M11 　(l) M12 　(m) M13 　(n) M14 　(o) M15

(p) M16 　(q) M17 　(r) M18 　(s) M19 　(t) M20

(u) M21 　(v) M22 　(w) M23 　(x) M24 　(y) M25

■ 0.025~0.077 ■ 0.015~0.020 ■ 0.005~0.010 − 0.005~0.000 ■ −0.015~−0.010
■ 0.020~0.025 ■ 0.010~0.015 ■ 0.000~0.005 ■ −0.010~−0.005 ■ −0.018~−0.015

图 3-6 　25 个 CMIP5 模式模拟的基准期平均气温 C_v 值与实测值绝对误差空间分布

3.1.2.2 降水

1. 相对误差 E_r

25 个 CMIP5 模式模拟的基准期降水量与实测值的相对误差如图 3-7 所示。84%（21 个）的模式模拟存在正偏差，E_r 在 −42.3%～98.1%，平均 E_r 值约为 40.3%。就单一模式模拟表现而言，HadGEM2-AO 和 HadGEM2-ES 模式的模拟效果较好，GFDL-CM3 模式模拟的结果相对较差。从各季降水模拟上看，对夏季降水模拟的效果相对较好，约 60% 的模式模拟值偏小，E_r 在 $-62.4\% \sim 51.1\%$，平均 E_r 在 19.6% 左右；而对春季和冬季降水模拟相对较差，平均 E_r 分别为 99.7% 和 100.4%。25 个 CMIP5 模式模拟的基准期降水年/季 C_v 情况统计见表 3-4。

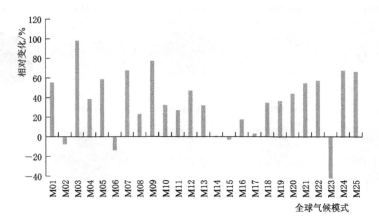

图 3-7　25 个 CMIP5 模式模拟的基准期降水量与实测值的相对误差

表 3-4　　　　　　　　25 个 CMIP5 模式模拟的基准期降水情况统计

时间	正偏差个数，（比例/%）	最大正偏差/%	负偏差个数，（比例/%）	最大负偏差/%	平均 E_r/%
年	21，(84)	98.1	4，(16)	-42.3	40.3
春季	24，(96)	201.3	2，(4)	-5.8	99.7
夏季	15，(60)	51.1	10，(40)	-62.4	19.6
秋季	19，(76)	97.1	6，(24)	-33.1	37.8
冬季	21，(84)	278.7	4，(16)	-35.3	100.4

25 个 CMIP5 模式模拟的基准期逐月降水量与实测值如图 3-8 所示，可知，年内变化的模拟还存在较大不足，模拟降水量整体偏多；多模式模拟均值尽管能在一定程度上与实测值相接近，但在 3—5 月还存在 50% 以上的模拟偏差。

25 个 CMIP5 模式模拟的基准期平均降水量与实测值相对误差空间分布如图 3-9 所示。除 MRI-CGCM3 模式模拟全区域平均降水偏低外（大部分地区偏低超过 40%），其他模式的模拟表现在空间上存在一定的差异。BCC-CSM1.1（m）、CSIRO-Mk3.6.0、HadGEM2-AO、HadGEM2-ES 和 IPSL-CM5A-MR 模式模拟的驻马店市和信阳市的平均降水偏低，低于 10%，除此以外大多数模式模拟的区域降水偏高，超过 50%。

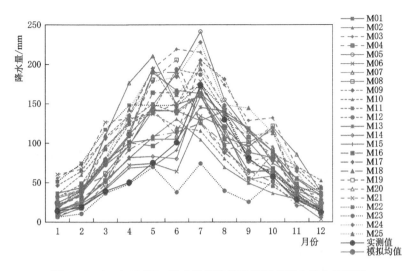

图 3-8　25 个 CMIP5 模式模拟的基准期逐月降水量与实测值

2. 变差系数 C_v

25 个 CMIP5 模式模拟的基准期降水 C_v 值与实测值的差值如图 3-10 所示。从年际变化上看，约 44% 的模式（10 个）模拟的 C_v 值大于实测值，差值在 -0.069~0.050，平均值约 0.024。从各季变化上看，C_v 模拟值多小于实测值，其中春季约 92% 的模式（23 个）模拟的 C_v 值小于实测值。从模拟基准期降水的年系列 C_v 差值空间分布上来看，C_v 差值在 -0.15~0.15。大多数模式在全区域模拟的 C_v 值低于实测值，而 HadGEM2-AO 和 HadGEM2-ES 模式模拟的 C_v 值高于实测值；BCC-CSM1.1（m）、CSIRO-Mk3.6.0、GFDL-ESM2G、GISS-E2-R、IPSL-CM5A-MR 和 MRI-CGCM3 模式在濮阳市、安阳市、鹤壁市、新乡市和焦作市模拟的 C_v 值高于实测值。25 个 CMIP5 模式模拟的基准期降水年/季 C_v 情况统计见表 3-5。

表 3-5　　**25 个 CMIP5 模式模拟的基准期降水年/季 C_v 情况统计**

时间	正偏差个数，（比例/%）	最大正偏差 /%	负偏差个数，（比例/%）	最大负偏差 /%	平均 E_r /%
年	11，（44）	0.050	14，（56）	-0.069	0.024
春季	2，（8）	-0.084	23，（92）	-0.172	0.103
夏季	12，（48）	0.104	13，（52）	-0.083	0.055
秋季	6，（24）	0.025	19，（76）	-0.164	0.082
冬季	4，（16）	-0.040	21，（84）	-0.303	0.166

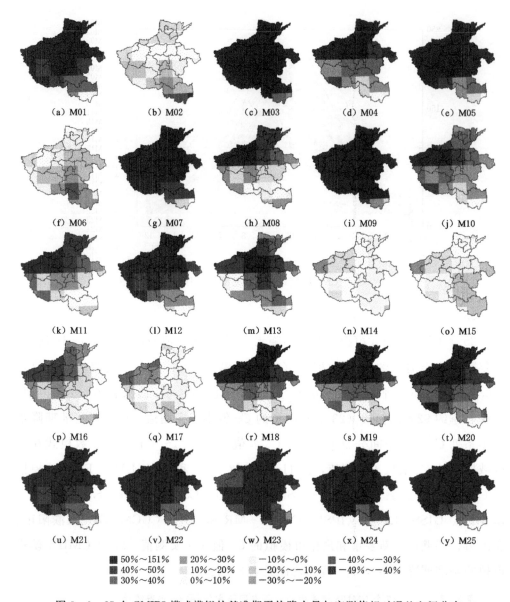

图 3-9　25 个 CMIP5 模式模拟的基准期平均降水量与实测值相对误差空间分布

3.1.3　考虑气候模拟结果相似性的模式筛选

3.1.3.1　气候模拟结果相似性检验

由于许多模式的参数化过程是相同的或同属一类，这带来模式间的不独立性和相关性，造成一些模式的模拟结果存在相似性的问题，预估结果一致的数

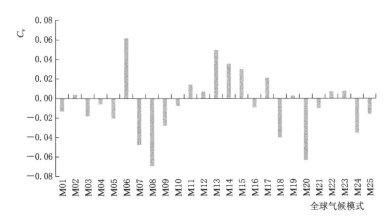

图 3-10　25 个 CMIP5 模式模拟的基准期降水 C_v 值与实测值的差值

量影响到结论的可信度。因此，本书对气候模拟结果的相似性进行检验，探讨模式间模拟气温、降水的相似性。具体步骤如下：

（1）计算单一模式的多年平均模拟误差 $e_{n,m}$，$e_{n,m}$ 为

$$e_{n,m} = \frac{f_{n,m} - o_n}{\sigma_n} \tag{3-3}$$

式中　f——模式模拟值；

　　　o——观测值；

　　　σ——观测值的标准偏差；

　　　n——覆盖区域的格点数，取 1，2，$\cdots$，N；

　　　m——模式个数，取 1，2，$\cdots$，M。

$e_{n,m}$ 在空间上可由向量形式表示，即

$$\boldsymbol{e}_m = (e_{1,m}, e_{2,m}, \cdots, e_{N,m}) \tag{3-4}$$

（2）求出多模式平均误差 $\bar{e}$，$\bar{e}$ 为

$$\bar{e} = \frac{1}{M} \sum_{m=1}^{M} e_m \tag{3-5}$$

（3）消除 $\bar{e}$ 的影响，计算出误差向量 d_m 为

$$\boldsymbol{d}_m = \boldsymbol{e}_m^* - r\bar{e} \tag{3-6}$$

式中　（ ）*——标准化后的向量；

　　　r——模式 m 与 $\bar{e}$ 的相关系数。

（4）计算相关系数矩阵 $r_{i,j}$，$r_{i,j}$ 为

$$r_{i,j} = corr(\boldsymbol{d}_i, \boldsymbol{d}_j) \tag{3-7}$$

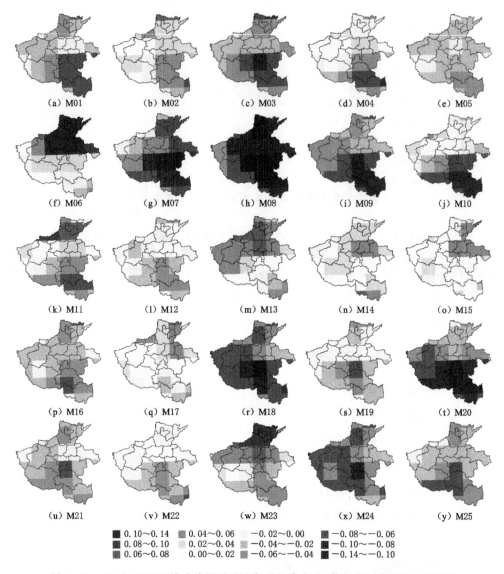

(a) M01	(b) M02	(c) M03	(d) M04	(e) M05
(f) M06	(g) M07	(h) M08	(i) M09	(j) M10
(k) M11	(l) M12	(m) M13	(n) M14	(o) M15
(p) M16	(q) M17	(r) M18	(s) M19	(t) M20
(u) M21	(v) M22	(w) M23	(x) M24	(y) M25

■ 0.10～0.14	■ 0.04～0.06	−0.02～0.00	■ −0.08～−0.06
■ 0.08～0.10	0.02～0.04	−0.04～−0.02	■ −0.10～−0.08
0.06～0.08	0.00～0.02	−0.06～−0.04	■ −0.14～−0.10

图 3 - 11　25 个 CMIP5 模式模拟的基准期平均降水 C_v 值与实测值误差空间分布

其中　$i=1, 2, \cdots, M$；$j=1, 2, \cdots, M$。

（5）层次聚类。对某一气候变量（如降水），按上述步骤求得四季平均相关系数矩阵 $r_{i,j}$，采用加权成对平均距离算法进行层次聚类。

3.1.3.2　气候模式筛选

考虑气候模拟结果的相似性，将 25 个 CMIP5 模式划分为若干类相对独立的模式组，从每一个模式组中选取模拟效果较好的代表性模式。由于在净灌溉需水量的计算中气温和降水均为主要影响因子，因此在筛选模式中被优先选取。

气候模式筛选的具体过程如下：

（1）根据气温、降水层次聚类结果以距离值 0.55 为阈值分别将气温和降水划分为 4 组和 5 组。

（2）选取组内唯一的模式。在气温模式Ⅰ～Ⅳ组中，M06（CSIRO - Mk3 - 6 - 0）和 M23（MRI - CGCM3）作为Ⅰ组、Ⅲ组中唯一的模式入选，Ⅱ组、Ⅳ组中入选的模式待定。在降水模式Ⅰ～Ⅴ组中，M13（GISS - E2 - R）和 M23（MRI - CGCM3）作为Ⅰ组、Ⅴ组中唯一的模式入选，Ⅱ组、Ⅲ组、Ⅳ组中入选的模式待定。

（3）选取气温和降水模式组间存在交叉的模式。M18（MIROC - ESM）既在气温Ⅱ组中，又在降水Ⅲ组中，从模式独立性角度考虑选取该模式。

（4）选取组内模拟效果较好的模式。降水Ⅱ组中，M15（HadGEM2 - ES）E_r 和 C_v 模拟效果均好于同组的 M15（HadGEM2 - AO），因而选用前者。对于气温和降水的Ⅳ组，气温为 M15（HadGEM2 - ES）和 M13（GISS - E2 - R），降水为 M06（CSIRO - Mk3 - 6 - 0），故不再对组内其他模式进行筛选。

按上述模式筛选方法和考虑，最终选取 M06（CSIRO - Mk3 - 6 - 0）、M13（GISS - E2 - R）、M15（HadGEM2 - ES）、M18（MIROC - ESM）、M23（MRI - CGCM3）等 5 个代表性模式用于影响评估。25 个 CMIP5 模式筛选情况见表 3 - 6。

表 3 - 6 25 个 CMIP5 模式筛选情况表

模式编号	模式名称	气温		降水	
		E_r	C_v	E_r	C_v
M01	BCC - CSM1 - 1	−3.5	0.013	55.4	−0.013
M02	BCC - CSM1 - 1 - M	−0.4	0.013	−7.6	0.004
M03	BNU - ESM	−2.4	0.017	98.1	−0.018
M04	CCSM4	−1.3	0.006	38.6	−0.006
M05	CESM1 - CAM5	−1.3	0.002	58.9	−0.020
M06	CSIRO - Mk3 - 6 - 0	0.1	0.005	−13.6	0.062
M07	CanESM2	−1.3	0.002	67.5	−0.048
M08	FGOALS - g2	−2.9	0.011	23.1	−0.069
M09	FIO - ESM	−1.3	0.006	77.2	−0.028

续表

模式编号	模式名称	气　温		降　水	
		E_r	C_v	E_r	C_v
M10	GFDL - CM3	-3.4	0.045	32.4	-0.008
M11	GFDL - ESM2G	-2.5	0.019	27.2	0.014
M12	GFDL - ESM2M	-2.8	0.011	47.0	0.007
M13	GISS - E2 - R	0.1	0.007	32.1	0.050
M14	HadGEM2 - AO	-0.4	0.021	0.7	0.036
M15	HadGEM2 - ES	-0.6	0.006	-2.8	0.030
M16	IPSL - CM5A - LR	-2.3	0.020	17.6	-0.009
M17	IPSL - CM5A - MR	-0.9	0.012	3.2	0.021
M18	MIROC - ESM	0.0	-0.009	34.8	-0.040
M19	MIROC - ESM - CHEM	0.0	0.003	36.4	0.003
M20	MIROC5	1.9	-0.002	44.2	-0.063
M21	MPI - ESM - LR	-0.1	0.004	54.7	-0.010
M22	MPI - ESM - MR	-0.2	0.020	57.2	0.007
M23	MRI - CGCM3	-0.5	0.001	-42.2	0.008
M24	NorESM1 - M	-3.0	0.008	67.6	-0.035
M25	NorESM1 - ME	-3.1	0.013	66.3	-0.016

3.1.4　区域降尺度方法

全球气候模式输出分辨率低，且存在一定系统偏差，需要进行降尺度处理。

3.1.4.1　系统误差的偏差订正方法

通过评估模式对基准期降水、气温模拟存在年际变化偏大的问题，采用分位图法按同频率对气温、降水进行订正。对于气候变量 x，该方法数学表达式为

$$\widetilde{x}_{m-p.\,adjst.} = F_{o-c}^{-1}[F_{m-c}(x_{m-p})] \tag{3-8}$$

式中　x_{m-p}，$\widetilde{x}_{m-p.\,adjst.}$ ——模式订正前、后的模拟值；

F_{o-c}，F_{m-c} ——实测值和模式模拟值的累积概率密度函数。

假设模式模拟当前气候的偏差与模拟未来气候的偏差相同，提出将此偏差用于对未来模拟值的订正，即

$$\widetilde{x}_{m-p.\,adjst.} = \frac{x_{m-p}F_{o-c}^{-1}[F_{m-p}(x_{m-p})]}{F_{m-c}^{-1}[F_{m-p}(x_{m-p})]} \tag{3-9}$$

$$\widetilde{x}_{\text{m-p. adjst.}} = x_{\text{m-p}} + F_{\text{o-c}}^{-1}[F_{\text{m-p}}(x_{\text{m-p}})] - F_{\text{m-c}}^{-1}[F_{\text{m-p}}(x_{\text{m-p}})] \quad (3-10)$$

式（3-9）和式（3-10）分别用于降水和气温的订正。

为解决采用经验函数进行订正时需要进行插补展延的问题，进一步提出了采用贝塔（beta）分布函数和由阶跃函数和伽马分布函数组成的混合函数分别作为气温、降水的分布函数。贝塔（beta）分布函数的概率密度函数为

$$\begin{cases} f(x; a, b, p, q) = \dfrac{1}{B(p, q)(b-a)^{p+q+1}}(x-a)^{p-1}(b-x)^{q-1} \\ a \leqslant x \leqslant b; p, q > 0 \end{cases} \quad (3-11)$$

混合函数 $G(x)$ 为

$$G(x) = (1-p)H(x) + pF(x) \quad (3-12)$$

式中　p——有降水的月占全部月系列的比例；

$H(x)$——阶跃函数，有降水取值为 1，无降水则取值为 0；

$F(x)$——2 参数伽马分布函数。

2 参数伽马分布函数的概率密度函数为

$$\begin{cases} f(x; k, \theta) = x^{k-1} \dfrac{e^{-x/\theta}}{\theta^k \Gamma(k)} \\ x > 0, k, \theta > 0 \end{cases} \quad (3-13)$$

3.1.4.2　基于 BCCRCG - WG 的时间解集方法

在国内外天气发生器研究工作的基础上，中国气象局北京气候中心联合瑞典哥德堡大学地球科学中心区域气候研究小组（Regional Climate Group at the University of Gothenburg）研究开发了适用于中国广大地区的天气发生器 BCC/RCG - WG3.0。该天气发生器可以随机模拟不同的气候变化情景条件下单站的逐日降水、最高气温、最低气温、日照时数等。BCC/RCG - WG3.0 的模拟站点多达 671 个，基本遍及中国各地。1961—2000 年模型参数的估计使用相应站点实测的逐日气候资料中，最高气温、最低气温和日照时数等非降水变量的模拟参数分干、湿两种状态分别求取。

BCC/RCG - WG3.0 降水模拟主要包括 2 个过程，即降水发生的模拟和降水量的模拟。BCC/RCG - WG3.0 采用一阶马尔科夫链法（First order Markov Chain）确定两个降水转移概率，即干日向湿日的转移概率 P（WD）和湿日向湿日的转移概率 P（WW），根据这两个转移概率和 [0, 1] 随机数的比较产生

干、湿日序列；采用 2 参数伽马（GAMMA）分布模型模拟湿日的降水量。由于我国大部分地区降水具有明显的季节性变化特点，所以模型参数都按 1—12 月分别计算，再根据各月的模拟参数分别对各个月的逐日降水进行模拟。

逐日最高气温、最低气温和日照时数三个非降水变量的模拟在降水模拟的基础上，分干、湿两种状态分别进行，如果当天为干日，则用干日的模拟参数进行非降水变量的模拟，否则用湿日的模拟参数进行模拟。这三个变量的模拟均包括逐日平均值、标准差和标准化残差的模拟，其中逐日平均值和标准差采用谐波分析的方法进行傅立叶级数展开模拟，逐日标准化残差的模拟是采用多变量平稳过程来实现的。

不同气候变化情景下的逐日气候变量模拟是根据气候变化情景对各模拟参数的影响，调整模拟参数，进而实现对未来气候的模拟。

对订正后的 CMIP5 模式数据，使用 BCC/RCG－WG3.0 得到逐日数据。首先，选择需要时间解集的站点；然后，按月输入未来预估时段与基准期的气温距平值和降水距平百分率；最后，设置模拟年数模拟逐日气温、降水。其中，BCC/RCG－WG3.0 中的模拟年数并不是平常所理解的时间概念，实际是指可能出现的次数。天气发生器作为一种概率模型，得到的气候要素日变化的样本数取决于设定的模拟年数。为了具有统计意义，一般模拟年数设定在 200 以上，即利用天气发生器得到某年日变化的多个样本。模拟年数设定为 300。

由于 BCC/RCG－WG3.0 仅能单站按月逐一输入数据，而本研究的输入数据为 17 个站点上 3 种 RCPs 情景下 5 个 GCMs 输出的未来时段 12 个月的气温、降水较基准期的变化，共有 6120 条输入数据（17×3×5×12×2＝6120），工作量大且繁杂。因此，进一步开发了资料预处理、自动输入运行、结果后处理等批处理程序，能够方便、快捷的构建出未来区域气候变化情景。

3.2　灌溉需水量对气候变化的响应

3.2.1　净灌溉需水量计算与统计分析方法

作物需水量中的一部分可由降水供给，降水供给不足的部分需由灌溉补充。某种作物的净灌溉需水量可定义为生育期内作物需水量与有效降水量之差。

3.2.1.1 作物需水量的计算

作物需水量计算采用作物系数法，即

$$ET_c = K_c ET_0 \qquad (3-14)$$

式中　ET_c——作物需水量，mm；

　　　K_c——作物系数；

　　　ET_0——参考作物蒸散量，mm。

将作物全生育期划分为初始生长期、快速发育期、生育中期和成熟期 4 个阶段。参考作物蒸散量的计算采用国际粮农组织（FAO）推荐的 Penman-Monteith 公式，即

$$ET_0 = \frac{0.408\Delta(R_n - G) + \dfrac{900}{T+273}\gamma U_2(e_s - e_d)}{\Delta + \gamma(1 + 0.34U_2)} \qquad (3-15)$$

式中　ET_0——参考作物日蒸散量，mm/d；

　　　R_n——冠层表面净辐射，MJ/(m²·d)；

　　　G——土壤热通量，MJ/(m²·d)；

　　　Δ——饱和水汽压与温度曲线斜率，kPa/℃；

　　　γ——湿度计常数，kPa/℃；

　　　T——平均气温，℃；

　　　U_2——2m 高处的风速，m/s；

　　　e_s——空气饱和水汽压，kPa；

　　　e_d——空气实际水汽压，kPa。

3.2.1.2 有效降水量的计算

有效降水量计算采用美国农业部土壤保持局推荐的方法，即

$$P_e = \begin{cases} \dfrac{P(4.17 - 0.2P)}{4.17} \\ 4.17 + 0.1P \end{cases} \qquad (3-16)$$

式中　P_e——有效降水量，mm/d；

　　　P——总降水量，mm/d。

3.2.1.3 净灌溉需水量的计算

作物生育期内净灌溉需水量 IR 为

$$IR = \begin{cases} ET_c - P_e & ET_c - P_e > 0 \\ 0 & ET_c - P_e \leqslant 0 \end{cases} \qquad (3-17)$$

将各生育阶段净灌溉需水量相加，即为作物全生育期内净灌溉需水量 IR_s，IR_s 为

$$IR_s = \sum_{i=1}^{n} IR_i \qquad (3-18)$$

式中　IR_s——作物全生育期内净灌溉需水量，mm；

　　　　IR_i——第 i 个生育阶段作物净灌溉需水量，mm。

其中，$i = 1, 2, \cdots, n$。

3.2.2　灌溉需水量对气候变化的响应机制

3.2.2.1　响应机制分析

灌溉用水是农业用水最主要的组成部分，占到农业用水总量的 90% 左右。灌溉需水量作为制定灌溉定额的重要依据之一，对气候变化较为敏感。农业灌溉需水量由灌溉农业的种植结构、面积、区域布局和灌溉定额确定，由于降水、气温等气象因子直接影响作物的生长，气候变化对农业生产的整体布局及其区域分布会产生一定的影响，对于作物灌溉定额的影响更为直接。

一方面，气温变化导致作物生长期长短的变化，从而引起作物需水量变化。温度是影响植物生长期的关键因素之一：气温升高将导致春季物候期提前，秋季物候期推迟，从而生长期延长，增加作物需水量。IPCC 第四次综合报告认为，在北半球，特别是在高纬度地区，生长期在过去的 40 年中每 10 年延长 1～4 天。1961—2000 年的 40 年中，全国平均气候生长期增加了 6.6 天，其中南方地区增加 4.2 天，北方地区增加 10.2 天，青藏高原地区则增加了 18.2 天。根据近 40 年的日气候观测资料与物候观测资料，20 世纪 80 年代以后，由于生长期期间的温度变化，我国东北、华北、西北、长江下游地区与云南南部春季物候期提前，西南地区东部、长江中游地区春季物候期推迟。

另一方面，气温是影响作物蒸散量的诸多气象因素中最为重要的因素，气温升高将增加作物蒸散量，从而增加作物需水量。在温度升高 1～4℃ 的情况下，若种植结构不变，整个华北地区净灌溉水量会增加 21.9 亿～276.1 亿 m^3，同时，不同作物的需水量对气候变暖的响应存在差异，其中对冬小麦需水量的

影响最大，对棉花的影响次之，对夏玉米的影响最小。

降水的多少与分配直接影响了作物利用的有效降水，与作物需水共同决定了灌溉需水的变化。气温、降水变化对灌溉需水的影响示意图如图 3-12 所示。

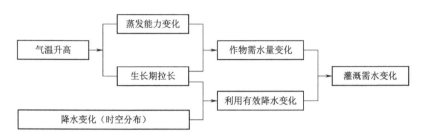

图 3-12　气温、降水变化对灌溉需水的影响示意图

3.2.2.2　假设情景下灌溉需水量对气候变化的敏感性

参考水文要素对气候变化的敏感性的分析方法，依据降水、气温历史变化和未来预估状况，将假设情景设定为：降水变化 $\pm 5\%$、$\pm 10\%$、$\pm 20\%$ 和不变；气温升高 $1\,℃$、$2\,℃$ 和保持不变，共计 21 种组合。灌溉需水量对气候变化的敏感性可表示为

$$\eta_{\Delta P,\Delta T} = \frac{W_{P+\Delta P,T+\Delta T} - W_{P,T}}{W_{P,T}} \times 100\% \tag{3-19}$$

式中　$W_{P,T}$——基准期净灌溉需水量；

$W_{P+\Delta P,T+\Delta T}$——降水变化 ΔP 同时气温变化 ΔT 情景下的净灌溉需水量；

$\eta_{\Delta P,\Delta T}$——净灌溉需水量在降水变化 ΔP 同时气温变化 ΔT 情况下的相对变化。

1. 冬小麦

假设情景下冬小麦全生育期 IR 对气候变化的敏感性如图 3-13 所示。降水

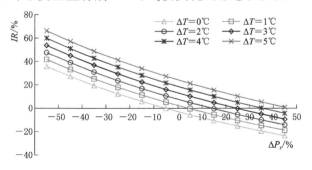

图 3-13　假设情景下冬小麦全生育期 IR 对气候变化的敏感性

不变，IR 随气温的升高而增加；气温不变，IR 随降水的增加而减少。例如，若气温不变，降水增加 10%，IR 减少 5.5%；降水不变，气温升高 1℃，IR 则增加 5.3%。同时，降水减少对 IR 的影响大于降水的增加，例如气温不变，降水增加 50% 和减少 50%，IR 相应减少和增加 23.5% 和 35.8%。值得注意的是，尽管气温和降水变化幅度不具有可比性，但结果表明气温变化 1℃ 与降水变化 10% 所引起的 IR 变化量基本相当。

　　假设情景下冬小麦全生育期净灌溉需水量相对变化如图 3-14 所示，从各生育期上看，IR 对气候变化的敏感性依次减小。例如，气温升高 1℃ 和降水减少

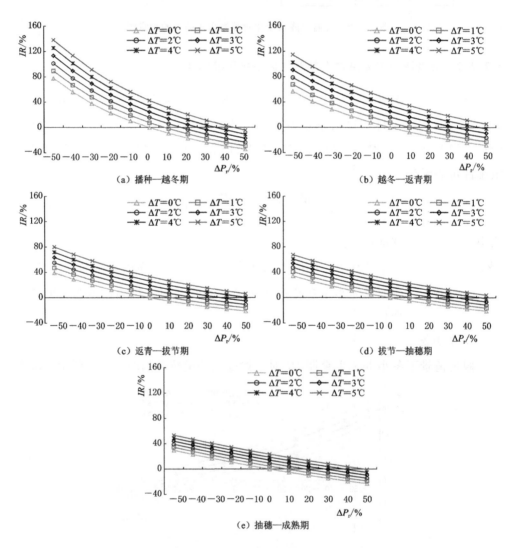

图 3-14　假设情景下冬小麦全生育期净灌溉需水量相对变化

10%的情景下，*IR* 在播种—越冬期、越冬—返青期、返青—拔节期、拔节—抽穗期和抽穗—成熟期等生育期内分别增加 19.0%、16.8%、12.5%、11.1%和10.0%。

2. 夏玉米

假设情景下夏玉米全生育期 *IR* 对气候变化的敏感性如图 3-15 所示。降水不变，*IR* 随气温的升高而增加；气温不变，*IR* 随降水的增加而减少。同时，降水减少对 *IR* 的影响大于降水的增加，例如气温不变，降水增加50%和减少50%，*IR* 相应减少和增加 38.3%和82.9%。假设情景下夏玉米全生育期净灌溉需水量相对变化如图 3-16 所示，从各生育期上看，*IR* 对气候变化的敏感性依次减小。例如，气温升高1℃和降水减少10%的情景下，*IR* 在播种—拔节期、

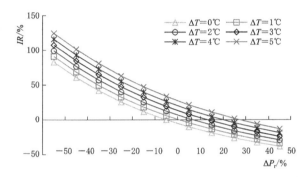

图 3-15　假设情景下夏玉米全生育期 *IR* 对气候变化的敏感性

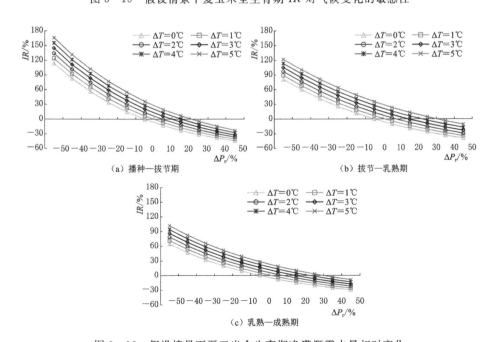

（a）播种—拔节期　　　　（b）拔节—乳熟期

（c）乳熟—成熟期

图 3-16　假设情景下夏玉米全生育期净灌溉需水量相对变化

拔节—乳熟期和乳熟—成熟期等生育期内分别增加 22.6%、18.7% 和 14.9%。与冬小麦相比，夏玉米生育期内 IR 对气候变化的敏感性较大。

3.2.2.3　气候变化对农田灌溉需水的影响评估方法

气候变化对灌溉需水的影响主要考虑对农田灌溉需水、工业需水和生活需水的影响。对于生态环境需水而言，由于灌区主要涉及河道内生态需水，受气候变化影响较大的河湖补水量在灌区内很小，因而研究中不考虑气候变化对生态环境需水的影响。

研究中着重探讨气候变化对农田灌溉需水的影响。首先，考虑由气候变暖而引起作物生育期缩短的影响。基于当前作物主栽品种条件，根据作物播种日期，采用 2001—2010 年 0℃ 及以上的作物活动积温平均值为阈值，结合未来气候变化对气温的预估结果，推算作物的生育日期。与现状年相比，2030 水平年 RCP4.5 情景下气温升高将导致作物生育期普遍提前，冬小麦、夏玉米和春播棉全生育期较现状年分别缩短 6 天、6 天和 8 天。然后，分析计算气候变化情景下 2030 水平年农田灌溉需水量。最后，将基于气候变化情景下的预测结果与基于历史气候条件下的预测结果进行比较，分析未来气候变化对农田灌溉需水的影响。2030 水平年灌区作物生育期间活动积温及生育期变化见表 3-7。

表 3-7　　　　　2030 水平年灌区作物生育期间活动积温及生育期变化

作　物	生育期	活动积温（≥0℃）/℃	生育日期变化/天
冬小麦	苗期	574.63	−1
	越冬期	144.80	0
	返青期	372.76	−1
	拔节期	484.03	−2
	抽穗期	416.53	−4
	灌浆成熟期	362.04	−6
夏玉米	苗期	846.26	−2
	拔节期	565.90	−3
	抽雄期	532.95	−5
	灌浆成熟期	717.17	−6
春播棉	苗期	1257.77	−2
	蕾期	763.86	−3
	花铃期	1356.78	−5
	吐絮期	1367.52	−8

3.2.3 未来气候变化对灌溉需水量的影响评估

3.2.3.1 基准期净灌溉需水量模拟检验

BCC/RCG-WG3.0 的时间解集结果，对净灌溉需水量计算结果的可靠性具有重要影响。已有研究表明，BCC/RCG-WG3.0 能够较好地对月尺度数据系列进行时间解集，在中国地区有良好地应用效果。因此，研究不再对 BCC/RCG-WG3.0 模拟的气温、降水进行验证，而是针对研究目标，比较分析根据模拟的气象数据计算的净灌溉需水量（模拟值）与利用观测数据计算结果（实测值）之间的相对误差，考察时间解集方法在构建区域气候变化情景过程中的适用性。

冬小麦灌溉需水量模拟值与实测值相对误差见表 3-8。作物需水量和有效降水量的模拟存在正偏差，相对误差分别为 0.6%～2.7%、0.8%～8.4%，平均值分别为 1.5%、4.8%；灌溉需水量的模拟除了在三门峡站存在一定程度的正偏差外，其他站点均存在负偏差，灌溉需水量通过各生育阶段的作物需水量和有效降水量之差累加得到，其模拟误差有所增加，为−17.7%～1.2%，平均值为 5.0%。

表 3-8　　　　　　　　冬小麦灌溉需水量模拟值与实测值相对误差　　　　　　　　　%

站名	作物需水量	有效降水量	灌溉需水量	站名	作物需水量	有效降水量	灌溉需水量
安阳	1.2	1.4	−1.9	西峡	2.6	5.2	−0.5
新乡	0.6	5.0	−3.0	南阳	2.3	7.2	−3.5
三门峡	2.2	2.0	1.2	宝丰	2.3	4.0	−1.4
卢氏	1.0	7.5	−4.0	西华	1.0	5.3	−6.3
孟津	1.2	8.3	−4.6	驻马店	1.8	0.8	−5.2
栾川	1.2	8.4	−6.9	信阳	1.6	2.3	−17.7
郑州	1.0	6.0	−4.4	商丘	0.7	6.1	−6.5
许昌	1.1	4.2	−3.7	固始	2.7	3.5	−10.7
开封	0.8	4.0	−3.8	平均	1.5	4.8	5.0

从表 3-9 中可以看出，作物需水量的模拟存在正偏差，相对误差为 1.2%～4.6%，平均值为 3.4%；有效降水量的模拟除三门峡站和孟津站外，也存在一定程度的正偏差，相对误差为−3.0%～4.3%，平均值为 2.1%。上述二者的相对误差均在 ±5% 以内。由于净灌溉需水量通过各生育阶段的作物需水量和有效降水量之差累加得到，其模拟误差进一步增加，为−13.7%～6.1%，平均值为 5.2%。

考虑到日降水模拟的复杂性，利用 BCC/RCG-WG3.0 生成的区域气候变化情景，评估气候变化对灌溉需水量的影响是可行的。同时，研究未来净灌溉

表 3-9　　　　　　冬小麦灌溉需水量模拟值与实测值相对误差　　　　　　　　%

站名	作物需水量	有效降水量	灌溉需水量	站名	作物需水量	有效降水量	灌溉需水量
安阳	1.5	4.3	−7.8	西峡	3.2	2.4	−5.8
新乡	1.2	0.0	−3.6	南阳	4.6	2.0	1.9
三门峡	1.8	−3.0	6.0	宝丰	4.1	2.6	−2.2
卢氏	4.5	0.8	6.1	西华	4.4	1.6	4.5
孟津	1.8	−0.2	−1.1	驻马店	4.2	3.8	−11.5
栾川	3.7	2.2	−6.7	信阳	4.0	0.9	−4.4
郑州	3.5	1.1	1.3	商丘	4.2	2.4	4.5
许昌	3.7	3.7	−5.7	固始	3.3	1.6	−13.7
开封	4.1	2.4	−1.4	平均	3.4	2.1	5.2

需水量变化时采用未来时段与基准期对比方法，一定程度上可以减小 BCC/RCG-WG3.0 模拟带来的系统偏差。

3.2.3.2　净灌溉需水量变化评估

1. 冬小麦

2021—2050 年冬小麦生育期间净灌溉需水量变化评估见表 3-10。从全生育期上看，RCP2.6、RCP4.5 和 RCP8.5 情景下分别增加 1.3%（−6.4%~4.6%）、0.9%（−2.6%~4.2%）和 4.3%（0.5%~11.4%）。从各生育期上看，播种—越冬期 IR 增幅较大，RCP2.6、RCP4.5 和 RCP8.5 情景下分别增加 5.1%（−34.3%~21.2%）、21.2%（−9.1%~24.2%）和 27.3%（−50.5%~52.5%）；返青—拔节期 IR 则有不同程度的减少，分别减少 4.4%（−21.1%~−3.5%）、5.3%（−6.1%~19.3%）和 5.3%（−9.6%~14.9%）。此外，RCP4.5 情景下抽穗—成熟期 IR 也有所减少。从各单一模式的预估结果上看，除在返青—拔节期预估一致认为 IR 减少外，其他生育期评估结果存在较大不确定性。

RCP4.5 情景下 2021—2050 年冬小麦各生育期净灌溉需水量较 1961—2000 年变化空间分布如图 3-17 所示。从图中可以看出，河南省冬小麦全生育期内净灌溉需水量增加 1.8%，除豫中宝丰、豫南驻马店和固始 3 站略微减少外，其他各站均呈增加趋势，其中豫西南栾川站增幅为 5.3%，豫西南卢氏、豫中郑州、豫东商丘站增加超过 3.0%。从各生育期上看，播种—越冬期增幅明显，净灌

表 3-10　　　　2021—2050 年冬小麦生育期间净灌溉需水量变化评估

(基准期：1971—2000 年)

排放情景	模式编号（模式名称）	净灌溉需水量变化/%					
		播种—越冬期	越冬—返青期	返青—拔节期	拔节—抽穗期	抽穗—成熟期	全生育期
RCP2.6	M02 BCC-CSM1.1（m）	5.1	9.4	7.0	4.5	0.6	2.2
	M06（CSIRO-Mk3-6-0）	−12.1	2.8	−11.4	−10.3	−6.4	−6.4
	M13（GISS-E2-R）	15.2	5.7	−3.5	1.0	5.0	4.6
	M18（MIROC-ESM）	−34.3	40.6	−4.4	0.3	1.1	1.3
	M23（MRI-CGCM3）	21.2	−11.3	−21.1	−11.4	0.4	−1.5
	多模式中值	5.1	5.7	−4.4	0.3	0.6	1.3
RCP4.5	M02 BCC-CSM1.1（m）	24.2	28.3	19.3	12.4	−2.5	3.5
	M06（CSIRO-Mk3-6-0）	17.2	4.7	−5.3	2.4	−0.5	0.9
	M13（GISS-E2-R）	21.2	−12.3	−5.3	−0.7	−4.1	−2.6
	M18（MIROC-ESM）	−9.1	17.0	−3.5	6.6	4.1	4.2
	M23（MRI-CGCM3）	24.2	7.5	−6.1	−4.1	−3.9	−1.9
	多模式中值	21.2	7.5	−5.3	2.4	−2.5	0.9
RCP8.5	M02 BCC-CSM1.1（m）	27.3	42.5	14.9	16.6	7.2	11.4
	M06（CSIRO-Mk3-6-0）	−19.2	−44.3	−6.1	7.2	3.7	0.7
	M13（GISS-E2-R）	41.4	−5.7	−3.5	6.6	−2.8	0.5
	M18（MIROC-ESM）	−50.5	11.3	−5.3	9.7	6.6	4.3
	M23（MRI-CGCM3）	52.5	44.3	−9.6	−6.2	2.1	4.8
	多模式中值	27.3	11.3	−5.3	7.2	3.7	4.3

溉需水量增加 16.2%，除了豫北安阳站减少 5.5%，其他各站均表现为增加，其中豫西南栾川站增幅较大，稍大于 30.0%，豫南南阳、信阳和固始，以及豫中郑州和开封站增幅也都超过 20.0%。越冬—返青期的灌溉需水量增幅为 8.0%，除了豫北孟津和豫南驻马店稍有减少外，其他各站均呈增加趋势，其中豫南南阳和豫东商丘站增幅超过 20.0%，南阳站增幅为 29.4%，豫西南栾川和豫中许昌站增幅稍小于 20.0%，其他各站的增幅均在 8.0% 以下。返青—拔节期的灌溉需水量增加 1.4%，其中豫北新乡等 9 个站的灌溉需水量表现为减少，除了豫南驻马店减少 −9.5% 之外，其他站的灌溉需水量减少均不足 5.0%，豫南信阳站灌溉需水量表现为增加，其增幅为 28.4%。拔节—抽穗期的灌溉需水

量增加 2.2%，除了豫北新乡及豫中许昌、开封、宝丰，以及豫南驻马店和固始减少小于 7.0%，其他各站增加均不超过 6.0%。抽穗—成熟期的灌溉需水量增加最小，为 0.3%，且空间变化上差异不大。

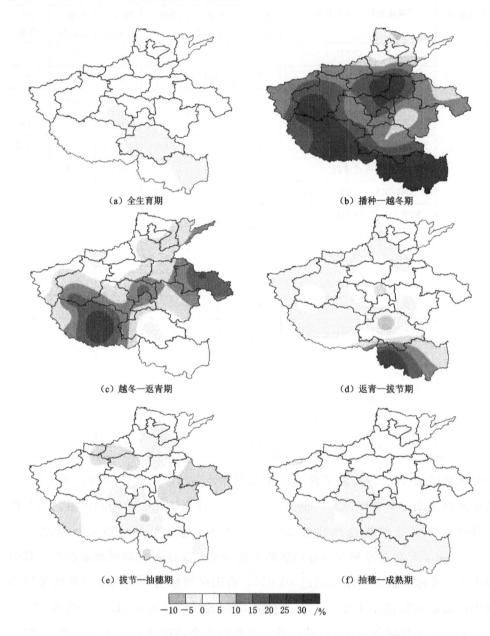

（a）全生育期　　　　　　　　　　　　　（b）播种—越冬期

（c）越冬—返青期　　　　　　　　　　　（d）返青—拔节期

（e）拔节—抽穗期　　　　　　　　　　　（f）抽穗—成熟期

−10 −5　0　5　10　15　20　25　30　/%

图 3-17　RCP4.5 情景下 2021—2050 年冬小麦各生育期灌溉需水量
较 1961—2000 年变化空间分布

2. 夏玉米

2021—2050 年夏玉米生育期间净灌溉需水量变化评估见表 3-11。从全生育期上看，RCP2.6、RCP4.5 和 RCP8.5 情景下 *IR* 分别增加 15.7%（-30.4%~22.8%）、11.0%（-23.5%~26.4%）和 22.0%（-12.3%~29.7%）。从各生育期上看，RCP2.6 和 RCP8.5 情景下拔节—乳熟期 *IR* 增幅较大，分别增加 18.1%（-29.1%~23.2%）、和 24.2%（-7.5%~30.0%）；而 RCP8.5 情景下播种—拔节期 *IR* 增加 25.3%（-14.7%~46.2%）为各生育期最大；RCP2.6 情景下播种—拔节期 *IR* 增加 4.8%（-41.8%~36.6%）为各生育期最小。从各单一模式的预估结果上看，M13（GISS-E2-R）模式（RCP2.6 情景下）、M06（CSIRO-Mk3-6-0）模式（RCP4.5 情景下）和 M18（MIROC-ESM）模式（RCP8.5 情景下）评估 *IR* 增幅较大；而 M23（MRI-CGCM3）模式则评估 *IR* 在各生育期内均有不同程度的减少。

表 3-11　　　2021—2050 年夏玉米生育期间净灌溉需水量变化预估

（基准期：1971—2000 年）

排放情景	模式编号（模式名称）	净灌溉需水量变化/%			
		播种—拔节期	拔节—乳熟期	乳熟—成熟期	全生育期
RCP2.6	M02 BCC-CSM1.1（m）	-8.1	-7.2	12.6	-3.4
	M06（CSIRO-Mk3-6-0）	4.8	18.1	29.8	15.7
	M13（GISS-E2-R）	36.6	23.2	11.0	22.8
	M18（MIROC-ESM）	27.5	20.4	19.4	21.0
	M23（MRI-CGCM3）	-41.8	-29.1	-28.8	-30.4
	多模式中值	4.8	18.1	12.6	15.7
RCP4.5	M02 BCC-CSM1.1（m）	51.6	24.4	5.8	26.4
	M06（CSIRO-Mk3-6-0）	22.0	24.4	45.5	26.0
	M13（GISS-E2-R）	19.0	2.7	-5.8	5.2
	M18（MIROC-ESM）	11.7	11.9	9.4	11.0
	M23（MRI-CGCM3）	-25.3	-23.7	-28.3	-23.5
	多模式中值	19.0	11.9	5.8	11.0
RCP8.5	M02 BCC-CSM1.1（m）	25.3	1.2	-12.6	5.0
	M06（CSIRO-Mk3-6-0）	1.8	24.2	51.8	22.0

续表

排放情景	模式编号（模式名称）	净灌溉需水量变化/%			
		播种—拔节期	拔节—乳熟期	乳熟—成熟期	全生育期
RCP8.5	M13（GISS-E2-R）	26.4	30.0	12.6	24.3
	M18（MIROC-ESM）	46.2	25.7	30.4	29.7
	M23（MRI-CGCM3）	−14.7	−7.5	−30.9	−12.3
	多模式中值	25.3	24.2	12.6	22.0

　　RCD4.5 情景下 2021—2050 年夏玉米各生育期净灌溉需水量较 1961—2000 年变化空间分布如图 3-18 所示。河南省夏玉米全生育期内 IR 增加 5.6%，除豫北新乡站略微减少 0.5%以外，各站均呈增加趋势，其中豫西南栾川和西峡站增幅最大，分别达到 17.3%和 13.5%；豫西孟津、三门峡、卢氏，以及豫南驻马店、信阳 5 站增幅超过 5%。从各生育期上看，播种—拔节期增幅明显，IR 增加 21.3%，其中豫西南栾川站增幅更是达到 40.0%，豫北安阳、豫西南

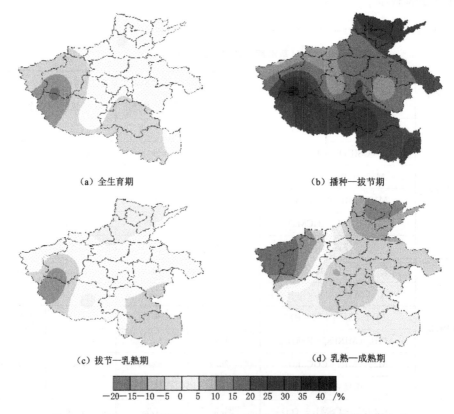

（a）全生育期　　　　　　　　　　　　　　　（b）播种—拔节期

（c）拔节—乳熟期　　　　　　　　　　　　　　（d）乳熟—成熟期

−20 −15 −10 −5　0　5　10　15　20　25　30　35　40　/%

图 3-18　RCP4.5 情景下 2021—2050 年夏玉米各生育期净灌溉需水量
较 1961—2000 年变化空间分布

南阳、豫南驻马店及固始等站增幅也超过 30%，仅豫西三门峡、豫中宝丰及西华等 3 站增幅在 10% 以内。拔节—乳熟期 *IR* 增加 3.4%，其中豫西南栾川、西峡站增幅相对较大，分别增加 14.9% 和 13.1%，而豫北安阳和新乡站，以及豫西南南阳站则有不足 3% 的减少。乳熟—成熟期 *IR* 则减少 1.4%，其中豫北安阳、新乡和豫中宝丰站减幅较大，超过 10%，而豫西孟津、三门峡和豫西南卢氏、栾川等 4 站则有 10% 以上的增加。

由于未来气温在各生育期均呈增加趋势，净灌溉需水量的变化主要表现为降水增加（减少）抵消（加剧）由升温带来的作物需水量增加的影响。从全生育期上看，气温升高引起的作物需水量明显增加是导致夏玉米净灌溉需水量增加的主要因素；豫西和豫西南部分地区有效降水量的减少进一步增加了灌溉水的需求；而豫北新乡站有效降水量增幅较大，抵消了作物需水量增加的影响，净灌溉需水量将略微减少 0.5%。从各生育期上看，播种—拔节期受作物需水量增加和有效降水量减少的双重影响，净灌溉需水量将明显增加。拔节—乳熟期除豫西南卢氏和栾川站有效降水量减少外，多数站点呈增加趋势，但增幅较小，这并不足以抵消升温带来的作物需水量增加的影响，从而净灌溉需水量仅在豫北安阳、新乡和豫西南南阳站有所减少。乳熟—成熟期除豫西和豫西南部分地区外，净灌溉需水量的减少主要受有效降水量明显增加的影响。

3.2.4 评估结果的不确定性分析

1. 冬小麦

以上结果分析是基于 25 个 CMIP5 模式集合评估的结果。进一步从变化趋势和变化范围两个方面探讨评估结果的不确定性。对 17 个站点基于 25 个 GCMs 进行评估，预估冬小麦净灌溉需水量呈增加/减少趋势的模式数量所占比例如图 3-19 所示。评估发现新乡等 10 个站点净灌溉需水量将增加的模式占比超过 70.0%，其中豫西卢氏和栾川及豫东商丘，以及豫南南阳站的评估结果一致性较好，评估净灌溉需水量呈增加和减少趋势的模式数量占比达到 80.0%。而豫中宝丰及豫南信阳、固始站的评估结果一致性较差，评估净灌溉需水量呈增加和减少趋势的模式数量基本相当。

25 个 CMIP5 模式预估冬小麦净灌溉需水量变化的范围如图 3-20 所示，由图可知，尽管集合评估净灌溉需水量变化的值较小，但各模式间评估结果还存

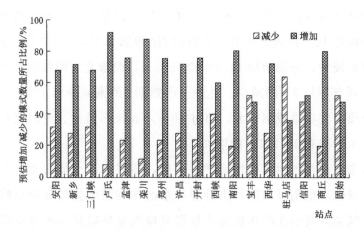

图 3-19　预估冬小麦净灌溉需水量增加/减少趋势的模式数量所占比例

在较大差异。评估净灌溉需水量变化的最大值与最小值之差在 17 个站点上的平均值为 18.6%，其中豫西卢氏站变化范围最小，为 -1.2%~8.2%；而信阳站变化范围最大，达到 -29.4%~24.9%。

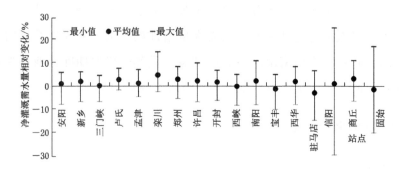

图 3-20　25 个 CMIP5 模式预估冬小麦净灌溉需水量变化的范围

2. 夏玉米

对 17 个站点基于 25 个 GCMs 进行评估，预估夏玉米净灌溉需水量呈增加/减少趋势的模式数量所占比例如图 3-21 所示。60% 及以上的站点的净灌溉需水量将增加，其中豫西的三门峡等 5 站和许昌站模式间一致性较好，80% 的预估净灌溉需水量将增加。总的来说，未来 30 年河南省夏玉米净灌溉需水量可能有所增加。

25 个 CMIP5 模式预估夏玉米净灌溉需水量变化的范围如图 3-22 所示，全部 17 个站点净灌溉需水量变化的平均值均为正值，增加 5.4%~17.3%。其中，豫西的三门峡等 4 站和豫东商丘站增幅较大，超过 10%。值得注意的是，不同

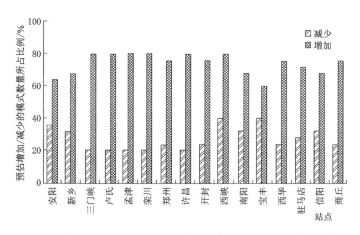

图 3-21　预估夏玉米净灌溉需水量增加/减少趋势的模式数量所占比例

GCMs 对各站的预估结果存在较大差异，预估净灌溉需水量变化的最大值与最小值之差在 17 个站点上的平均值为 56%。其中，卢氏站变化范围最小，为 -9.8%~34.7%；栾川站变化范围最大，为 -17.7%~54.9%。

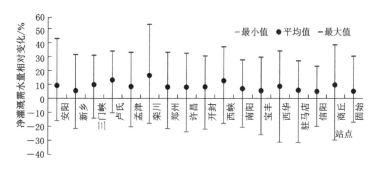

图 3-22　25 个 CMIP5 模式预估夏玉米净灌溉需水量变化的范围

3.3　考虑气候变化影响的灌区多水源优化配置

3.3.1　灌区水资源系统概化

灌区水资源系统是一个复杂的大系统，系统内包含多种水源和多个用水部门，影响供用水关系的因素较多，系统结构也比较复杂，需要对水资源系统进行概化。

在分析灌区系统多水源循环转化特征的基础上，对取水水源、取用水工程（取水系统）、输水系统、配水系统、排水系统等进行概化。灌区水资源系统网络图如图 3-23 所示，其中包括 7 个计算单元（7 个子区）、7 个引水节点（干渠闸门）、4 种供水水源（引黄水、南水北调水、地下水、再生水）、2 个水汇（黄河、卫河）。

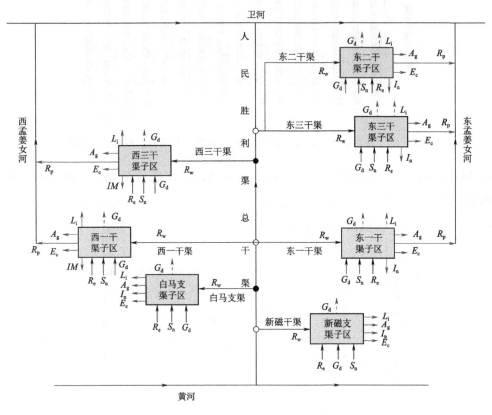

图 3-23　灌区水资源系统网络图

R_e—再生水；A_g—农业用水；R_p—单元退水；G_d—地下水；S_n—南水北调水；I_n—工业用水；○—跌水；R_w—引黄水；L_i—生活用水；E_c—生态用水；●—分水口

用 k 来表示子区，编号为 1～7 的子区分别对应新磁支渠子区、白马支渠子区、东一干渠子区、西一干渠子区、西三干渠子区、东三干渠子区、东二干渠子区。设定 i 为供水水源，其中，$i=1$ 为引黄水，$i=2$ 为南水北调水，$i=3$ 为地下水，$i=4$ 为再生水。用水部门用 j 表示，其中 $j=1$ 为农业用水部门，$j=2$ 为生活用水部门，$j=3$ 为工业用水部门，$j=4$ 为生态环境用水部门。同时，假定各子区种植物相同，用 m 表示作物的种类，其中 $m=1$ 为冬小麦、$m=2$ 为夏玉米、$m=3$ 为春播棉。

用 $(r_{i,j}^k)_{4\times4}$ 来表示 k 子区供水水源 i 与用水部门 j 之间的供求关系系数，当 $r_{i,j}^k=1$ 时，表明 k 子区供水水源 i 能够满足用水部门 j 的用水要求，供给第 j 用水部门 $Q_{i,j}^k$ 水量；否则，认为供水水源 i 不给用水部门 j 供水，$Q_{i,j}^k=0$。灌区供水水源与用水部门间供求关系见表 3-12。

表 3-12 　　　　　　　　　灌区供水水源与用水部门间供求关系

供水水源	用　水　部　门			
	农业	生活	工业	生态环境
引黄水	√	√	√	√
南水北调水	—	√	√	√
地下水	√	√	√	√
再生水	√	—	√	√

注　√表示供水水源为用水部门供水；—表示供水水源不给用水部门供水。

3.3.2　优化配置模型的建立

基于大系统分解-协调理论，结合灌区水资源系统网络图，针对不同子区的供水情况和各部门用水特点，将整个灌区水资源系统划分为 4 层。以作物各生育阶段作为第一层，各子区作物作为第二层，各子区作为第三层，灌区系统作为第四层，通过供水量将各层之间联系起来，构建具有 4 层结构的水资源优化配置模型，灌区水资源优化配置大系统结构示意图如图 3-24 所示。

第一层是对单一作物的不同生育阶段进行优化配置，借助作物水分生产函数构建非充分灌溉条件下的单一作物优化灌溉模型；第二层对不同子区多种作物之间进行优化配置，以农业净经济效益最大为目标函数，构建多种作物间水量优化配置模型；第三层为子区协调层，研究不同子区农业、生活、工业、生态环境四类用水部门之间的优化配水，以各子区不同用水部门的净经济效益之和最大为目标函数，构建子区各用水部门间水量优化配置模型；第四层为全灌区协调层，研究多种水资源在不同子区间的优化配置，以全灌区净经济效益最大为目标函数，构建各子区间水量优化配置模型。由于畜禽养殖需水量占农业总需水的比例比较小，约为 2.4%，模型假设这部分水量都能得到满足，在配置时不再考虑。

3.3.2.1　单一作物优化灌溉模型

对单一作物进行优化配水，实际上就是在供水量有限的条件下，根据作物

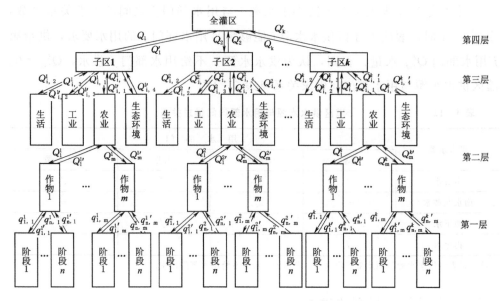

图 3-24　灌区水资源优化配置大系统结构示意图

在各个生育阶段对水分胁迫的敏感程度不同，依据作物水分生产函数，对灌溉水量进行优化分配，确保各种作物水分敏感期的供水，减少对水分非敏感期的供水，使作物因供水不足导致的减产程度降到最低。

以第 m 种作物为例，建立单一作物优化灌溉模型。

1. 阶段变量

根据作物生长发育情况，将其全生育期划分为 n 个阶段，以生育阶段为阶段变量，$n=1,2,\cdots,N$。

2. 状态变量

状态变量是描述系统运行中各个组成部分的状态及其变化的变量，本模型状态变量主要有 2 个：① k 子区第 m 种作物第 n 个阶段初可用于分配的水量 $Q_{n,m}^{k}$；②各阶段计划湿润层内可供作物利用的土壤水量 $S_{n,m}^{k}$。其中 $S_{n,m}^{k}$ 为

$$S_{n,m}^{k}=10\gamma H_{n,m}^{k}(\theta_{n,m}^{k}-\theta_{\min}) \qquad (3-20)$$

式中　γ——土壤的干容重，t/m^3；

　　　$H_{n,m}^{k}$——第 n 个阶段土壤计划湿润层深度，m；

　　　$\theta_{n,m}^{k}$——第 n 个阶段计划湿润层内土壤平均含水率，以占干土重的百分比计；

　　　$\theta_{\min}$——土壤含水率下限，约大于凋萎系数，以占干土重的百分比计。

3. 决策变量

决策变量在系统模型中处于核心地位，它的大小直接影响系统的决策，是属于可以控制的变量，主要有 2 个：①k 子区第 m 种作物第 n 个阶段的实际灌水量 $q_{n,m}^k$；②各阶段实际腾发量 $ET_{n,m}^k$。

4. 系统方程

系统方程是用来描述系统运行过程中状态变量如何转移的方程。由于状态变量有 2 个，系统方程相应也有 2 个。

（1）用来描述各阶段水量分配的方程为

$$Q_{n+1,m}^k = Q_{n,m}^k - q_{n,m}^k \qquad (3-21)$$

式中　$Q_{n+1,m}^k$——k 子区第 m 种作物第 $(n+1)$ 个阶段可用于分配的水量，mm。

（2）用来描述田间土壤计划湿润层内水量转移的方程为

$$S_{n+1,m}^k = S_{n,m}^k + q_{n,m}^k + P_{n,m}^k + K_{n,m}^k - ET_{n,m}^k - C_{n,m}^k - CK_{n,m}^k \qquad (3-22)$$

式中　$S_{n+1,m}^k$——k 子区第 m 种作物第 $(n+1)$ 个阶段计划湿润层土壤平均含水量，mm；

$P_{n,m}^k$——第 n 个阶段的有效降水量，mm；

$ET_{n,m}^k$——k 子区第 m 种作物第 n 个阶段的实际腾发量，mm；

$C_{n,m}^k$——第 n 个阶段的排水量；

$CK_{n,m}^k$——第 n 个阶段的地下水补给量，mm；

$K_{n,m}^k$——第 n 个阶段的渗漏量。

在节水条件下对于旱作作物 $C_{n,m}^k$ 可看作为 0；对于采用节水措施进行灌溉的地区，$K_{n,m}^k$ 可以近似假定为 0。

系统方程假定在作物生长发育阶段内，降水是均匀分布的。方程中的地下水补给量，可以根据当地或条件相似地区的试验或调查来确定，一般对于地下水埋深大于 3m 的地区，可以认为地下水对作物的根系吸水影响很小，可以近似忽略不计。灌区内新磁、白马支渠子区和西一干渠子区的上游地下水埋深较浅，局部地区小于 3m，需要计算地下水补给量。

5. 目标函数

由于 Jensen 模型贴近生产实际，能够较好地反映作物各生育阶段对产量的影响，因此选用其作为目标函数，即

$$F(Q_m^k) = \max\left(\frac{Y_m^k}{Ym_m^k}\right) = \max \prod_{n=1}^{N} \left(\frac{ET_{n,m}^k}{ETm_{n,m}^k}\right)^{\lambda_{n,m}} \tag{3-23}$$

式中　$F(Q_m^k)$——当 k 子区第 m 种作物分配水量为 Q_m^k 时，单位面积的最大相对产量；

　　　Y_m^k——第 m 种作物的实际产量，kg/hm^2；

　　　Ym_m^k——第 m 种作物的最大产量，kg/hm^2；

　　　$ETm_{n,m}^k$——k 子区第 m 种作物第 n 个阶段的潜在腾发量，mm；

　　　$\lambda_{n,m}$——第 m 种作物第 n 个阶段的缺水敏感性指数。

6. 约束条件

(1) 作物各生育阶段的灌水量约束为

$$\sum_{n=1}^{N} q_{n,m}^k = Q_m^k \tag{3-24}$$

$$q_{n,m}^k \leqslant Q_{n,m}^k \tag{3-25}$$

式中　Q_m^k——k 子区第 m 种作物全生育期单位面积的可供水量，mm。

(2) 作物各生育阶段的蒸散量约束为

$$ET_{n,m}^k \leqslant ETm_{n,m}^k \tag{3-26}$$

(3) 作物各生育阶段的土壤含水量约束为

$$\theta_{\min} \leqslant \theta_{n,m}^k \leqslant \theta_{\max} \tag{3-27}$$

式中　$\theta_{\max}$——田间持水率，以占干土重的百分比计。

(4) 非负约束为

$$0 \leqslant q_{n,m}^k \tag{3-28}$$

$$0 \leqslant ET_{n,m}^k \tag{3-29}$$

3.3.2.2　多种作物间水量优化配置模型

假定灌溉净经济效益即为农业部门的用水效益。对多种作物进行灌溉水量的优化分配，不仅包括了作物间水量优化分配的问题，还包括多种水资源在作物间的优化配置问题。以灌溉净经济效益最大为目标，建立多种作物间水量优化配置模型。

1. 目标函数

以各子区农业灌溉净经济效益最大为目标，则

$$\max F_k(Q_m^k) = \varepsilon \sum_{m=1}^{3} \{A_m^k p_m^k [Ym_m^k F(Q_m^k) - Y_{m0}^k]\} - \sum_{i=1}^{4} c_{i,1}^k Q_{i,1}^k \tag{3-30}$$

式中　$\max F_k(Q_m^k)$——k 子区第 m 种作物分配水量 Q_m^k 时的最大灌溉净经济效

益之和，万元；

ε——灌溉效益分摊系数；

A_m^k——k 子区第 m 种作物的灌溉面积，hm^2；

p_m^k——第 m 种作物的单价，元/kg；

$c_{i,1}^k$——水源 i 供给第 k 子区农业用水部门的费用系数，万元/ m^3；

Y_{m0}^k——第 m 种作物不灌溉时的产量，kg/hm^2；

$Q_{i,1}^k$——水源 i 供给第 k 子区农业用水部门的灌溉水量，m^3。

2. 约束条件

（1）作物可分水量约束。分配给各种作物的水量不能超过第三层各水源供
给农业部门的水量，即

$$\sum_{m=1}^{3} Q_m^k \leqslant \sum_{i=1}^{4} Q_{i,1}^k \eta_i \qquad (3-31)$$

式中　$Q_{i,1}^k$——水源 i 供给第 k 子区农业用水部门的供水量，万 m^3；

η_i——水源 i 供给农业的有效利用系数。

（2）各种作物需水量约束。作物分水量不能超过农业部门的需水量限值，即

$$\sum_{k=1}^{7} \sum_{m=1}^{3} Q_m^k \leqslant \sum_{k=1}^{7} \sum_{i=1}^{4} Q_{i,1}^k \qquad (3-32)$$

（3）非负约束为

$$0 \leqslant Q_m^k \qquad (3-33)$$

$$0 \leqslant Q_{i,1}^k \qquad (3-34)$$

3.3.2.3　子区各用水部门间水量优化配置模型

以灌区农业、生活、工业和生态环境用水部门的净经济效益最大为目标，
建立子区各用水部门间水量优化配置模型，实现灌区多种水资源在各用水部门
间的优化分配。

1. 目标函数

以各子区多水源各用水部门供水净经济效益最大为目标，则

$$\max F_k(Q_{i,j}^k) = \sum_{i=1}^{4} \sum_{j=1}^{4} (b_{i,j}^k - c_{i,j}^k) Q_{i,j}^k \alpha_i^k \beta_j^k \qquad (3-35)$$

式中　$b_{i,j}^k$——水源 i 供给第 k 子区第 j 用水部门的效益系数，万元/m^3；

$c_{i,j}^k$——水源 i 供给第 k 子区第 j 用水部门的费用系数，万元/m^3；

$Q_{i,j}^k$——水源 i 供给第 k 子区第 j 用水部门的分水量，万 m^3；

α_i^k——第 k 子区水源 i 的供水次序系数；

β_j^k——第 k 子区第 j 用水部门的用水公平系数。

2. 约束条件

（1）供水能力约束为

$$\sum_{i=1}^{4} \sum_{j=1}^{4} Q_{i,j}^k = \sum_{i=1}^{4} Q_i^k \tag{3-36}$$

$$Q_i^k \leqslant W_i^k \tag{3-37}$$

式中　Q_i^k——水源 i 分配给第 k 子区的水量，万 m^3；

W_i^k——水源 i 的可供水量，万 m^3。

（2）输水能力约束为

$$Q_{i,j}^k \leqslant Q_i \tag{3-38}$$

式中　Q_i——水源 i 的最大输水能力，万 m^3。

（3）需水能力约束为

$$L_j^k \leqslant \sum_{i=1}^{4} Q_{i,j}^k \leqslant H_j^k \tag{3-39}$$

式中　L_j^k——第 k 子区第 j 用水部门下限需水量，万 m^3；

H_j^k——第 k 子区第 j 用水部门上限需水量，万 m^3。

（4）非负约束为

$$0 \leqslant Q_{i,j}^k \tag{3-40}$$

3.3.2.4　各子区间水量优化配置模型

为了实现灌区内有限的多种水资源能够在各子区间合理分配，需要对第四层总协调层建立优化配置模型。它是协调全灌区多种水资源与各子区间优化配水的模型，作用是把灌区多种水资源在各子区间进行优化分配，并把配置结果传递给第三层，同时接收第三层反馈的经各部门间协调后的优化配水结果，最终实现全灌区净经济效益最大。

1. 目标函数

以各子区所分水量产生的净经济效益之和最大为目标，则

$$F = \max \sum_{k=1}^{7} \omega_k F_k \left(\sum_{i=1}^{4} Q_i^k \right) \tag{3-41}$$

式中　F——全灌区最大净经济效益，万元；

ω_k——第 k 子区的权重系数；

$F_k\left(\sum\limits_{i=1}^{4}Q_i^k\right)$ ——第 k 子区在分配水量为 $\sum\limits_{i=1}^{4}Q_i^k$ 时的最大净经济效益，万元。

2. 约束条件

（1）供水能力约束为

$$\sum_{k=1}^{7}\sum_{i=1}^{4}Q_i^k = Q_{总} \tag{3-42}$$

$$Q_i^k \leqslant Q_{总} \tag{3-43}$$

式中 $Q_{总}$——全灌区总可供水量，万 m^3。

（2）非负约束为

$$0 \leqslant Q_i^k \tag{3-44}$$

$$0 \leqslant Q_{总} \tag{3-45}$$

3.3.2.5 配置模型参数的确定

模型输入除降水量、作物种植面积、供水量、作物生育期、潜在腾发量等资料外，还需确定的参数主要有子区权重系数、供水水源优先系数、用水公平系数、效益系数、费用系数、作物种植价格参数、作物缺水敏感性指数及用水部门需水量限制等。

1. 子区权重系数 ω_k

子区权重系数 ω_k 是反映各子区对全灌区影响程度的指标，与各子区经济、生态和社会发展状况等有关。目前，确定权重系数的方法比较多，考虑到权重确定中的模糊性，采用模糊二元对比决策的方法来确定各子区权重。该方法的思路是通过将目标元素两两比较后，借助提前定义好的模糊标度值，构造模糊标度矩阵，在此基础上计算各目标的相对重要性量化特征值向量，经归一化处理后得到各目标的权重系数。

设目标集 $P=\{p_1, p_2, \cdots, p_7\}$ 分别对应新磁支渠子区、白马支渠子区、东一干渠子区、西一干渠子区、西三干渠子区、东三干渠子区、东二干渠子区，语气算子和相应的模糊标度值见表 3-13。

表 3-13   语气算子和相应的模糊标度值表

语气算子	同样	稍稍	略微	较为	明显	显著	十分	非常	极其	极端	无可比拟
模糊标度值	0.50	0.55	0.60	0.65	0.70	0.75	0.80	0.85	0.90	0.95	1.00

通过二元比较构造的有序二元对比矩阵为

$$\mu_{st}=\begin{bmatrix} 0.50 & 0.65 & 0.55 & 0.60 & 0.65 & 0.75 & 0.45 \\ 0.35 & 0.50 & 0.35 & 0.40 & 0.35 & 0.55 & 0.25 \\ 0.45 & 0.65 & 0.50 & 0.55 & 0.60 & 0.70 & 0.35 \\ 0.40 & 0.60 & 0.45 & 0.50 & 0.55 & 0.65 & 0.40 \\ 0.35 & 0.55 & 0.40 & 0.45 & 0.50 & 0.60 & 0.45 \\ 0.25 & 0.45 & 0.30 & 0.35 & 0.40 & 0.50 & 0.35 \\ 0.55 & 0.75 & 0.65 & 0.60 & 0.55 & 0.65 & 0.50 \end{bmatrix} \qquad (3-46)$$

在此基础上，除自身与自身比较值之外，对每行的模糊标度值求和，得到目标集 P 的相对重要性量化特征值向量为

$$\omega'=(\omega_1',\omega_2',\cdots,\omega_7')=(\sum_{t=1}^{p}\mu_{1t},\sum_{t=1}^{p}\mu_{2t},\cdots,\sum_{t=1}^{p}\mu_{pt})$$
$$=(3.65,2.25,3.3,3.05,2.8,2.1,3.75) \qquad (3-47)$$

经归一化处理后得到各子区的权重系数为

$$\omega=(\omega_1,\omega_2,\cdots,\omega_7)=\left(\frac{2\sum_{t=1}^{p}\mu_{1t}}{p(p-1)},\frac{2\sum_{t=1}^{p}\mu_{2t}}{p(p-1)},\cdots,\frac{2\sum_{t=1}^{p}\mu_{pt}}{p(p-1)}\right)$$
$$=(0.17,0.11,0.16,0.15,0.13,0.1,0.18) \qquad (3-48)$$

2. 供水水源优先系数 α_i^k

供水水源优先系数 α_i^k 是反映多种水源之间的供水优先程度的指标。根据多种供水水源优先供水原则和供水的优先次序，量化各种水源供水的优先程度，即

$$\alpha_i^k=\frac{1+n_{max}^k-n_i^k}{\sum_{i=1}^{l}(1+n_{max}^k-n_i^k)} \qquad (3-49)$$

式中　n_i^k——第 k 子区第 i 种水源的供水次序号；

　　　n_{max}^k——第 k 子区水源供水的最大次序号。

一般来讲，再生水可用于改善生态环境及农业部门使用，这部分水量优先供给城镇生态环境用水部门，当有余水时再考虑供给农业使用；当有外调水进入地表工程系统时，外调水应优先于地表供水水源使用；本地地表径流的使用应优先于地下水。根据以上供水原则，灌区供水水源优先次序为再生水、南水北调水、引黄水、地下水，对应的各种供水水源优先系数为 0.4、0.3、0.2、0.1。

3. 用水公平系数 β_j^k

用水公平系数 β_j^k 主要用来反映各用水部门之间的用水优先程度。该指标确定的方法与供水水源优先系数的确定类似，都是在明确用（供）水次序的基础上，利用式（3-49）将用（供）水次序转化为用（供）水系数。

灌区用水应优先保证生活用水，其次是工业和生态环境用水，最后为农业用水，对应的用水公平系数为 0.4、0.3、0.2、0.1。

4. 效益系数 $b_{i,j}^k$

（1）农业用水效益系数 $b_{i,1}^k$ 和灌溉效益分摊系数 ε。农业用水效益系数是联系模型第二层和第三层的重要参变量，不同水源的农业用水效益系数为

$$b_{i,1}^k = \dfrac{\varepsilon \sum\limits_{m=1}^{3}\left[A_m^k p_m^k Y m_m^k F(Q_m^k) - A_m^k p_m^k Y_{m0}^k\right]Q_{i,1}^k}{\left(\sum\limits_{i=1}^{4}Q_{i,1}^k\right)^2} \qquad (3-50)$$

不同的地理、地形和生产条件，决定灌溉效益分摊系数也不同。一般来说，灌溉效益分摊系数 ε 的取值在 0.2～0.6。结合灌区实际情况，参考邻近相似地区取值，灌溉效益分摊系数 ε 取 0.4。

（2）生活用水效益系数 $b_{i,2}^k$。生活用水效益系数受经济社会发展水平、人民生活水平等因素影响，一般较难量化。参考相关研究成果，生活用水效益系数 $b_{i,2}^k$ 取 50 元/ m^3。

（3）工业用水效益系数 $b_{i,3}^k$。工业用水效益系数采用效益分摊系数法确定，计算公式为

$$b_{i,3}^k = \frac{\alpha_i^k}{W} \qquad (3-51)$$

式中　α_i^k——工业用水效益分摊系数；

　　　W——工业万元产值取水量，m^3/万元。

不同的供水水源对应的分摊系数不同，供水水源为自来水时取 5%，供水水源为地下水时取 4%，通过水利工程取水的取 8%。

灌区工业取水主要通过水利工程取水和地下水取水两种方式，供水水源分别为引黄水、南水北调水、地下水，对应的工业用水效益分摊系数分别为 0.08、0.08、0.04；对应的工业用水效益系数分别为 25.08 元/ m^3、25.08 元/ m^3、12.54 元/ m^3。

（4）生态环境用水效益系数 $b_{i,4}^k$。生态环境用水效益系数与生活用水效益系

数类似，也较难量化确定。结合灌区实际情况，参考相关研究成果，生态环境用水效益系数 $b_{1,4}^k$ 取 45 元/m³。

5. 费用系数 $c_{i,j}^k$

费用系数的选取常参考各用水部门水费征收标准而定。依据灌区水费征收标准，灌区供水水源供给不同用水部门的费用系数见表 3-14。

表 3-14　　　　灌区供水水源供给不同用水部门的费用系数表

供水水源	费用系数/(元/m³)			
	农业	生活	工业	生态环境
引黄水	0.15	3.50	5.55	0.30
南水北调水	—	4.50	6.55	—
地下水	0.60	3.50	5.55	0.50
再生水	0.10	—	—	0.10

6. 作物种植价格参数

根据当地的市场调查结果，结合相关研究成果，得到冬小麦、夏玉米和春播棉的单价、灌溉前单产和灌溉后最高产量等作物种植价格参数，灌区作物价格见表 3-15。

表 3-15　　　　　　　　灌 区 作 物 价 格 表

作物	单价/(元/kg)	灌溉前单产/(kg/hm²)	灌溉后最高产量/(kg/hm²)
冬小麦	1.8	1515	5831
夏玉米	1.5	4516	11150
春播棉	12.5	378	3080

7. 作物缺水敏感性指数

灌区主要作物生育期内缺水敏感性指数见表 3-16。

表 3-16　　　　　　灌区主要作物生育期内缺水敏感性指数表

作物	生育期	日期/(月/日)	敏感指数	天数/d
冬小麦	苗期	10/13～12/10	0.150	59
	越冬期	12/11～2/19	0.011	71
	返青期	2/20～3/31	0.154	40
	拔节期	4/1～4/30	0.173	30
	抽穗期	5/1～5/20	0.242	20
	灌浆成熟期	5/21～6/4	0.174	15

续表

作物	生育期	日期/(月/日)	敏感指数	天数/d
夏玉米	苗期	6/10～7/10	0.020	31
	拔节期	7/11～7/31	0.131	21
	抽雄期	8/1～8/20	0.170	20
	灌浆成熟期	8/21～9/20	0.083	31
春播棉	苗期	4/10～6/9	0.282	61
	蕾期	6/10～7/7	0.108	28
	花铃期	7/8～8/27	0.398	51
	吐絮期	8/28～11/12	0.102	77

8. 用水部门需水量限值

用 H_j^k 和 L_j^k 分别表示第 k 子区第 j 用水部门的上限、下限需水量。

（1）农业需水量。农业需水上、下限的取值与农业综合灌溉定额、灌溉面积有关，计算公式为

$$\begin{cases} H_4^k = S_{yx}^k & G^k = D_4^k \\ L_4^k = S_{bz}^k & G^k \end{cases} \tag{3-52}$$

式中　S_{yx}^k——第 k 子区有效灌溉面积，km^2；

　　　S_{bz}^k——第 k 子区保证灌溉面积，km^2；

　　　D_4^k——第 k 子区灌溉需水量，万 m^3；

　　　G^k——第 k 子区农业综合灌溉定额。

（2）生活需水量。应优先保证生活需水，其需水量上、下限取值相等，均等于生活需水预测的结果，即

$$H_1^k = L_1^k = D_1^k \tag{3-53}$$

式中　D_1^k——规划年第 k 子区生活需水量，万 m^3。

（3）工业需水量。工业需水上、下限的取值为

$$\begin{cases} H_3^k = D_3^k \\ L_3^k = 0.7D_3^k \end{cases} \tag{3-54}$$

式中　D_3^k——规划年第 k 子区工业需水量，万 m^3。

（4）生态环境需水量。考虑到维持良好的生态环境对于区域经济社会的可

持续发展具有重要作用，生态环境需水量的上、下限均取其需水预测的结果，即

$$H_2^k = L_2^k = D_2^k \qquad (3-55)$$

式中　D_2^k——规划年第 k 子区生态环境需水量，万 m^3。

2030 年水平年考虑气候变化影响的灌区需水量限值见表 3-17。

表 3-17　　　　2030 年水平年考虑气候变化影响的灌区需水量限值

保证率	分区	农业部门需水量 /万 m^3		生活部门需水量 /万 m^3		工业部门需水量 /万 m^3		生态环境部门需水量 /万 m^3	
		上限	下限	上限	下限	上限	下限	上限	下限
$P=50\%$	新磁支渠	2271.05	1930.39	394.47	394.47	1994.86	1396.40	45.30	45.30
	白马支渠	1432.67	1217.77	59.20	59.20	299.26	209.48	6.80	6.80
	东一干渠	7688.00	6534.80	455.00	455.00	2300.79	1610.55	234.84	234.84
	西一干渠	5953.92	5060.83	639.63	639.63	3233.14	2263.20	633.47	633.47
	西三干渠	2769.23	2353.85	420.65	420.65	2127.25	1489.07	48.30	48.30
	东三干渠	21879.66	18597.71	2834.30	2834.30	14328.49	10029.95	1155.07	1155.07
	东二干渠	3919.58	3331.64	290.83	290.83	1170.36	819.25	144.19	144.19
$P=75\%$	新磁支渠	2841.14	2414.97	394.47	394.47	1994.86	1396.40	45.30	45.30
	白马支渠	1770.94	1505.30	59.20	59.20	299.26	209.48	6.80	6.80
	东一干渠	10111.93	8595.14	455.00	455.00	2300.79	1610.55	234.84	234.84
	西一干渠	7915.03	6727.78	639.63	639.63	3233.14	2263.20	633.47	633.47
	西三干渠	3803.79	3233.22	420.65	420.65	2127.25	1489.07	48.30	48.30
	东三干渠	28846.53	24519.55	2834.30	2834.30	14328.49	10029.95	1155.07	1155.07
	东二干渠	5349.24	4546.86	290.83	290.83	1170.36	819.25	144.19	144.19

3.3.3　灌区多水源优化配置结果分析

2030 年水平年考虑气候变化影响的冬小麦、夏玉米和春播棉生育期内水量配置结果分别见表 3-18～表 3-20。冬小麦返青期和拔节期是作物生长和产量形成的关键时期，配水结果符合优先满足关键水的灌溉规律；夏玉米抽雄期作物腾发量较大，降水不足时需及时补充灌溉；春播棉花铃期是作物形成产量的重要阶段，也是其整个生育阶段对水分最为敏感、耗水量最大的阶段，水量配置结果同样符合缺水条件下优先满足关键水的灌溉规律。

表 3-18   2030 年水平年考虑气候变化影响的冬小麦生育期内水量配置结果

保证率	分区	生育期分水量/万 m³						
		苗期	越冬期	返青期	拔节期	抽穗期	灌浆成熟期	全生育期
P=50%	新磁支渠	29.83	86.79	420.14	525.07	177.69	143.40	1382.92
	白马支渠	20.92	87.34	308.06	335.74	122.72	104.62	979.40
	东一干渠	77.63	503.02	1074.78	1577.21	423.53	353.38	4009.55
	西一干渠	51.61	334.42	714.54	1048.57	281.57	234.94	2665.65
	西三干渠	15.25	98.83	211.17	309.89	83.21	69.43	787.78
	东三干渠	191.24	1239.13	2647.62	3885.29	1043.32	870.52	9877.12
	东二干渠	20.94	101.85	256.18	312.92	116.12	94.50	902.51
	全灌区	407.42	2450.17	5632.43	7994.65	2248.26	1870.78	20603.72
P=75%	新磁支渠	197.73	87.69	288.32	676.17	260.79	135.56	1646.26
	白马支渠	152.29	89.83	219.32	425.13	182.21	94.16	1162.94
	东一干渠	532.15	160.12	761.00	1043.80	585.95	273.21	3356.23
	西一干渠	305.37	125.65	463.72	736.70	409.07	193.43	2233.94
	西三干渠	114.51	45.85	109.59	219.74	116.12	55.62	661.43
	东三干渠	1335.48	524.52	1814.24	2397.31	1431.88	776.68	8280.11
	东二干渠	159.43	70.07	256.22	184.56	169.61	87.13	927.02
	全灌区	2796.59	1103.77	3911.17	5684.55	3155.37	1616.03	18267.48

表 3-19   2030 年水平年考虑气候变化影响的夏玉米生育期内水量配置结果

保证率	分区	生育期分水量/万 m³				
		苗期	拔节期	抽雄期	灌浆成熟期	全生育期
P=50%	新磁支渠	3.49	1.43	3.46	7.68	16.06
	白马支渠	1.93	0.79	1.92	4.26	8.90
	东一干渠	57.92	23.77	57.51	127.54	266.74
	西一干渠	87.45	35.89	86.83	192.57	402.74
	西三干渠	37.93	15.57	37.66	83.53	174.69
	东三干渠	639.49	262.44	634.91	1408.15	2944.99
	东二干渠	117.84	48.36	116.99	259.48	542.67
	全灌区	947.10	388.67	940.31	2085.49	4361.57
P=75%	新磁支渠	3.00	0.95	7.39	10.08	21.42
	白马支渠	1.65	0.52	4.08	5.56	11.81
	东一干渠	40.13	15.65	121.07	113.27	290.12
	西一干渠	39.35	23.45	183.73	127.46	373.99
	西三干渠	16.40	10.13	80.13	55.87	162.53
	东三干渠	293.90	171.64	1336.59	1421.61	3223.74
	东二干渠	55.88	31.04	247.96	169.51	504.39
	全灌区	450.65	253.66	1983.12	1906.14	4593.57

表 3 − 20　　　2030 年水平年考虑气候变化影响的春播棉生育期内水量配置结果

保证率	分区	生育期分水量/万 m³				
		苗期	蕾期	花铃期	吐絮期	全生育期
P=50%	新磁支渠	56.08	101.45	187.96	111.80	457.29
	白马支渠	26.78	48.45	89.76	53.39	218.38
	东一干渠	407.91	737.94	1367.19	813.23	3326.27
	西一干渠	339.14	613.53	1136.68	676.12	2765.47
	西三干渠	211.88	383.31	710.16	422.42	1727.77
	东三干渠	1045.48	1891.34	3504.07	2084.30	8525.19
	东二干渠	270.20	488.81	905.62	538.68	2203.31
	全灌区	2357.04	4264.04	7899.96	4699.07	19220.11
P=75%	新磁支渠	116.65	104.47	262.06	189.99	673.17
	白马支渠	55.36	49.58	124.36	90.16	319.46
	东一干渠	842.72	754.79	1893.27	1372.58	4863.36
	西一干渠	701.28	624.17	1574.47	1099.85	3999.77
	西三干渠	433.80	329.96	986.07	580.46	2330.29
	东三干渠	2163.11	1937.40	4859.66	3523.16	12483.33
	东二干渠	558.31	435.47	1256.02	800.84	3050.64
	全灌区	4870.37	4235.04	10954.04	7655.45	27714.90

　　2030 年水平年平水年（P=50%）考虑气候变化影响的水量配置结果见表 3 − 21。可以看出，全灌区总缺水率为 2.2%，各子区缺水率在 0.8%～12.5%。灌区供水基本能够满足生活、工业、生态环境需水要求，农业缺水率为 3.7%，各子区缺水率在 1.1%～17.7%。

表 3 − 21　　　2030 年水平年平水年（P=50%）考虑气候变化影响的水量配置结果

分区	用水部门	引黄水量/万 m³	南水北调水量/万 m³	地下水量/万 m³	再生水量/万 m³	总配水量/万 m³	总需水量/万 m³	缺水率/%
新磁支渠	农业	1727.83	0.00	172.77	29.80	1930.40	2345.18	17.7
	生活	288.18	77.48	28.82	0.00	394.48	394.47	0.0
	工业	1020.14	274.26	700.46	0.00	1994.86	1994.86	0.0
	生态环境	40.55	0.00	4.05	0.70	45.30	45.30	0.0
	合计	3076.70	351.73	906.10	30.50	4365.03	4779.81	8.7
白马支渠	农业	1089.98	0.00	108.99	18.80	1217.77	1443.76	15.7
	生活	43.25	11.63	4.32	0.00	59.20	59.20	0.0
	工业	153.04	41.14	105.08	0.00	299.26	299.26	0.0
	生态环境	6.09	0.00	0.61	0.11	6.80	6.80	0.0
	合计	1292.36	52.77	219.00	18.90	1583.03	1809.02	12.5

续表

分区	用水部门	引黄水量/万 m³	南水北调水量/万 m³	地下水量/万 m³	再生水量/万 m³	总配水量/万 m³	总需水量/万 m³	缺水率/%
东一干渠	农业	5849.07	0.00	1738.05	100.87	7687.99	7773.44	1.1
	生活	332.40	89.36	33.24	0.00	455.00	455.00	0.0
	工业	1176.58	316.32	807.89	0.00	2300.79	2300.79	0.0
	生态环境	210.20	0.00	21.02	3.63	234.85	234.84	0.0
	合计	7568.25	405.68	2600.20	104.50	10678.63	10764.07	0.8
西一干渠	农业	4529.77	0.00	1346.03	78.12	5953.92	6073.99	2.0
	生活	467.28	125.63	46.72	0.00	639.63	639.63	0.0
	工业	1653.38	444.50	1135.26	0.00	3233.14	3233.14	0.0
	生态环境	567.00	0.00	56.69	9.78	633.47	633.47	0.0
	合计	7217.43	570.13	2584.71	87.90	10460.17	10580.23	1.1
西三干渠	农业	2106.85	0.00	626.05	36.34	2769.24	2848.21	2.8
	生活	307.31	82.62	30.73	0.00	420.66	420.65	0.0
	工业	1087.84	292.46	746.95	0.00	2127.25	2127.25	0.0
	生态环境	43.23	0.00	4.32	0.75	48.30	48.30	0.0
	合计	3545.23	375.08	1408.05	37.08	5365.43	5444.41	1.5
东三干渠	农业	16646.17	0.00	4946.41	287.08	21879.66	22412.03	2.4
	生活	2070.59	556.67	207.04	0.00	2834.30	2834.30	0.0
	工业	7327.36	1969.92	5031.21	0.00	14328.49	14328.49	0.0
	生态环境	1033.86	0.00	103.38	17.83	1155.07	1155.07	0.0
	合计	27077.98	2526.59	10288.04	304.91	40197.52	40729.89	1.3
东二干渠	农业	2982.04	0.00	679.83	51.43	3713.30	3984.37	6.8
	生活	212.47	57.12	21.25	0.00	290.83	290.84	0.0
	工业	598.50	160.90	410.96	0.00	1170.36	1170.36	0.0
	生态环境	129.06	0.00	12.91	2.23	144.20	144.19	0.0
	合计	3922.07	218.02	1124.94	53.65	5318.68	5589.75	4.8
全灌区	农业	34931.71	0.00	9618.13	602.43	45152.27	46880.99	3.7
	生活	3721.47	1000.50	372.11	0.00	5094.08	5094.08	0.0
	工业	13016.83	3499.50	8937.81	0.00	25454.14	25454.15	0.0
	生态环境	2029.98	0.00	202.98	35.01	2267.97	2267.97	0.0
	合计	53699.99	4500.00	19131.03	637.44	77968.46	79697.19	2.2

农业配水量为 45152.27 万 m³，其中引黄水量 34931.71 万 m³，地下水量 9618.13 万 m³，再生水量 602.43 万 m³，分别占对农业总配水量的 77.4%、21.3% 和 1.3%；生活总配水量为 5094.08 万 m³，其中引黄水量 3721.47 万 m³，南水北调水 1000.50 万 m³，地下水量 372.11 万 m³，分别占对生活总配水

量的 73.1%、19.6% 和 7.3%；工业部门总配水量 25454.14 万 m³，其中引黄水量 13016.83 万 m³，南水北调水量 3499.50 万 m³，地下水量 8937.81 万 m³，分别占对工业总配水量的 51.1%、13.7% 和 35.1%；生态环境总配水量 2267.97 万 m³，其中引黄水量 2029.98 万 m³，地下水量 202.98 万 m³，再生水量 35.01 万 m³，分别占对生态环境总配水量的 89.5%、8.9% 和 1.5%。

2030 年水平年枯水年（$P=75\%$）考虑气候变化影响的水量配置结果见表 3-22。全灌区总缺水率为 17.4%，各子区缺水率在 10.0%～20.5%。灌区供水基本能够满足生活、生态环境需水要求；农业缺水率为 16.3%，各子区农业缺水率在 15.5%～17.2%；工业缺水率为 25.1%，其中新磁支渠、东一干渠、东三干渠、东二干渠等工业缺水率达到 30%。

农业总配水量为 51542.82 万 m³，其中引黄水量 38207.01 万 m³，地下水量 12725.24 万 m³，再生水量 610.58 万 m³，分别占对农业总配水量的 74.1%、24.7% 和 1.2%；生活总配水量为 5094.08 万 m³，其中引黄水量 3070.82 万 m³，南水北调水 1000.50 万 m³，地下水量 1022.77 万 m³，分别占对生活总配水量的 60.3%、19.6% 和 20.1%；工业总配水量为 19063.59 万 m³，其中引黄水量 10741.00 万 m³，南水北调水量 3499.50 万 m³，地下水量 4823.09 万 m³，分别占对工业总配水量的 56.3%、18.4% 和 25.3%；生态环境总配水量 2267.97 万 m³，其中引黄水量 1681.17 万 m³，地下水量 559.93 万 m³，再生水量 26.87 万 m³，分别占对生态环境总配水量的 74.1%、24.7% 和 1.2%。

表 3-22　　2030 年水平年枯水年（$P=75\%$）考虑气候变化影响的水量配置结果

分区	用水部门	引黄水量 /万 m³	南水北调水量 /万 m³	地下水量 /万 m³	再生水量 /万 m³	总配水量 /万 m³	总需水量 /万 m³	缺水率 /%
新磁支渠	农业	1790.14	0.00	596.22	28.61	2414.97	2915.27	17.2
	生活	237.80	77.48	79.20	0.00	394.47	394.47	0.0
	工业	841.78	274.26	280.36	0.00	1396.40	1994.86	30.0
	生态环境	33.58	0.00	11.18	0.54	45.30	45.30	0.0
	合计	2903.30	351.73	966.97	29.15	4251.15	5349.90	20.5
白马支渠	农业	1115.83	0.00	371.64	17.83	1505.30	1782.03	15.5
	生活	35.69	11.63	11.89	0.00	59.20	59.20	0.0
	工业	126.28	41.14	131.84	0.00	299.26	299.26	0.0
	生态环境	5.04	0.00	1.68	0.08	6.80	6.80	0.0
	合计	1282.84	52.77	517.04	17.91	1870.56	2147.29	12.9

续表

分区	用水部门	引黄水量/万 m³	南水北调水量/万 m³	地下水量/万 m³	再生水量/万 m³	总配水量/万 m³	总需水量/万 m³	缺水率/%
东一干渠	农业	6371.30	0.00	2122.03	101.82	8595.14	10197.37	15.7
	生活	274.28	89.36	91.35	0.00	455.00	455.00	0.0
	工业	970.87	316.32	323.36	0.00	1610.55	2300.79	30.0
	生态环境	174.08	0.00	57.98	2.78	234.84	234.84	0.0
	合计	7790.53	405.68	2594.72	104.60	10895.53	13188.00	17.4
西一干渠	农业	4987.08	0.00	1661.00	79.70	6727.78	8035.10	16.3
	生活	385.58	125.63	128.42	0.00	639.63	639.63	0.0
	工业	1364.30	444.50	972.13	0.00	2780.93	3233.14	14.0
	生态环境	469.57	0.00	156.40	7.50	633.47	633.47	0.0
	合计	7206.53	570.13	2917.94	87.20	10781.80	12541.34	14.0
西三干渠	农业	2396.68	0.00	798.24	38.30	3233.22	3882.77	16.7
	生活	253.58	82.62	84.46	0.00	420.65	420.65	0.0
	工业	897.64	292.46	937.15	0.00	2127.25	2127.25	0.0
	生态环境	35.80	0.00	11.93	0.57	48.30	48.30	0.0
	合计	3583.70	375.08	1831.77	38.87	5829.42	6478.97	10.0
东三干渠	农业	18175.54	0.00	6053.55	290.46	24519.55	29378.90	16.5
	生活	1708.57	556.67	569.06	0.00	2834.30	2834.30	0.0
	工业	6046.26	1969.92	2013.77	0.00	10029.95	14328.49	30.0
	生态环境	856.22	0.00	285.17	13.68	1155.07	1155.07	0.0
	合计	26786.59	2526.59	8921.55	304.14	38538.87	47696.76	19.2
东二干渠	农业	3370.44	0.00	1122.56	53.86	4546.86	5414.03	16.0
	生活	175.32	57.12	58.39	0.00	290.83	290.83	0.0
	工业	493.86	160.90	164.49	0.00	819.25	1170.36	30.0
	生态环境	106.88	0.00	35.60	1.71	144.19	144.19	0.0
	合计	4146.50	218.02	1381.04	55.57	5801.13	7019.41	17.4
全灌区	农业	38207.01	0.00	12725.24	610.58	51542.82	61605.48	16.3
	生活	3070.82	1000.50	1022.77	0.00	5094.08	5094.08	0.0
	工业	10741.00	3499.50	4823.09	0.00	19063.59	25454.15	25.1
	生态环境	1681.17	0.00	559.93	26.87	2267.97	2267.97	0.0
	合计	53700.00	4500.00	19131.03	637.44	77968.47	94421.68	17.4

2030 年水平年不考虑气候变化影响的灌区多水源优化配置目标效益值见表 3-23。与平水年（P=50%）相比，枯水年（P=75%）缺水率由 2.2% 增加到 17.4%，区域经济目标效益值由 802949 万元减少到 715334 万元，减幅为 10.9%。

其中，农业目标效益值由 84204 万元减少到 69868 万元，减幅为 17.0%；工业目标效益值 381541 万元减少到 308331 万元，减幅为 19.2%。这表明气候变化情景下枯水年（$P=75\%$）水资源短缺将严重制约区域经济社会发展。

表 3 - 23　　2030 年水平年不考虑气候变化影响的灌区多水源优化配置目标效益值

保证率	分区	目标效益值/万元				
		农业	生活	工业	生态环境	合计
$P=50\%$	新磁支渠	3707	18265	29902	2024	53898
	白马支渠	2339	2741	4486	304	9870
	东一干渠	14292	21068	34487	10492	80339
	西一干渠	11068	29617	48463	28303	117451
	西三干渠	5148	19478	31886	2158	58670
	东三干渠	40675	131238	214774	51607	438294
	东二干渠	6975	13466	17543	6442	44426
	全灌区	84204	235873	381541	101330	802948
$P=75\%$	新磁支渠	3274	18265	23482	2023	47044
	白马支渠	2040	2741	4150	304	9235
	东一干渠	11651	21068	27083	10485	70287
	西一干渠	9120	29617	41677	28283	108697
	西三干渠	4383	19478	29501	2157	55519
	东三干渠	33237	131238	168662	51572	384709
	东二干渠	6163	13466	13776	6438	39843
	全灌区	69868	235873	308331	101262	715334

2030 年水平年平水年（$P=50\%$）基本能够满足生活、工业和生态环境需水要求，这主要是由于新增南水北调水 4500 万 m³，很大程度上弥补了经济社会发展引起的生活需水和工业需水的增加量；枯水年（$P=75\%$）农业及部分子区工业供需水间存在一定缺口，气候变化情景下水资源供需矛盾进一步加剧。

未来气候变化对枯水年（$P=75\%$）水资源优化配置结果影响较大。

（1）气候要素（如气温、降水等）年内分配发生较大变化，导致作物生育期内配水发生较大变化。例如，考虑气候变化影响的冬小麦抽穗期配水量较不考虑气候变化影响的配水量减少了 1808.20 万 m³。

（2）气候变化情景下需水的变化导致各部门间配水结果发生较大变化。气候变化影响下农业需水大幅增加，引起工业缺水量增加，致使灌区目标效益值有明显减少。

第4章 变化环境下灌区水资源动态承载力评价研究

4.1 气候变化下引黄灌区水资源动态承载力计算模型构建

4.1.1 水资源动态承载力的概念及内涵

承载力（Carrying Capacity）原为一个物理概念，通常指物体在不产生任何破坏时所能承受的最大负荷。水资源承载力是承载力概念在水资源领域的应用与拓展，是随着水问题的日益突出由我国学者在 20 世纪 80 年代末期提出的，它是自然资源承载力的一部分。近年来，国内外很多专家学者对水资源承载力的概念、内涵、评价方法开展了大量的研究工作，取得了很多成果。虽然大家对水资源承载力的认识各有不同，但围绕水资源承载力概念所表达的思想观点和定义并无大的本质差异，大都强调了"水资源的开发规模"或者"水资源的支撑能力"。

水资源动态承载力是针对传统的水资源承载力计算存在的不足而提出来的。传统的水资源承载力计算一般基于未来水平年不同保证率水资源可利用量，不能真实反映未来由于气候等自然因素发生变化后导致的水资源情势的变化。而水资源动态承载力计算的前提是通过气候模型、陆面水文模型模拟得到未来年份在气候发生变化或陆面人类活动发生变化情况下水资源可利用量，在此基础上计算得到承载力大小。因此，可以把水资源动态承载力概括为："一个流域或区域的水资源动态承载力，是指在可以预见的时期内，不同时间段中，水资源系统在气候变化和人类活动的影响下能够维系生态系统良性循环，支撑经济社会发展的最大规模"。水资源承载力随着外界条件的变化而不同，伴随着时间演进而变化。

在传统水资源承载力的计算或评价中，主要结合概率统计分析方法研究水资源常态过程，而较少动态考虑外部因素发生变化时的连续动态演进情形。基于传统水资源承载力的研究基础，提出的水资源动态承载力定义包含以下几点内涵：

（1）突出考虑了气候变化和人类活动影响下的水资源系统的动态变化，即明确了因外因和内因发生变化导致水资源系统变化而带来承载力的动态变化，考虑到了自然水循环和社会水循环的耦合问题。

（2）明确了水资源承载的对象和目标，与一般水资源承载力概念不同的是，突出其对象和目标的动态性，即不同时期一定的水资源量可以支撑的经济社会发展的最大规模，考虑到了量纲问题，考虑了水资源量和经济社会发展动态变化问题。

（3）提出了水资源承载力的 2 个基本判断标准，既要维持区域经济社会可持续发展的现实需求，又要维持流域生态系统的稳定和良性循环，从而为实现人与自然和谐相处、走人水和谐发展的道路提供水资源承载力阈值。

（4）界定了水资源承载力评价的空间尺度和空间范围，应以某一个确定的流域或区域为基本单元，既要考虑陆面自然水循环的物理机理和过程，又要考虑经济社会水循环过程的"供—用—耗—排"关系，实现了特定空间自然水循环和社会水循环的耦合。

（5）界定了水资源承载力评价的时间尺度和时间范围，应在人类科学技术可预测的时期内和一个确定的时期内，反映水资源承载力的动态性和相对极限性。进一步说，应能反映出水资源承载力随时间的变化而变化。

4.1.2　气候变化下水资源动态承载力计算模型构建

4.1.2.1　气候变化下水资源动态承载力计算框架

左其亭教授提出的 COIM 方法，目前主要用于未来不同水平年的水资源规划中，计算不同水平年相对某一时间段的水资源承载力，还未应用于实时的动态变化计算，更没有考虑气候变化和人类活动影响下水资源承载力的动态变化过程。因此，根据对水资源动态承载力概念的定义和内涵的解读，考虑气候变化和人类活动的双重影响作用，参考 COIM 方法的研究思路，首次提出气候变化下水资源动态承载力计算框架，如图 4-1 所示。

气候变化下水资源动态承载力计算其基本思路是：以气候模式输出模块作

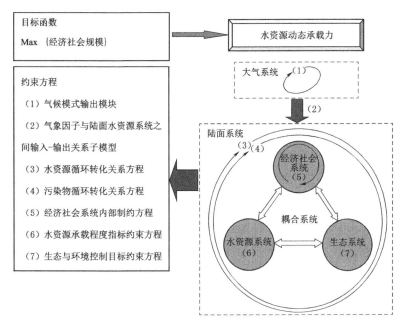

图 4-1　气候变化下水资源动态承载力计算框架图

为陆面系统的输入，根据多年观测资料构建气温、降水等气象因子与陆面水资源系统（河川径流）之间输入-输出关系子模型，搭建起大气系统气候变化因子与水资源系统因子之间的定量联系；以气候模式输出结果为基础计算陆面系统未来水资源演变预测结果；以水资源系统、经济社会系统、生态系统相互制约、互为参数建立的耦合系统（模拟）模型为基础模型，以构建的维系生态系统良性循环控制方程组或指标阈值为控制约束，以复合大系统支撑的最大经济社会规模为优化目标函数，建立大系统最优化模型。通过该最优化模型求解（或控制目标反推）得到的最大经济社会规模就是水资源动态承载力。仿照 COIM 方法，称此方法为基于预测-模拟-优化的控制目标反推模型方法（Prediction - Simulation - Optimization - Based Control Object Inversion Model，PSO - CO-IM）。与 COIM 方法不同的是，PSO - COIM 方法创新地引入气候变化的研究成果，增加了气象因子与陆面水资源系统之间输入-输出关系子模型，进一步扩展了水资源循环转化子模型，充分考虑了气候变化和人类活动的不确定性作用和动态变化特征，计算结果充分表现出动态变化特征。该模型既能表达过去水资源承载力动态演进过程，也能充分反映未来不同气候模式情景下水资源承载力变化过程和趋势。可以看出，PSO - COIM 方法是对 COIM 方法的重要改进和有益补充。

4.1.2.2 PSO - COIM 模型一般表达式及有关说明

PSO - COIM 方法是把最大经济社会规模（这里代表水资源动态承载力）作为目标函数，把气候模式输出模块作为陆面水资源系统的外部输入，把气象因子与陆面水资源系统之间输入-输出关系作为子模型，联合水资源循环转化关系方程、污染物循环转化关系方程、经济社会系统内部相互制约方程、水资源承载程度指标约束方程以及生态与环境控制目标约束方程，共同作为约束条件，建立的一个优化模型。

在 PSO - COIM 模型中，包含了一般 COIM 模型中水资源系统、经济社会系统、生态系统耦合系统（模拟）模型，也包含维系生态系统良性循环控制方程组或指标阈值，并把最大经济社会规模作为优化模型的目标函数，充分反映了一般水资源承载力的概念和内涵。此外，因为气候变化本身十分复杂，本模型不可能再去深入研究气候变化，所以选择了采用气候模式输出作为系统的输入，从而可以考虑气候变化的各种不同情景，体现了实用性和灵活性。因此，PSO - COIM 模型考虑了不同气候模式下的水资源承载力变化趋势，反映了水资源动态承载力的特性。可以把 PSO - COIM 模型一般表达式描述为

目标函数：
$$\mathrm{Max}(P、A、S、\cdots)$$
约束条件：

$$\left.\begin{array}{l} \mathrm{Sub\ Mod}(RCP) \\ \mathrm{Sub\ Mod}(RCP-Q) \\ \mathrm{Equations}(P,E,Q,W,V) \\ \mathrm{Equations}(Q,W,C) \\ \mathrm{Sub\ Mod}(R,I,A) \\ I \leqslant 1 \\ \mathrm{Inequations}(W_\mathrm{s},C_\mathrm{s}) \\ \text{其他约束} \end{array}\right\} \qquad (4-1)$$

1. 目标函数 $\mathrm{Max}(P、A、S、\cdots)$

按水资源承载力和水资源动态承载力的定义和内涵解读，可以看出，通过一定计算得到的水资源系统支撑经济社会规模的最大值就是水资源承载力。基

于这一思路，在建立的 PSO - COIM 模型中，将表征经济社会规模最大值函数作为优化模型的目标函数。

一般表征经济社会规模的指标较多，比如人口数、工业产值、农业产值等，因此从一般意义上看，用于表征水资源承载力结果的是一个指标集合。这里主要列出几个代表性指标，如人口总数（P）、工农业总产值或 GDP（A）、城镇占地总面积（S）。当然还可能有其他指标，可以根据具体问题进行选择。如果表征水资源承载力最终计算结果的是多个指标，就是多目标模型；如果表征水资源承载力最终计算结果的是一个指标，就是单目标模型。在目前已有的实例研究中，人们习惯用"人口总数"一个指标来表示水资源承载力大小，目标函数可表示为：Max（P、A、S、…）。在 PSO - COIM 模型中，采用人口总数单目标函数是可行的，因为在模型中包含经济社会系统内部相互制约方程，作为模型的约束方程，该方程能表达经济社会主要指标之间的定量关系，在确定了最大人口总数的同时就可以通过该制约方程相应计算得到其他经济社会指标，如工业产值、农业产值等。另外需要说明的是，目标函数随着空间单元变化而变化，可以是研究区的总值，也可以是每个空间单元的值再汇总。总之，需要根据具体情况来具体选择。在实例研究中采用研究区人口总数作为目标函数值。

2. 气候模式输出模块 Sub Mod（RCP）

对水资源承载力计算的主要贡献之一是考虑气候变化情景下流域或区域水资源的演变及其对经济社会承载的规模变化，因此，在水资源动态承载力模型中需要考虑气候变化的影响作用。由于气候变化研究本身也是一个很复杂的学术问题，而研究重点不是气候变化本身，所以，在 PSO - COIM 模型中，直接引用目前比较广泛认可的气候模式模型，作为 PSO - COIM 模型的约束条件，也作为陆面水资源系统的输入，可以动态表示不同气候情景的影响。只要气候模式改变或输出结果变化，陆面水资源系统的响应也很容易随之变化，因此，这种简化处理既能表征气候变化的动态特征，也能灵活应用气候模式的最新研究成果。把气候模式输出模块记作 Sub Mod（RCP）。

3. 气象因子与陆面水资源系统之间输入-输出关系子模型 Sub Mod（$RCP - Q$）

气候模式输出模块 Sub Mod（RCP）输出的是一系列不同时间和空间尺度上的气象因子（如降水、气温等）。这些气象因子正是陆面水资源系统变化的驱动指标，在气象因子变化的情况下带动水资源系统主要指标（如径流量、水资源量）的变化。因此，需要建立起气象因子与陆面水资源系统之间输入-输出关系，才能真正定量反映出气候模式输出变化带动水资源承载力大小的变化。也就是需要构建一个气象因子与陆面水资源系统之间输入-输出关系子模型，统记作 Sub Mod（$RCP-Q$）。

关于 Sub Mod（$RCP-Q$）的构建，在目前学术界还存在诸多难点问题，比如基于分布式水文模型和气候模型相耦合的尺度问题。目前也有大量的研究文献来探讨相关的研究工作，特别是基于分布式水文模型和气候模型相耦合的方法。该方法具有很大的空间模拟功能，但由于常常遇到资料的限制和计算模型应用的局限，特别是尺度问题尚未得到有效解决，此外，本书的重点也不在于对该模型的深入研究上，所以，拟采用一种在实际应用中表现较好且简便的输入-输出统计关系模型方法。

4. 水资源循环转化关系方程 Equations（P，E，Q，W，V）

水资源循环转化关系方程主要表达水资源系统内部各种水资源要素之间的相互关系，它们之间既可以相互影响和制约，又可以相互转化，相互作用关系比较复杂。各种水资源要素之间的相互转化既包含在自然水循环系统中，也包含在社会水循环系统中，构成了一个比较复杂的"自然-社会"水循环系统。水资源形成与转化关系示意图如图 4-2 所示。

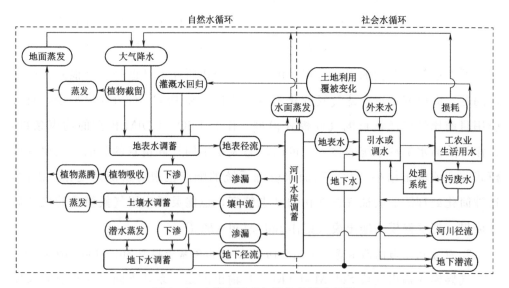

图 4-2　水资源形成与转化关系示意图

在具体问题中，水资源系统各要素之间的转化关系，一般通过建立典型流

域水资源转化关系模型来定量描述。目前在水资源转化关系定量描述方面，多

采用具有一定物理机制的分布式水文模型。然而，由于分布式水文模型所需资料较多，在资料稀缺地区计算模拟的结果可靠性往往难以保证。为此，本书通过水量平衡原理建立各计算单元的水量平衡模型，化整体为局部，再从局部到整体，构建全流域水资源转化关系模型。

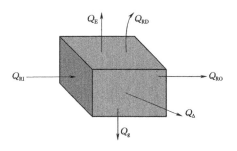

图4-3　计算单元水量平衡
模型方程示意图

对于其中第 i 个计算单元，计算单元水量平衡模型方程示意图如图4-3所示。

根据水量平衡原理，可以写出该计算单元水量平衡模型方程，即

$$Q_{RI}=Q_{RO}+Q_{RD}+Q_E+Q_g+Q_\Delta+\Delta V \tag{4-2}$$

式中　　Q_{RI}——单元入流量；

Q_{RO}——单元出流量；

Q_g——单元地下水交换量；

Q_E——单元水面蒸发量；

Q_{RD}——单元总引水量；

Q_Δ——其他途径入出单元水量代数和；

ΔV——单元蓄水变化量。

在实际应用中，为计算方便，常常选用已有的水文数据作为计算单元的入流量 Q_{RI} 和出流量 Q_{RO}，这样做要求有一个前提，即计算单元的入流、出流断面最好选择在国家基本水文站的位置。国家基本水文站一般有长系列的水文资料，可以使计算单元的入流量 Q_{RI}、出流量 Q_{RO} 为已知。而其他几种未知水量可以通过用已知变量的近似函数关系表达式来求解，函数关系表达式中的未知参数可以用水文系统识别理论方法来反求。

水资源从形成、取用、蒸发，再排回到水体，经历了复杂的循环转化过程，既包含有自然水循环过程，也包含有社会水循环过程。因此，在量化研究水资源承载力时，需要首先建立能够充分体现"自然-社会"水循环过程的水资源循环转化方程，它是计算水资源承载力的基础方程。因为存在不同区域、多个单元，再加上不同类型水资源量的情形，所建立的可能不是一个方程，而是一组

水资源循环转化方程组，统一记作 Equations （P，E，Q，W，V）。当然，对于不同的情况，所建立的方程组可能不同，即

$$
\begin{cases}
P+Q_{调}+Q_{入}=E+W_{Cons}+\Delta V_{地下水}+\Delta V_{地表水}+Q_{出} & \text{（总水量平衡方程）} \\
Q_{Can}=aQ_{Self}+Q_{In}+Q_{again} & \text{（可利用水资源计算方程）} \\
Q_{Can}=W_{Indu}+W_{Arg}+W_{Life}+W_{Other}+\Delta W & \text{（可利用水资源分配方程）} \\
W_{Indu}+W_{Arg}+W_{Life}+W_{Other}=W_{Cons}+W_{Ret} & \text{（水资源利用-消耗转化方程）} \\
W_{Cons}=E_{I}+E_{A}+E_{L} & \text{（水资源消耗量计算方程）} \\
W_{Ret}=C_{Ret}+Q_{Ret} & \text{（水资源利用后回归量计算方程）}
\end{cases}
$$

$$(4-3)$$

式中　　　　P——降水量；

E——总蒸发量；

W_{Cons}——总消耗水量；

$\Delta V_{地下水}$，$\Delta V_{地表水}$——地下水体、地表水体蓄水量的变化量；

$Q_{入}$，$Q_{出}$——流入、流出本区的水量；

ΔW——剩余的可利用水资源量（剩余为正，不足为负）；

E_{I}，E_{A}，E_{L}——工业、农业、生活用水消耗水量；

$Q_{调}$——从区外调水总量；

W_{Ret}——总回归水量。

5. 污染物循环转化关系方程 Equations （Q，W，C）

污染物产生、排放到水体、分解等过程，也经历了复杂的循环转化。污染物排放主要归因于人类活动的影响，因此，在水资源承载力计算模型中，需要包含描述污染物循环转化的方程，来定量表达人类活动影响下自然水体水质的转化关系。

需要建立的污染物循环转化方程包括污染物排放量计算方程、水质模拟方程等，它们可以充分表达出污染物的产生和运移过程。因此，建立的污染物循环转化关系方程可能不止一个，而是一组方程，统记作 Equations （Q，W，C）。

研究中遇到的水质问题主要是矿化度，所以建立的水质模型相对比较简单。主要引用一般的单一排水河道、存在污水排放口的污染物质量平衡（或守恒）方程，方程组如下

$$\begin{cases} W_{\text{WD}} = \sum_{i=1}^{n} \left[Q_{\text{W}i} \mu_i C_{\text{D}i} + Q_{\text{W}i} (1 - \mu_i) C_{\text{W}i} \right] & \text{（污染物排入河道总量方程）} \\ Q_{\text{m}} C_{\text{m}} = Q_1 C_1 + W_{\text{WD}} - \beta (Q_1 C_1 + W_{\text{WD}}) & \text{（水质模拟方程）} \end{cases}$$

$$(4-4)$$

式中　W_{WD}——污水处理后某污染物排放总量，kg；

　　　$Q_{\text{W}i}$——第 i 计算单元污水排放量，m^3；

　　　$C_{\text{D}i}$——第 i 计算单元污水处理后某污染物浓度，g/L；

　　　μ_i——第 i 计算单元污水处理率；

　　　$C_{\text{W}i}$——第 i 计算单元污水中某污染物综合浓度，g/L；

　　　Q_1——排放的河流上游来水量，m^3；

　　　Q_{m}——控制断面径流量，m^3；

　　　C_1——上游断面来水某污染物浓度，g/L；

　　　C_{m}——控制断面浓度，g/L；

　　　β——污染物综合消减率。

6. 经济社会系统内部制约方程 Sub Mod (R, I, A)

在经济社会系统中，由于各个指标之间并不是完全孤立的，多数指标之间是有联系的，甚至是相互制约的关系。例如，人口增长，需要发展农业、提高生活水平、发展工业，因此，这种情况下人口数与工业、农业发展成正相关。而人口增加，资源消耗也增加了，排放的污染物也随之增加，工业、农业发展也增加了资源消耗。这些指标又相互制约，它们又呈负相关。因此，基于经济社会系统是一个相互制约的整体的考虑，为了方便表达，记作 Sub Mod (R, I, A)。

这里，简单列举针对工业、农业发展一般地区所建立的一个方程组，即

$$\begin{cases} Y_{\text{I}1} \leqslant \dfrac{Y_{\text{Indu}}}{P} \leqslant Y_{\text{I}2} \\ Y_{\text{A}1} \leqslant \dfrac{Y_{\text{Arg}}}{P} \leqslant Y_{\text{A}2} \end{cases}$$

$$(4-5)$$

式中　$Y_{\text{I}1}$，$Y_{\text{I}2}$——人均工业产值的下限和上限；

　　　$Y_{\text{A}1}$，$Y_{\text{A}2}$——人均农业产值的下限和上限；

　　　Y_{Indu}——工业产值；

$$Y_{Arg}\text{——农业产值；}$$

$$P\text{——人口总数。}$$

其中，关于不同人均产值上、下限的确定，可以采用预测计算值上下浮动一定比例的方法计算得到，也可以直接采用预测值的计算值，即 $Y_{I1}=Y_{I2}$、$Y_{A1}=Y_{A2}$。应用实例中计算未来不同年份的结果时采用的均是各指标的预测值。

7. 水资源承载程度指标约束方程 $I \leqslant 1$

针对一个区域或一个流域，为了保证经济社会可持续发展和水资源可持续利用，必须要保障经济社会实际规模小于或等于水资源系统可承载的经济社会规模。从水资源量的角度分析，就是要求总利用水资源量 W_{Lost} 小于或等于可利用水资源量 Q_{Can}，即 $W_{Lost} \leqslant Q_{Can}$。如果用水资源承载程度指标 I 来表达水资源对经济社会发展已经承受的程度，就可以把以上论述定量表达为

$$I=\frac{W_{Lost}}{Q_{Can}}, I \leqslant 1 \tag{4-6}$$

式（4-6）是水资源动态承载力计算的基本方程之一，也是其基本要求条件之一。

8. 生态与环境控制目标约束方程 Inequations (W_s, C_s)

分析水资源动态承载力的概念和内涵，维持生态系统良性循环是其重要目标之一。因此，在该模型中必然要包含有能表征该目标的方程。由于问题本身的复杂性，所建立的模型往往不止一个方程，而是一组方程，统记作 Inequations (W_s, C_s)。

比如，考虑污染物总量控制、污染物浓度控制、河流生态基流控制，可以建立以下方程，即

$$\begin{cases} Q_m C_m \leqslant W_s & \text{（污染物总量控制）} \\ C_m \leqslant C_s & \text{（水体浓度控制）} \\ Q_m \geqslant Q_s & \text{（生态基流控制）} \end{cases} \tag{4-7}$$

式中　Q_m——控制断面径流量，m^3；

C_m——控制断面浓度，g/L；

W_s——污染物总量控制目标值，kg；

C_s——控制断面浓度控制目标值，g/L；

Q_s——河流径流量控制最小目标值，m^3。

9. 其他约束

一般来讲，一个水资源优化模型除了以上约束条件外，还有一些其他约束条件。比如：变量非负约束；输水能力、供水能力约束；经济社会某些指标的最低值约束（如人均用水量）等。

4.1.3 PSO - COIM 模型求解计算

因为约束条件的复杂性，特别是气候模式输出模块、气象因子与陆面水资源系统之间输入-输出关系子模型的嵌入，导致一般情况下所建立的 PSO - CO-IM 模型非常复杂，甚至无法准确求出最优解。在这种情况下，可以借鉴以往常用的方法，采用计算机模拟技术，进行分步长数值迭代计算，优选出一个非劣解，作为最终的计算结果。

4.1.3.1 水资源动态承载能力计算模型的求解方法

气候变化下水资源动态承载力量化模型是一个极其复杂的非线性优化模型，直接对该模型求解比较困难。在实际计算时，可以利用两种途径来求解：①采用数值迭代法，逐步求解近似最优解；②采用计算机模拟技术，分方案搜索，寻找出近似最优方案。现介绍数值迭代法的方法步骤：

（1）按照承载力量化模型的参数条件，对已知参数赋值。在现状水平年，以现状水平年的实际数据为主要依据；在规划水平年，则可以采用现有的规划数据或通过对历史资料计算分析后预测的数据为主要依据。

（2）假设初始值 P_0、步长 ΔP，计算 P_1，则

$$P_1 = P_0 + \Delta P \tag{4-8}$$

初始值 P_0 和步长 ΔP 的选择根据研究区域的具体情况确定。本书取流域现状人口数的一半作为初始值。

（3）将 P_0 和 P_1 分别代入 P 进行计算，判断 P_0 和 P_1 是否满足约束方程。如果 P_1 满足约束方程，则

$$P_2 = P_1, P_3 = P_1 + \Delta P \tag{4-9}$$

如果 P_0 满足约束方程而 P_1 不满足，则采用二分法迭代，即

$$P_2 = \frac{(P_1 + P_0)}{2}, P_3 = P_1 \tag{4-10}$$

如果 P_0 和 P_1 均不满足约束方程，则采用反向迭代，即

$$P_2 = P_0 - \Delta P, P_3 = P_0 \qquad (4-11)$$

之后与上述步骤相同。

（4）分别用 P_2 和 P_3 代入 P 进行计算，判断 P_2 和 P_3 是否满足约束方程。重复步骤（3）的方法，直到

$$|P_{i+1} - P_i| < \varepsilon \qquad (4-12)$$

得到式（4-12）且 P 满足约束方程，得到近似最优解，即

$$P = P_i \qquad (4-13)$$

式（4-13）中得到的最大值 P_i，就是要求的水资源承载力。

4.1.3.2　水资源动态承载程度的评价

水资源承载力数值通过量化模型计算得到之后，表示的仅仅是人口数量，还需要和研究区的现状人口数或规划水平年的预测人口数进行对比，才能客观地反映出研究区水资源的承载状态。采用一个相对简单的方法，即用研究区现状人口总数或规划水平年的预测人口总数与满足水资源承载力人口总数的比值来代表研究区水资源的承载状态，并以水资源承载程度指标 I 来进行描述，具体计算公式为

$$I = \frac{P_s}{P_c} \qquad (4-14)$$

式中　P_s——某区某时段实际或预测的人口总数；

　　　P_c——某区某时段在满足水资源承载力下的人口总数。

水资源承载程度指标 I 可以用来客观表达水资源对经济社会的发展规模已经承受的程度。当 I 大于 1 时，说明研究区经济社会的发展规模已经超出水资源的承载能力，且 I 值越大，超载越严重；当 I 小于 1 时，说明研究区经济社会的发展规模在水资源承载力的范围内，I 值越小说明水资源可以支撑经济社会的发展空间越大。根据 I 值的分布区间可以对水资源承载程度进行等级划分，即承载程度等级，水资源承载程度 I 分级标准见表 4-1。这种划分仅仅是便于定性描述而进行的人为划分。

表 4-1　　　　　　　　　　　水资源承载程度 I 分级标准

I 值区间	$I \leqslant 0.6$	$0.6 < I \leqslant 1.0$	$1.0 < I \leqslant 1.5$	$1.5 < I < 2$	$I \geqslant 2$
承载程度等级	完全可承载	可承载	轻度超载	中度超载	重度超载

4.2　气候变化下典型引黄灌区水资源动态承载力分析计算

4.2.1　生态型灌区水资源承载力基础理论

生态型灌区是以生态文明建设和经济社会协调发展为基础的复合型生态系统，灌区生态系统健全、功能完善、效益显著且资源利用率高，具有先进的生产力水平。生态型灌区建设的目的是为了优化农业生产结构、改善人居环境质量、修复脆弱的生态系统，使整个灌区生态系统持续稳定的发展，并形成良性循环。生态型灌区水资源承载力是基于变化环境和人类活动的影响，在特定发展阶段，以可持续发展为原则，以促进生态环境良性循环为前提，把经济和社会的发展与现代技术相融合，在满足水资源合理配置和高效利用的条件下，水资源支撑经济社会系统可持续发展的能力。

4.2.1.1　生态型灌区水资源承载力概念

生态型灌区是一个具有社会性质的开放性生态系统，依赖于自然环境提供的光、热、土壤资源以及人工选择的作物和种植作物的比例，是一个半人工复合生态系统。生态型灌区水资源承载力是指基于变化环境和人类活动的影响，在特定时期的不同时间段中，灌区水资源系统能够维系生态系统良性循环并支撑最大经济社会发展规模的能力。水资源承载力是水资源安全的基本度量，是衡量区域可持续发展的重要指标。科学评估灌区水资源承载力可以更好地认识水资源系统在灌区经济社会发展中的支撑作用，有助于了解人口、资源和生态环境的关系，促进灌区水资源的可持续发展和良性循环。

4.2.1.2　生态型灌区水资源承载力内涵

生态型灌区"经济社会-水资源-生态环境"复合系统由农业生态系统、沟渠与河湖生态系统和林草生态系统组成，其中：①农业生态系统主要通过优化灌区作物生产方式及生产结构，提升产品质量，同时进行气候调节、土壤保持、水养循环及贮存，使人民生活质量得到改善；②沟渠与河湖生态系统主要由输水、储水、排水3部分组成，其作用是使灌区内外水系相通，水质得到净化；③林草生态系统主要由灌木、乔木、草地、动植物要素组成，主要承担涵养水源、调节气候、土壤保持的功能。生态型灌区"经济社会-水资源-生态环境"复合系统示意图如图 4-4 所示。在复合系统中，经济社会、水资源、生态环境之间相互联系、相互协调、密不可分，构成有机的整体。经济社会发展中所需的生态环境资源由水资源系统和生态环境系统所提供，水资源系统对经济社会系统和生态环境系统起着支撑作用。经济社会系统对水资源系统和生态环境系统具有双重作用：一方面通过消耗资源、排放污染，使水资源和生态环境遭受破坏，降低其承载力；另一方面通过社会的快速发展，不断产生许多治理环境污染的技术与措施，对水资源和生态环境进行一定程度的恢复补偿，从而提高其承载力。复合系统中的所有生命元素都依水而生，对水资源的量变和质变非常敏感，因此水资源不仅是农业生产的重要资源，而且是生态环境的重要控制因素。

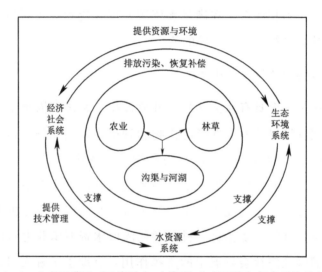

图 4-4　生态型灌区"经济社会-水资源-生态环境"复合系统示意图

4.2.1.3　生态型灌区特点

生态型灌区水资源系统以农业产量增产为主，同时承担灌区内水安全、水生态环境协调发展的任务。基本特点具体表现在：①现代性，灌区建设过程中将经济社会发展与现代技术相融合，强化灌区信息化建设，实现灌区的综合管理规划；②发展性，灌区的建设和发展是一个动态演变过程，管理机制和管理能力逐步实现现代化，各方面的发展能够与时俱进，具备先进的社会生产力；③协调性，生态型灌区建设可以很好地促进资源开发利用与生态环境保护之间的关系，使生态型灌区优势得到最大化体现。

4.2.1.4 生态型灌区水资源承载力影响因素

经济社会的发展对水资源系统的影响逐渐增强，原有的自然水资源系统循环被破坏，水循环过程已经从"自然"一元驱动过渡到"自然-人工"二元水循环。水资源形成和时空分布受经济社会发展影响显著，当人水矛盾产生时，可以通过采取技术手段干预，使水资源问题得到有效解决，并使水资源系统的循环再次适应经济社会的发展。过去在灌区建设和运行方面，各地对水资源的开发利用和管理方面不够重视，灌区生态系统功能恶化，致使我国农业生态经济的可持续发展受到影响。对水资源承载力影响较大的因素，大致可以分为3类：一是水资源系统本质特征；二是人类活动能力及意识形态；三是定义"是否可承载"的目标差异。生态型灌区建设没有统一化的标准，在建设时需要考虑生态环境、经济社会、灌区工程建设和管理及可持续发展等影响因素。

（1）生态环境因素。全球气候变暖导致植株蒸散发量增加，作物需水量也随之上涨，加之农田对化肥等养料的使用对地下水体和灌区河湖水造成不同程度的污染。生态型灌区的建设与可持续发展，生态环境因素起到决定性作用。

（2）经济社会因素。灌区生产力水平影响着灌区经济发展和社会效益，同时关系到灌区内人民生活水平和幸福感的上升。

（3）灌区工程建设和管理因素。工程设施的建设和管理影响着灌区水资源利用效率，是建设生态型灌区的基础工作。完备的灌区工程设施和高质量的灌溉管理可以在提高灌区粮食生产的同时有效排除灌区安全隐患。

（4）可持续发展因素。生态型灌区生产和发展的可持续性是灌区建设的初心，生态型灌区的建设有效促进"经济社会-水资源-生态环境"复合大系统实现良性的循环发展。

4.2.2 大功引黄灌区水资源承载力评价

4.2.2.1 灌区概况

大功引黄灌区位于黄河下游豫北平原区，灌区主要涉及安阳市内黄县和滑县、鹤壁市浚县、新乡市长垣县和封丘县，共3市5县的部分地区，控制面积2591km²，设计灌溉面积284万亩，其中包括新乡市109万亩（封丘县65万亩，长垣县 44 万亩),安阳市 144 万亩(滑县 100 万亩,内黄县 44 万亩),鹤壁市(浚县)31 万亩。实际有效灌溉面积 138.9 万亩(其中包括新乡市 44 万亩、安阳市 80 万亩、鹤壁市 14.9 万亩),实际灌溉面积占设计灌溉面积的 48.9%。灌区渠首设计引水流量 70m³/s,同时设有 12 个应急取水口,可以在枯水期保障灌区的正常供水。以模糊集对分析法为例,评价数据来源于河南省水资源公报、河南省第 3 次全国水资源调查评价开发利用阶段性成果及各行政区水资源数据资料,其中包含灌区有效水利用系数、水资源开发利用率、浅层地下水超采率、生态环境用水率、平均城镇化率、人均 GDP 等相关的数据信息。

4.2.2.2　评价结果

遵循系统性、动态性、典型性、综合性等原则,结合相应的衡量标准和研究区实际情况,最终确定适于生态型灌区水资源承载力的评价指标,评价指标等级标准见表 4-2。根据灌区经济社会、水资源、生态环境发展现状,参考相似灌区指标等级划分标准,将指标分为 4 个等级,其中 1 级为承载、2 级为临界承载、3 级为超载、4 级为严重超载;采用层次分析法确定指标权重,并根据 9 项指标属性与水资源承载力的关系确定指标类型。

表 4-2　　　　　　　　　　评价指标等级标准

目标层	系统及权重	指标层	等级				指标权重	指标类型
			1 级	2 级	3 级	4 级		
生态型灌区水资源承载力	经济社会系统 (0.2966)	平均城镇化率 X_1/%	<35	35~40	40~55	>55	0.0276	-
		人均 GDP X_2/(元/人)	50000	30000~50000	10000~30000	10000	0.0828	+
		有效灌溉面积率 X_3/%	60	40~60	20~40	20	0.1862	+
	水资源系统 (0.3724)	灌溉水有效利用数 X_4	0.65	0.60~0.65	0.55~0.60	0.55	0.1655	+
		人均水资源可利用量 X_5/(m³/人)	>500	400~500	300~400	<300	0.0414	+
		水资源开发利用率 X_6/%	<40	40~60	60~70	>70	0.1655	+
	生态环境系统 (0.331)	缺水率 X_7/%	<10	10~20	20~30	>30	0.0276	-
		浅层地下水超采率 X_8/%	<10	10~17.5	17.5~25	>25	0.0552	-
		生态环境用水率 X_9/%	>5	3~5	1~3	<1	0.2482	+

注　指标类型中"+"为正向指标,对灌区发展起积极作用;"-"为负向指标,抑制灌区的发展。

2010—2017 年大功引黄灌区水资源承载力综合评价结果图如图 4-5 所示。

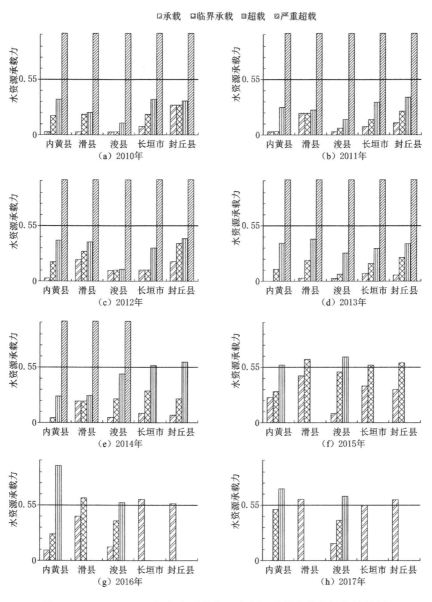

图 4-5 2010—2017 年大功引黄灌区水资源承载力综合评价结果图

图中 4 种柱状条分别代表水资源承载力 4 个等级，若 4 个等级中某一等级值达到或超过置信度（0.55），则该年当地水资源承载力为这一等级。2010—2013年大功引黄灌区水资源承载力整体状态为严重超载，说明在此期间对水资源没有足够重视，灌区水资源开发已经远超灌区可利用水资源量，导致水资源可持续性差，承载能力很弱；河南省开始实施最严格水资源管理制度后，2014 年灌区内长垣和封丘地区水资源承载力情况开始有较好的转变，到 2015 年灌区整体摆脱了严重超载的窘境，2017 年除内黄、浚县外，灌区水资源承载力有所好转，水资源形势较为稳定。

经过近几年的对水资源开发利用、规划调度及管理等方面的不断改进，灌区整体水资源承载状况得到改善。但内黄、浚县两地仍处于水资源超载区，分析其原因可能是当地为满足经济社会发展需求，多年的地下水超采使地下水漏斗的扩张没有得到有效遏制，加之两县处于大功灌区下游，上游供水指标无法满足下游用水需求，导致当地水资源承载力无法得到显著增长。按照生态型灌区建设标准，管理部门应进一步完善大功引黄灌区内水资源调度和水资源调配等相关工作，确保生活用水和工业用水的同时，实现汛期有水补源、非汛期有水灌溉。评价结果与灌区现状水资源承载力状况相符。

4.2.2.3　结论

大功引黄灌区为河南省重要的粮食生产核心区之一，灌区存在水质型和水源型缺水问题。按照生态型灌区水资源承载力评价准则，采用模糊集对分析理论对灌区进行水资源承载力综合评价，评价结果表明 2015—2017 年灌区水资源承载力相比 2013 年之前有很大提升，但是为了达到生态型灌区的标准，作为黄河下游重要的大型灌区应对生产、生活、生态用水保持合理高效利用，加大生态建设力度，以确保维持"经济社会-水资源-生态环境"复合大系统良性运转。此外，在今后的研究中，将会着重考虑计算评价指标权重和模型优化方面的研究工作，目的是为了更好地权衡计算时主观性与客观性对评价指标权重的影响及提高评价结果的可靠性，使研究结论更具有实用性。

4.3　灌区地下水承载力评价

4.3.1　灌区地下水承载力理论

4.3.1.1　灌区地下水承载力概念

灌区地下水资源承载力研究对象涉及社会、经济、水资源、生态、环境等众多与人类活动密切相关的因素，研究主体是地下水资源系统，客体是经济社会系统和生态与环境系统。本书借鉴区域（流域）水资源承载力研究的成果，结合灌区地下水资源的特性，对灌区地下水资源承载力概念的理解和定义如下：

（1）从承载条件看，灌区地下水资源承载力研究的核心问题是在一定的水资源开发利用阶段和生态环境保护目标下，灌区可利用的地下水资源量究竟能够支撑多大的经济社会系统发展规模。由于地下水资源承载力受水的供、需矛盾的影响，需要从受自然变化和人类活动影响的地下水循环系统出发，通过"自然生态-经济社会"系统对地下水的需求和灌区能够提供多少可利用地下水资源量的"支撑能力"方面加以量度。

（2）从承载主体看，在灌区，由于大气降水、地表水、土壤水与地下水之间相互联系、相互制约、相互影响、相互转化，构成灌区水资源循环，因此，研究灌区地下水可支撑经济社会发展规模的水资源，不仅要考虑灌区的地下水资源，还包括大气降水、地表水、土壤水。地下水资源承载能力的承载主体应是以地下水循环为核心的整个水资源系统，包括地表水资源、地下水资源和土壤水资源。此外，对水资源承载能力而言，其主体是水资源系统本身，其水量的多少和水质的好坏直接影响承载能力的大小，只有水量没有水质或只有水质没有水量的水资源均不能构成水资源承载能力。因此，应从水资源和水环境的双重角度分析研究灌区地下水承载能力。

（3）从承载客体看，区域（流域）水资源研究有的以人口（生活质量）为承载客体，有的以人口增长与经济发展为承载客体，有的以经济社会（农业、工业、城市规模和人口）为承载客体，也有一些把承载客体扩展到生态环境系统（即承载客体为经济发展和生态环境），有的更是强调承载客体为人口、环境与经济协调发展。对于灌区地下水承载能力研究而言，应把生态环境作为承载客体，与人口和经济社会系统相并列考虑，突出表现人口、经济社会和生态环境这些承载客体之间的用水分配和协调关系，突出生态经济系统是地下水资源承载能力研究基础的特点。

（4）地下水承载能力的研究必须置于地下水资源的可持续利用概念的框架下，建立在人类社会同自然环境尤其是同生态环境的协调发展的基础上，其中，灌区生态系统需水是地下水承载力必须考虑的重要方面，在开采利用地下水资源的过程中，应保持灌区生态系统完整、水资源持续供给和水环境长期容纳量。

（5）地下水资源作为一种特殊的资源，它对经济、社会和环境的支撑是不可替代的，对经济社会各部门和环境的影响较为复杂。因此，地下水资源承载能力的研究需要从系统的角度出发，分析"水循环-自然生态-经济社会"系统耦合机理，综合考虑地下水资源对灌区人口、资源、环境和经济协调发展的支撑能力。

（6）地下水资源承载力必须以水循环理论为支撑，变化环境下（即自然变化和人类活动影响）的水循环是水资源演变和水资源承载力研究的基础。一个区域（流域）水资源承载能力的大小，直接与该区域（流域）的可利用水资源量与质有本质的联系。而区域（流域）可利用水资源量又决定于在不断变化的自然环境（包括全球气候变化）和人类活动影响下水文循环规律及其控制的水资源形成规律。

（7）地下水资源承载能力除了取决于地下水循环和地下水资源变化的自然属性外，还取决于经济社会持续发展的有限目标。经济社会发展要求的目标不同，相应的承载能力也不同。

根据以上分析，本次研究将灌区地下水承载能力定义为：灌区地下水在"自然-人工"二元水循环模式影响下，以可预见的技术、经济、社会发展水平及地下水资源的动态变化为依据，以可持续发展为原则，以维护生态环境良性循环发展为条件，从"水循环-自然生态-经济社会"系统耦合机理上，经过合理优化配置，综合考虑地下水（包括水资源和水环境）对灌区人口、资源、生态环境和经济社会协调发展的支撑能力。灌区地下水资源系统承载力概念图如图 4-6 所示。

4.3.1.2　灌区地下水承载力内涵

灌区地下水资源作为一种可更新的自然资源，其承载力具有水资源承载力的一般内涵，同时具有特定内涵。本次研究根据灌区的特点，主要讨论灌区地下水资源承载力在时空、生态环境、经济社会、技术等方面的内涵。

1. 时空内涵

从灌区地下水承载力的定义可看出，地下水承载力具有明显的空间性和时序性。

（1）空间内涵主要表现在 2 个方面：①灌区地下水承载力针对某一具体区域，区域不同，地下水资源所处的水资源-经济社会-生态环境复合系统不同，其承载能力也不同；②相同数量的地下水资源在不同区域上，由于地形地貌、

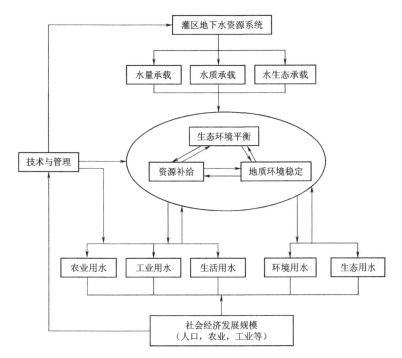

图 4-6 灌区地下水资源系统承载力概念图

水文地质、气象条件的差异，地下水资源的分布特征不同，相应的承载力也不相同。

（2）由于灌区地下水承载力是指地下水资源在未来不同时间尺度上的承载能力，两重时间内涵：①灌区地下水资源承载力是指"未来"时段上的负载状况，具有特定的时间内涵；②灌区地下水资源承载力是指"不同的时间尺度"上的负载能力，主要体现在未来不同时段，灌区地下水资源的外延和内涵都会有不同的发展。

2. 生态环境内涵

地下水位高低直接影响作物生长的土壤水分和盐分，影响作物的生长发育。地下水位过高，在蒸发的作用下，溶解于地下水中的盐分沿毛管上升水流聚积于表土，使土壤发生盐渍化，对作物产生盐胁迫，导致减产，甚至死亡；同时将引起无效潜水蒸发损失的增多，造成地下水资源的浪费，甚至引起沼泽化。地下水位过低，毛管上升水流不易到达植物根系层，使上层土壤干旱，潜水面以上的包气带很大部分为薄膜水，很难被作物吸收利用，作物生长受到水分胁迫而生长不良，也会导致作物减产，甚至死亡；同时导致地面裸露，风蚀风积严重，光板龟裂地和片状积沙并存，出现荒漠景观。因此，确定既不使土壤发生盐渍化、沼泽化，又不发生荒漠化的生态地下水位对灌区特别是地处干旱区的灌区生态环境保护至关重要。

灌区地下水承载力的生态环境内涵具有两层涵义：第一，灌区地下水资源的科学利用是防治灌区沼泽化、盐碱化、荒漠化等不良生态环境的前提，为保护、改善灌区生态环境，灌区的地下水的开发利用应在其所承载的范围以内，使地下水维持在生态水位，实现地下水资源合理开发与生态环境良性发展的可持续开发模式；第二，防治地下水的污染，地下水环境质量符合特定的使用功能要求，污染物的浓度值和累积值都应处于功能设定的极限值以下。因此，在开发利用地下水时，使地下水实现 6 个方面的功能：①满足作物对地下水的正常吸收；②有效抑制返盐；③最大限度地增加地下水补给量，减少无效蒸发量，充分发挥含水层的调蓄能力；④有效维护湿地资源，保证生物多样性要求；⑤有效防止产生地面沉降、海水入侵等环境水文地质问题；⑥防治灌区水体污染。灌区地下水承载力的生态极限是灌区地下水存在承载极限的根本原因，是地下水承载力的一个基本构成部分，也是认识与分析地下水承载力的起点。

3. 经济社会内涵

经济社会系统是水资源承载的客体之一，系统的结构、组成、状态影响承载力的大小，因此水资源承载力具有经济社会内涵。灌区地下水承载力的经济社会内涵主要表现在 3 个方面：①灌区地下水承载力以预期的经济技术发展水平为依据，这里预期的经济技术发展水平主要包括灌区地下水资源的投资水平、开发利用和管理水平；②灌区地下水承载力是经过合理的水资源优化配置而得到的，而灌区地下水资源优化配置是一种典型的经济社会活动行为，经济社会系统的优化可以提高水资源的承载能力；③灌区地下水承载力的最终表现为灌区人口、资源、生态环境和经济社会协调发展的支撑能力。人口和相应的经济社会体系是灌区地下水资源承载的对象，因此灌区地下水承载力的大小通过人口以及相对应的经济社会水平和生活水平体现出来。

4. 技术内涵

犹如地下水允许开采量的概念，地下水承载力离不开特定的科学技术背景，这不仅在于地下水承载力的生态极限与特定的技术水平有关，而且在于通过优化地下水管理或者提高科学技术水平，可以提高地下水资源对经济社会的承载能力。同时表明，一个具有极限涵义的地下水承载力包括了水管理得到最大程度优化的内涵。灌区地下水承载力具有特定的技术内涵，一方面，通过提高技术水平可以提高水资源的承载能力；另一方面，具有极限涵义的地下水承载力概念对应着最佳的地下水管理状态。

5. 可持续内涵

研究灌区地下水承载能力所依据的原则之一是可持续发展原则，前提条件是维护生态环境良性发展，对社会的支持方式为持续支持，任何基于对地下水资源过度使用和对环境破坏所得的瞬间承载量的提高，都将被认为是不可接受的承载能力，这充分体现了地下水承载能力的可持续内涵。地下水承载力的可持续性内涵包含两方面的含义：

（1）灌区地下水资源的开发利用方式是可持续性的开发利用，它不是单纯追求经济增长，而是在保护生态环境的同时，促进经济增长和社会繁荣，保证人口、资源、环境与经济的协调发展。地下水资源的可持续性利用不是掠夺性的开发利用灌区地下水资源，威胁子孙后代的发展能力，而是在保护后代人具有同等发展权利的条件下，合理地开发、利用地下水资源。

（2）承载力的增强是持续的，即随着经济社会的发展，由于地下水资源的约束而必然导致需水量零增长甚至负增长，但是地下水承载力的增长是持续的，只是这种增长的形势不以资源量增长的方式表现出来，而表现为技术进步型的承载力增长。

4.3.1.3 灌区地下水承载力特征

根据灌区地下水承载力的概念和内涵，地下水承载力具有相对极限性、动态性、多样性、多目标性、不确定性和可增强性等特征。

1. 相对极限性

地下水承载力的相对极限性是指在某一具体历史发展阶段，由于受到区域可利用地下水资源量、生态与环境、经济发展状况和科技水平等方面约束，地下水承载能力具有最大承载上限，也就是可能的最大指标。具体包括 3 个方面：①地下水资源条件的约束，在一定灌区范围内地下水资源量以及地下水允许开采量均是有限的；②经济社会技术水平的约束，一定经济技术条件下，地下水资源开发利用水平和利用效率是相对有限的，不可能无限制的提高和增加；③生态环境的约束，生态环境是地下水资源承载力最重要的外在约束条件，灌区地下水资源的不合理开发与利用，可能导致灌区沼泽化、盐碱化、荒漠化、地下水污染等后果，直接影响灌区用水安全和生态环境安全。因此，灌区地下水承载能力具有相对极限性。

2. 动态性

水资源-经济社会-生态环境复合系统之间相互联系，彼此影响，在不同的社会历史发展阶段，各子系统呈动态变化，水资源的数量和质量不断变化，经济社会子系统和生态环境子系统对水资源的数量和质量的需求也在不断变化，导致区域水资源承载能力也相应变化，即水资源承载力与一定的社会历史发展阶段直接联系，呈现动态性。

灌区地下水承载力的动态性体现在 3 个方面：①承载主体的动态性，灌区地下水承载主体是灌区地下水资源子系统，在人类活动和自然因素的影响下水资源的数量和质量及时空分布，以及可开采量、允许开采量等是不断变化的，导致其承载力的动态变化；②承载客体的动态性，不同的发展阶段，经济社会子系统和生态环境子系统的目标和条件不断变化，对地下水资源的数量和质量的需求也是动态变化的，直接影响地下水承载力的大小；③水资源的开发能力和利用水平的动态性，不同的发展阶段，人类开发利用地下水资源的能力随着经济发展和技术进步不断增强，可利用的地下水资源量也越来越多，与此同时，不同的发展阶段人类利用地下水资源的技术手段不同，随着节水技术的不断进步，水资源利用效率得到提高，利用单位地下水水量所产生的经济社会和生态环境效益增加，从而增加了单位水量的承载能力。

分析和研究地下水承载力动态性，目的是为适时调整经济社会发展和生态环境保护规划，使经济社会发展和生态环境保护与地下水承载能力相适应，同时是为了解和掌握影响地下水承载能力大小的诸因素随时间变化的规律，以便于确定地下水承载能力的评价指标。

3. 多样性

地下水承载力的多样性主要体现在承载主体的多样性和被承载模式的多样性 2 个方面。地下水承载力主体的差异性表现在：同一灌区的不同区域，地下水循环受到的自然因素和人工因素的区域差异性，使得某些区域地下水埋深浅，某些区域埋深大，某些区域地下水质好，某些区域水质差，地下水水位、资源数量和质量的地域性导致了整个灌区地下水承载力的多样性。地下水承载力模式的差异性表现在：同一灌区的不同区域，即使地下水水位、资源数量和质量相同，但是由于不同区域经济社会和生态环境的差异，某些区域地下水主要服务于农业生产，某些区域服务于城市供水，某些区域服务于荒漠化控制，某些区域服务于盐碱化防治，某些区域可能兼而有之，不同的区域地下水主要功能的差异决定了在整个灌区地下水承载力模式的多样性。

4. 多目标性

地下水承载力的研究对象涉及生态、环境、社会、经济等各个方面。灌区地下水资源承载力的研究目标是整个灌区范围内"经济社会-水资源-生态环境"的和谐发展，因此地下水承载力的研究必须兼顾各子系统可承载和整个系统可持续发展两大目标，是一个复杂的多目标综合分析过程。

5. 不确定性

灌区地下水承载力的不确定性既来自于承载力的主体——地下水系统，也来自于承载客体——经济社会和生态环境子系统。灌区地下水资源系统受水文、气象、灌溉、开采等自然和人类活动的共同影响，影响因素的随机性，以及地下水系统与影响因素之间相互关系的随机性，使得地下水系统具有随机性，人们对地下水系统的预测目前无法达到确定的范围，对它的认识是不确定性的。此外，经济社会和生态环境子系统是一个更为复杂的系统，决定着需水系统的复杂性及不确定性。"经济社会-水资源-生态环境"复合系统的复杂性和随机性，以及人类对客观世界和自然规律认识的局限性，决定了水资源承载能力的不确定性，同时决定了承载指标存在着一定的模糊性。

6. 可增强性

地下水承载力概念强调"以可预见的技术、经济、社会发展水平"这一条件以及"合理优化配置"这一技术手段，表明了其技术内涵，同时表明通过地下水开发技术和利用水平的提高，承载力是可增强的。在"经济社会-水资源-生态环境"复合系统中，随着经济社会的发展和生态环境的变化，生态环境和经济社会子系统对地下水资源系统的需求将日益增加。为此，人们可以通过3种方式满足这种需求：①通过提高地下水开发的技术水平，拓宽地下水资源数量和质量的范围，如洪水资源化、建立地下水库、新的开采技术的应用等增大允许开采量，加强污水处理回用、污水灌溉等，通过新技术的实施，增强地下水承载力；②通过地下水利用水平的提高，使地下水资源使用内涵不断添加和丰富，也增强了地下水承载能力，如用水结构的调整和地下水资源的重复使用等，刘昌明院士需水量零增长的概念的提出就是在区域水资源量不增加的情况下，水资源承载能力提高的体现，即水资源承载能力的增长不以资源量增加的方式表现出来，而是通过技术进步增长承载能力；③通过更合理、更科学的配置手段，增强地下水资源对灌区人口、资源、生态环境和经济社会协调发展的支撑能力。

4.3.1.4　灌区地下水承载力影响因素

1. 水资源数量和质量

水资源系统是水资源承载力的主体，是决定其承载力大小的首要条件。不同区域（流域）由于气候、降雨、径流、蒸发、地面渗透和经济社会发展等差异，水资源数量相差悬殊，导致不同区域（流域）的水资源承载能力存在差异。在承载客体一定的条件下，水资源可利用量越多，其承载能力越大；反之，越小。水资源可利用量不仅受到水资源数量的限制，而且受水环境容量和水体自净能力的影响与约束，同时又受到水环境的影响，污废水的排放及入河污染物的数量直接影响到水资源的有效利用量，影响水资源各项功能的发挥。在人类生活和生产活动的初期，人类活动对水资源的数量影响较小，但由于忽视经济社会发展对生态环境的影响，造成水环境恶化。一些地区尽管水资源数量不少，但可供使用的水很少，形成水质型缺水。因此，水资源的质量状况是影响区域水资源承载力的另一重要因素。

2. 水资源开发利用程度和方式

水资源的利用是水资源承载客体利用水平的综合体现，开发利用程度、开发方式的特点以及水资源管理水平影响着蒸发、损失、配置和效率，决定了水资源某一时段的可利用数量，最终影响水资源承载力的大小。为保证水资源的可持续开发利用和社会经济可持续发展，水资源的开发利用不应超过这一阈值。由于水资源开发利用方式的原始和粗放，导致我国的水资源浪费现象十分严重，水资源的利用效率低下，间接地降低了水资源为经济社会发展提供支撑的能力。农业为水资源的浪费大户，土渠输水、大水漫灌的农业灌溉方式目前仍在普遍沿用，灌溉用水一半在输水过程中就渗漏损失了，耕地自然降水利用率只有45%左右。田间非工程节水措施可以显著减少无效蒸发量和提高水的生产效率，具有重要的节水增产作用，可以直接减少农作物对水量的消耗量，田间水管理措施（节水灌溉制度）和农业措施所产生的净节水量是实际节省的水资源量，在渠系水有效利用率为 0.5 的情况下，田间节省 $1m^3$ 水，就可以自渠首少引 $2m^3$ 水，田间节水较之渠系节水可以发挥更大的作用。旱作地区采取优化灌溉制度，把有限的灌溉水量在作物生育期内进行优化分配，一定的生长阶段限制对作物的水分供应，在关键时期进行灌水，加大土壤的调蓄能力，具有显著的节水效果。旱作地区优化灌溉制度一般可以节水 30%～40%。因此，采用水利与农艺措施相结合、工程措施与非工程措施相结合的综合节水措施体系，提高水分生产效率是解决地区水资源紧缺、地下水超采，提高水资源承载能力的根本途径。

3. 生态环境状况

目前北方一些灌区，由于地下水的过量开采，出现了水位持续下降等一系列生态环境问题。特别是西北灌区，降水稀少，蒸发强烈，地下水的补给较少，且相当一部分还要消耗于非耕地的蒸发，维持天然植被的存活。在缺乏排水的条件下灌区内部长期使用含盐的地下水进行灌溉，使地下水矿化度增加，土壤盐渍化加剧，灌区边缘天然植被退化，沙丘向灌区推进。

生态环境作为水资源承载能力的承载对象之一，是承载能力研究中最复杂的影响因素。生态环境自身需要一定的水资源量得以维持，并通过对水文循环的影响决定了水资源总量的大小。良好的生态环境可改善水环境，提高水体的自净能力，从而增加可用水资源量，增强水资源的承载能力。反之，则减少可用水资源量，恶化水环境，不利于水资源的可持续利用，降低水资源的承载能力。

4. 经济社会发展水平

生产方式、产业结构、消费结构等决定了灌区水资源的开发利用方式、水平和效益。作为支持经济社会发展的水资源系统，其承载能力与经济社会发展水平有密切关系。一方面，经济社会的发展速度影响需水量的增长速度，经济发展过程中所排放的各类污染物，有可能污染水体并造成有效水资源量的减少，降低水资源的承载能力；另一方面，经济发展水平高，单位水资源能够创造的价值高，为水利工程建设和改善环境可提供的资金愈多，愈有条件使用更先进的科学技术和设备，增加水资源可利用量，提高水资源的利用效率，从而提高水资源的承载能力。

5. 科学技术水平

科学技术能够提高人类认识和利用自然资源的能力，决定着人类利用资源的效率和效益。不同历史时期或同一历史时期的不同地区具有不同的科学技术水平，在不同的科学技术水平下，单位水资源量能够产生不同的经济效益，生产出不同数量和不同质量的工农业产品，减少经济生产造成的污染物排放，减小生产活动对生态环境造成的压力，进而提高水资源的承载能力。科学技术水平也能够大幅度提高水资源利用的科学管理水平，充分发挥水利事业的管理功能，避免管理不当造成的环节性、协调性资源浪费，从而挖掘水利产业的巨大潜力，实现水资源的合理配置。对于水资源的消耗大户农业，通过提高育种、灌溉和节水等农业与水管理措施的科技水平，使单方水的粮食生产率提高，提高水资源的承载能力。

6. 人口及生活水平

人口及生活水平与水资源承载力之间存在必然的影响关系，人口数量是水资源最直接的承载对象，人口的生活水平和消费方式是水资源承载多少人口的先决条件。较多的人口，需要较多的水资源供人类生存。与此同时，由于各种人口的特点、生活习惯和生活水平不同，如农村人口和城镇人口之间、南方多水地区和北方缺水地区之间，用水数量上有很大的差异。较高的生活水平需要较多的农产品和人均 GDP，在其他条件不变的情况下，区域只能承载较少的人口数量，水资源的承载能力也就较低。据统计，发达国家的人均能源消耗量是欠发达国家人均消耗量的 6 倍，城市人均能源消耗水平也远高于农村地区的人均能源消耗水平。因此，改变人类的生活方式，认识到自然资源的稀缺性，节约水资源，对于提高水资源的承载力具有十分重要的价值。

7. 其他资源

水资源是经济社会发展最重要的制约因素之一，但人类社会不仅需要水资源，而且还需要诸如土地、森林、草地、矿藏等其他资源。例如，灌区土地资源总量、自然赋存的土地生产潜力是影响灌区土地产能的主要因素之一，进而也是灌区经济社会发展的重要的物质基础和制约因素；土地开发利用的方式与程度直接影响着灌区的农业产业结构和产出，同时由此引起的土地覆被变化也是生态环境变化的重要组成部分和主要原因。因此，不同的土地开发利用方式与程度将导致灌区综合承载能力大小的差异。在灌区，水资源要承载其他相关资源，同时要与其他资源相互影响、相互匹配，共同作用于灌区经济发展和生态建设。一方面,土地、森林和草地等资源能够影响和调节水资源的形成、贮存的蒸发过程,影响水循环的范围和周期等;另一方面,其他资源都是水资源的承载对象,即生态环境的构成因素,每一自然资源都对生态环境产生着直接和间接的影响。

8. 管理体制及政策法规

人及其经济社会活动作为水资源承载能力的客体,社会的一切非自然因素诸如政策、法规、市场、产权结构、传统、宗教、心理、灾害补偿机制等,都会决定经济社会系统的结构,决定着灌区水资源的使用方式,也势必影响水资源承载能力的大小。政策法规因素对区域产业结构和市场格局均会产生影响,从而对水资源承载力产生影响,如水价杠杆的作用,促使人们调整对水的需求和利用方式,也促使节水技术的研究与应用,提高了水资源的利用效率。另外,水资源承载能力研究结果反作用于政策、法规的制定甚至人类行为准则的改变,帮助人类及时调整政策、行为等向有益的方向发展。

综合以上分析,灌区地下水承载力影响因素关系图如图 4-7 所示。

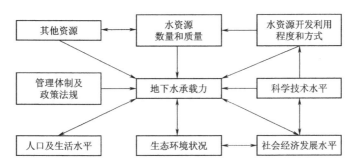

图 4-7 灌区地下水承载力影响因素关系图

4.3.2 灌区地下水承载力评价指标体系与方法

影响灌区地下水资源与环境承载力的因素很多,涉及灌区复合生态系统的各个方面。要对大型灌区地下水资源承载力做出全面、正确的评价,明确地下水资源的可利用程度和存在的问题,需要建立一套具有代表性的指标体系,运用特定的数学模型对指标体系进行综合评判,达到地下水资源承载力的量化处理,从而对地下水资源承载力作出更科学、更准确地评价。

4.3.2.1　灌区地下水承载力评级指标体系的构建

影响灌区地下水承载力的主要因素，包括水资源数量和质量、水资源开发利用程度和方式、生态环境状况、经济社会发展水平、科学技术水平、人口及生活水平、其他资源以及管理体制与政策法规等。评价指标体系既要反映灌区地下水资源系统包括支持系统的水资源数量与质量、可利用量、开发利用状况及其动态变化对地下水资源承载力的影响，又要反映被承载的社会、经济系统发展规模、结构及发展水平变化对承载力的影响。

综合考虑以上因素，参照全国水资源供需分析中的指标体系和其他水资源评价指标体系及其标准，结合大型灌区地下水资源承载力的特点，建立了由目标层、准则层和指标层 3 个层次构成的灌区地下水承载力的评价指标体系。评价指标体系结构图如图 4-8 所示。

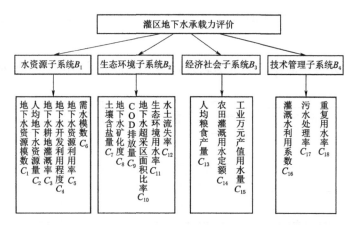

图 4-8　评价指标体系结构图

1. 目标层（A）

灌区地下水承载力评价的目标在于综合评价地下水资源与环境承载力的状态，评价指标体系的目标层即为地下水承载力指数。

2. 准则层（B）

灌区地下水系统的承载要素包括资源、经济社会和生态的不同方面。因此，将准则层划分为水资源子系统（B_1）、生态环境子系统（B_2）、经济社会子系统（B_3）、技术管理子系统（B_4）。

（1）水资源子系统 B_1。水资源子系统是地下水承载力的支承体，灌区地下

水资源是由水循环产生的，整个区域的水资源状况无疑是决定承载力大小的最主要因素。在灌区的地下水资源中，有多少可供人们开发利用，这是地下水承载力研究的关键问题之一。地下水资源可利用量为地下水合理开发的最大可利用程度。合理开发是指其开发利用要使地下水在自然界的水文循环中可继续得到再生和补充，不致影响到地下水的形成和赋存条件，保持地下水的可持续开发利用。也就是说，地下水承载力大小首先是由水资源系统所能提供的水资源条件决定的，包括水资源数量、质量及开发利用程度等。

（2）生态环境子系统 B_2。水是构成生态环境子系统结构的要素，形成生态系统的完整功能，是维持生态环境子系统良性循环发展的保证。灌区生态环境子系统结构与功能是影响地下水资源与环境承载力的因素，人类活动对灌区生态环境质量的影响，即生态环境质量状况也是影响地下水承载力的因素之一。如人类生活生产活动造成水体、土地的污染，植被、湿地的减少；地下水资源过度开发造成的地下水位的持续下降，甚至地面下沉等。

（3）经济社会子系统 B_3。人口是社会系统的核心。从社会系统与水资源的宏观关系分析，社会系统中人对水资源的直接消耗和社会发展水平是影响承载力的主要因素。社会系统中人口对水资源的直接消耗，也就是生活用水的大小既受人口的数量、结构及动态变化情况的影响，也受社会制度、政策法规、节水意识、发展水平等因素的影响。经济系统是水资源支撑的主体，在经济系统中，不仅一切需水的活动对水资源承载力产生影响，而且经济活动对水质的改变也会影响水资源的承载能力大小。水资源作为一种生产资料在经济活动中占有重要的地位。

（4）技术管理子系统 B_4。人类活动对地下水的影响是毋庸置疑的，人类对地下水资源开发利用的过程中，所采取的技术措施和管理手段也就成为影响地下水承载力的因素。尤其在地下水承载力的发展变化过程中，通过水资源开发利用技术水平的提高和管理措施的加强，将有效改善地下水环境状况，提高地下水承载能力。

3. 指标层（C）

对应于各准则层，综合考虑指标功能的程度、集合信息的能力、资料收集的难易程度等因素，选取指标构成指标层。灌区地下水承载力评价指标体系见表 4－3。

表 4 - 3　　　　　　　　灌区地下水承载力评价指标体系

准则层（B）		指标层（C）	指标含义
水资源 子系统 （B_1）	C_1	地下水资源模数/（$10^4 m^3/km^2$）	区域地下水资源量/区域总面积
	C_2	人均地下水资源量/（m^3/人）	区域地下水年资源总量/区域总人口数
	C_3	地下水耕地灌溉率/%	地下水资源灌溉面积/耕地面积
	C_4	地下水开发利用程度/%	区域地下水供水量/区域地下水资源量
	C_5	地下水资源利用率/%	地下水资源供水量/地下水资源可利用量
	C_6	需水模数/（$10^4 m^3/km^2$）	年需水量/土地面积
生态环境 子系统 （B_2）	C_7	土壤含盐量/%	根层土壤中易溶盐质量/根层土壤质量
	C_8	地下水矿化度/（mg/L）	地下水中总盐量的含量
	C_9	COD 排放量/t/d	以 COD 表征的区域污染物排放总量
	C_{10}	地下水超采区面积比率/%	区域地下水超采区面积/区域总面积
	C_{11}	生态环境用水率/%	生态环境供水量/总用水量
	C_{12}	水土流失率/%	区域内水土流失的面积/区域总面积
经济社会 子系统 （B_3）	C_{13}	人均粮食产量/（kg/人）	粮食总产量/人口总数
	C_{14}	农田灌溉用水定额/（m^3/亩）	单位灌溉面积上的综合灌溉定额
	C_{15}	工业万元产值用水量/%	区域工业总用水量/区域 GDP 产值
技术管理 子系统 （B_4）	C_{16}	灌溉水利用系数/%	灌溉净需水量/灌溉总用水量
	C_{17}	污水处理率/%	区域污水处理量/区域污水排放总量
	C_{18}	重复用水率/%	区域重复用水量/区域用水总量

4.3.2.2　灌区地下水承载力多目标评价模型

在整个承载力多目标评价模型之中，多目标决策模型为总控模型，从整体角度协调经济社会发展、生态环境、水资源开发利用之间的关系。各子目标计算模块对水资源子系统、经济社会子系统和生态环境子系统进行宏观经济、人口、资源、生态环境、水资源模拟开发利用、水利工程投资等模拟和计算。各子目标计算模块既可单独运行，又可配合运行，子目标计算模块之间通过多决策变量相互连接，通过多目标决策模型从整体角度协调经济社会发展、生态环境、水资源开发利用之间的关系，从而选择合适的发展策略，确定承载规模，使社会、经济、水资源、生态环境可持续协调发展。

选取国内生产总值 GDP、粮食产量、人口规模、COD 排放量等子目标反映灌区水资源子系统对经济社会子系统和生态环境子系统的承载能力规模，多目标分析模型为

$$Z = \max\{f(E, F, P, -C)\} \tag{4-15}$$

式中　E——灌区国内生产总值，万元；

　　　F——粮食产量，kg；

　　　P——人口总数，人；

　　　C——污染物 COD 排放量，kg。

1. 各承载目标方程

（1）国内生产总值 GDP。采用第一、二、三产业用水量除以万元产值用水量计算得出的三大产业产值之和的最大值作为承载经济社会子系统的经济目标。承载的国内生产总值 GDP 最大为

$$E = f_1(X_{ijk}) = \max \sum_{i=1}^{m} GDP(i) = \max\left\{ \sum_{i=1}^{m} \sum_{j=1}^{3} \sum_{k=1}^{5} \left(\frac{X_{ijk}}{K_j} \right) \right\} \tag{4-16}$$

式中　i——研究子区编号，$i = 1 \sim m$；

　　　j——第一、二、三产业 3 个用水部门，$j = 1 \sim 3$；

　　　k——地表水、地下水、外调水、新开水源和污水回用，$k = 1 \sim 5$；

$GDP(i)$——第 i 个研究子区的国内生产总值，万元；

　X_{ijk}——第 i 个研究子区第 j 个用水部门第 k 个供水水源供水量，m^3；

　　K_j——第 j 个产业万元产值用水量，$\mathrm{m}^3/$万元。

（2）粮食产量。研究区粮食产量直接由单位面积粮食产量与种植面积相乘得到，则水资源承载的粮食产量最大为

$$F = \max \sum_{i=1}^{m} Food(i) = \max\left\{ \sum_{i=1}^{m} \sum_{l=1}^{L} AR(i, l) \cdot YD(i, l) \right\} \tag{4-17}$$

式中　$Food(i)$——第 i 个研究子区的粮食产量，kg；

　　$AR(i, l)$——第 i 个研究子区第 l 种作物种植面积，亩；

　　$YD(i, l)$——第 i 个研究子区第 l 种作物单位面积粮食产量，kg/亩；

　　　　　l——作物种类编号，$l = 1 \sim L$。

（3）人口规模。采用城镇、农村居民年用水量除以用水定额计算得出的城镇和农村人口之和的最大值作为人口目标。承载的人口最多为

$$P = f_2(X_{ijk}) = \max \sum_{i=1}^{m} POP(i) = \max\left\{ \sum_{i=1}^{m} \sum_{j=4}^{5} \sum_{k=1}^{5} \left(10^3 \times \frac{X_{ijk}}{365 \times K_j} \right) \right\}$$

$$\tag{4-18}$$

式中　$POP(i)$——第 i 个研究子区人口总数，人；

K_4，K_5——城镇居民生活、农村居民生活用水定额，L/(人·d)；

X_{i4k}，X_{i5k}——第 i 个研究子区的城镇生活、农村生活从第 k 个供水水源的
供水量，m^3。

（4）COD 排放量。COD 排放量最小为

$$C = \min \sum_{i=1}^{m} COD(i) \tag{4-19}$$

$$COD(i) = \sum_{k=1}^{5} 10^{-3} \times \{[1 - R_{wt}(i)][R_{ws2}(i)X_{i2k}C_{cod2}(i) + R_{ws4}(i)X_{i4k}C_{cod4}(i)]$$
$$+ R_{ws5}(i)X_{i5k}C_{cod5}(i)\} \tag{4-20}$$

式中　　　　　　　　$COD(i)$——第 i 个研究子区 COD 排放量，kg；

$R_{wt}(i)$——第 i 个研究子区污水处理率；

$R_{ws2}(i)$，$R_{ws4}(i)$，$R_{ws5}(i)$——第 i 个研究子区的工业用水、城镇生活用水、
农村生活用水污水产生系数；

$C_{cod2}(i)$，$C_{cod4}(i)$，$C_{cod5}(i)$——第 i 个研究子区的工业用水、城镇生活用水、
农村生活用水污水 COD 浓度，mg/L。

2. 模型约束条件

（1）国民经济约束。国民经济约束表示为

$$GDP(i) = \sum_{j=1}^{3} \sum_{k=1}^{5} \left(\frac{X_{ijk}}{K_j} \right) \geqslant A_{GDP}(i) \tag{4-21}$$

式中　$A_{GDP}(i)$——第 i 个研究子区 GDP 计划值。

（2）人口约束。人口约束表示为

$$POP_{\min}(i) \leqslant POP(i) = \sum_{j=4}^{5} \sum_{k=1}^{5} [10^3 X_{ijk}/(365K_j)] \leqslant POP_{\max}(i) \tag{4-22}$$

式中　$POP_{\max}(i)$，$POP_{\min}(i)$——第 i 个研究子区最多、最少人口数量，人。

（3）牲畜约束。牲畜约束表示为

$$LISK_{\min}(i) \leqslant LISK(i) = \sum_{k=1}^{4} [10^3 X_{i6k}/(365K_6)] \leqslant LISK(i)_{\max}(i) \tag{4-23}$$

式中　$LISK_{\max}(i)$，$LISK_{\min}(i)$——第 i 个研究子区最多、最少牲畜数量，头；

X_{i6k}——第 i 个研究子区从第 k 水源获得的牲畜需
水量，m^3；

K_6——牲畜用水定额，L/(头·d)。

（4）水量约束。水量约束包括需水量约束、可供水量约束及供需平衡约束。

1）需水量约束。需水量约束表示为

$$X_{\text{WDSY}}(i,k) = \sum_{j=1}^{7} X_{ijk} \qquad (4-24)$$

$$X_{\text{WDYH}}(i,j) = \sum_{k=1}^{5} X_{ijk} \qquad (4-25)$$

$$X_{\text{WD}}(i) = \sum_{k=1}^{5} X_{\text{WDSY}}(i,k) \qquad (4-26)$$

式中 X_{i7k}——第 i 个研究子区从第 k 水源获得的生态环境需水量，m^3；

$X_{\text{WDSY}}(i,1) \sim X_{\text{WDSY}}(i,5)$——第 i 个研究子区地表水、地下水、外调水、新增水源、回用水的需水总量，m^3；

$X_{\text{WDYH}}(i,1) \sim X_{\text{WDYH}}(i,7)$——第 i 个研究子区第一产业、第二产业、第三产业、城镇居民生活、农村居民生活、牲畜、生态环境需水总量，m^3；

$X_{\text{WD}}(i)$——第 i 个研究子区需水总量，m^3。

2）可供水量约束。可供水量约束表示为

$$X_{\text{WG}}(i) = \sum_{k=1}^{5} X_{\text{WGSY}}(i,k) \qquad (4-27)$$

式中 $X_{\text{WG}}(i)$——第 i 个研究子区可供水资源总量；

$X_{\text{WGSY}}(i,1) \sim X_{\text{WGSY}}(i,5)$——第 i 个研究子区地表水可利用量、地下水可利用量、外调水量、新开水源、污水回用量可利用量。

3）供需平衡约束。供需平衡约束表示为

$$X_{\text{WD}}(i) \leqslant X_{\text{WG}}(i) \qquad (4-28)$$

$$X_{\text{WDSY}}(i,k) \leqslant X_{\text{WGSY}}(i,k) \qquad (4-29)$$

（5）水环境约束。水环境约束表示为

$$COD(i) \leqslant A_{\text{COD}}(i) \qquad (4-30)$$

式中 $A_{\text{COD}}(i)$——第 i 个研究子区 COD 最大允许负荷量。

（6）农业生产约束。农业生产约束包括粮食生产目标约束、粮食产量约束、灌溉面积约束及灌溉需水量约束。

1）粮食生产目标约束。粮食生产目标约束表示为

$$DFood(i) = K_{FO}(i)POP(i) \tag{4-31}$$

式中　$DFood(i)$——第 i 个研究子区粮食需求量；

　　　$K_{FO}(i)$——第 i 个研究子区人均需求粮食水平。

2）粮食产量约束。粮食产量约束表示为

$$Food(i) = \sum_{l=1}^{L} AR(i,l)YD(i,l) \tag{4-32}$$

$$Food(i) \geqslant DFood(i) \tag{4-33}$$

3）灌溉面积约束。灌溉面积约束表示为

$$ARI(i,l) = AR(i,l)K_{ARI}(i,l) \tag{4-34}$$

式中　$ARI(i,l)$——第 i 个研究子区第 l 种作物灌溉面积，亩；

　　　$K_{ARI}(i,l)$——第 i 个研究子区第 l 种作物的灌溉面积占种植面积的比例下限。

4）灌溉需水量约束。灌溉需水量约束表示为

$$X_{WDA}(i,l) = ARI(i,l)K_{ARIN}(i,l) \tag{4-35}$$

$$X_{WDYH}(i,1) = \sum_{l=1}^{L} X_{WDA}(i,l) \tag{4-36}$$

式中　$X_{WDA}(i,l)$——第 i 个研究子区第 l 种作物灌溉水量，m^3；

　　　$K_{ARIN}(i,l)$——第 i 个研究子区第 l 种作物灌溉定额，$m^3/(亩 \cdot 年)$。

（7）地下水开采量约束。地下水开采量约束包括地下水超采约束及控制盐碱地约束。

1）地下水超采约束。地下水超采约束表示为

$$X_{WDSY}(i,2) - X_{WGSY}(i,2) \leqslant f[GHD(i)] \tag{4-37}$$

式中　$GHD(i)$——第 i 个研究子区地下水允许超采量的地下水降深，m。

2）控制盐碱地约束。控制盐碱地约束表示为

$$X_{WGSY}(i,2) - X_{WDSY}(i,2) \leqslant f[GHU(i)] \tag{4-38}$$

式中　$GHU(i)$——第 i 个研究子区地下水位最大允许上升量，m。

4.3.2.3　灌区地下水承载力多目标评价模型的求解

利用粒子群求解多目标优化问题的关键是采用一定的策略，合理地选择个

体极值和全局极值，实现粒子追随当前的最优粒子，最后得到最优解。有学者通过粒子间距离关系选取个体极值和全局极值。但这种方法仅能用于两目标优化，对3个或更高维的多目标优化问题，就行不通了。也有学者利用灰色关联度和模糊隶属度来确定个体极值和全局极值，求解多目标优化问题。本次研究利用逼近理想解法确定个体极值和全局极值，实现利用粒子群算法对高维多目标问题进行优化。

TOPSIS（Technique for Order Preference by Similarity to Ideal Solution）法又称逼近理想解法，是经济社会和工程技术领域常用的有限方案多目标决策分析方法。基于 TOPSIS 法的 PSO 求解多目标问题的策略为：

（1）利用基本粒子群算法分别求出多目标优化问题中的每个目标函数在约束条件下的最优值，由各目标函数的最优值组成正理想解。

（2）进行全局极值的选取，将全部粒子分别代入目标函数中，形成目标函数解方案，即

$$Y_{gj} = \{y_{gj}(k) \mid k = 1, 2, \cdots, n; j = 1, 2, \cdots, m\} \tag{4-39}$$

通过改进的 TOPSIS 法计算解空间与理想解之间的"垂直"距离，选取"垂直"距离最小的粒子作为种群中的全局极值 P_g。

（3）进行个体极值的选取，将单个粒子代入目标函数中，形成目标函数解方案，即

$$Y_{ij} = \{y_{ij}(k) \mid k = 1, 2, \cdots, n; j = 1, 2, \cdots, m\} \tag{4-40}$$

通过改进的 TOPSIS 法计算解空间与理想解之间的"垂直"距离，选取"垂直"距离最小的粒子作为个体极值 P_i。

4.3.3 人民胜利渠灌区地下水承载力的多目标评价

通过灌区分布式水文模型计算灌区水资源，根据灌区地下水承载力多目标评价模型对人民胜利渠灌区地下水承载能力进行评价和预测。

4.3.3.1 承载力评价模型构建

1. 水源概化

地表水、地下水和引黄水等各类水源承载类别见表 4-4。

表 4-4　　　　　　　　　各 类 水 源 承 载 类 别

水源	农业用水	工业用水	第三产业用水	生活用水	生态环境用水
地表水	√				√
地下水	√	√	√	√	
引黄水	√	√	√	√	√

2. 用水户概化

人民胜利渠灌区涉及新乡市郊、新乡县、原阳县、获嘉县、延津县、卫辉市、武陟县和滑县，各市县在灌区内部的面积均小于其行政面积。根据各市县在灌区内的经济社会、人口分布等特点，对各研究子区的用水户进行概化，各研究子区用水户概化见表 4-5。

表 4-5　　　　　　　　　各研究子区用水户概化

用水户	新乡市郊	新乡县	卫辉市	获嘉县	原阳县	延津县	武陟县	滑县
农业	√	√	√	√	√	√	√	√
工业	√	√	√	√		√		√
第三产业	√	√	√	√		√		
城镇生活	√	√	√	√		√		
农村生活	√	√	√	√	√	√	√	√
生态环境	√	√	√	√	√	√	√	√

3. 评价方案设定

为体现经济社会水平、节水、可利用水资源量对承载能力的影响，将灌区不同的经济社会发展阶段划分为现状年（2008 年）、近期（2010 年）、中期（2015 年）和远期（2020 年）4 个评价水平年，其中近期、中期和远期评价水平年为规划水平年。设置在不同发展水平条件下，不同保证率（50%、75% 和 95%）和不同节水措施（基本节水和强化节水）的承载力评价方案。

由水资源需水预测结果可知，灌区水资源用户主要为农业用水和第二产业用水，用水量比重高，而第三产业、居民生活用水和生态环境需水量所占比重均较小。基本节水措施条件下灌区居民生活用水定额与经济发达地区相比偏低，而且灌区人口以农村人口为主，居民生活节水实施难度大，节水潜力较小；基本节水措施条件下农业需水量是基于充分灌溉条件的灌溉定额计算得到的，农业节水潜力巨大。因此，在分析灌区强化节水条件下的地下水承载能力时，主要考虑农业节水和工业节水，其中强化节水措施条件下不同保证率、不同水平年农业灌溉定额为基本节水措施条件的88%，工业用水定额为90%。

4.3.3.2 现状年地下水承载能力

利用基于 TOPSIS 法的多目标 PSO 算法求解地下水承载力多目标评价模型，得到在现状条件下的地下水承载能力，灌区可承载的 GDP 为 301.28 亿元，人口为 190.33 万人，粮食产量为 46243.23 万 kg。现状年承载能力见表4-6。

表 4-6　　　　　　　　　现 状 年 承 载 能 力

研究子区	GDP/亿元	人口/万人	粮食产量/万 kg	污水排放量/万 m³
新乡市郊	75.24	50.20	3270.62	1657.32
新乡县	145.76	33.69	7374.06	4012.71
卫辉市	15.90	15.50	5163.61	290.59
获嘉县	18.25	24.35	5346.91	475.19
原阳县	2.44	4.49	2251.30	72.31
延津县	35.42	39.49	16170.96	748.96
武陟县	2.58	4.15	1408.66	88.93
滑县	5.69	18.46	5257.11	240.18
合计	301.28	190.33	46243.23	7586.19

4.3.3.3 规划水平年地下水承载能力

1. 基本节水措施的地下水承载能力

基本节水措施下不同规划水平年地下水承载能力如图4-9所示。由图可知，50%保证率规划水平年 GDP 呈现比较明显的增加趋势，而人口数量、粮食产量和污水排放量呈减少的趋势；75%和95%保证率规划水平年，除 GDP 呈增加趋势外，其他承载目标变化趋势与50%保证率规划水平年不完全一致。其主要原因是：在75%和95%保证率年引黄水量减少的同时，承载力评价模型为体现地下水对承载力的调控作用，适当地增加了地下水的开采量。

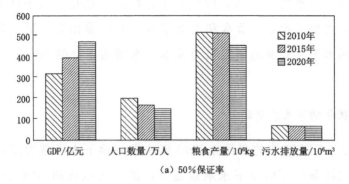

(a) 50%保证率

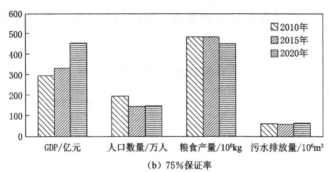

(b) 75%保证率

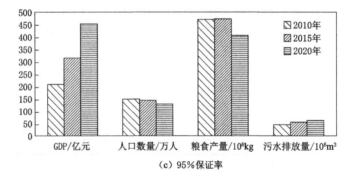

(c) 95%保证率

图 4-9　基本节水措施下不同规划水平年地下水承载能力

从评价结果可知，3 个不同规划水平年，随着保证率的增加，各承载目标均表现为减小的趋势，其主要原因是：随着水资源可利用量的减少，在经济技术水平一致的条件下，可承载的 GDP、人口数量和粮食产量必将减小，而污水排放量由于生产、生活用水量的减少而减少。基本节水措施下不同保证率地下水承载能力如图 4-10 所示。

2. 强化节水措施的地下水承载能力

水资源的开发方式和特点以及水资源管理水平决定了某一时段的水资源

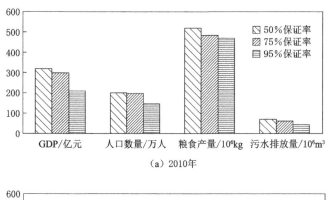

（a）2010年

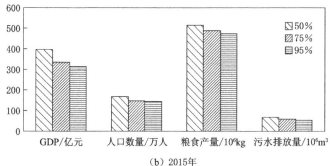

（b）2015年

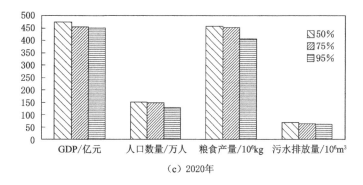

（c）2020年

图 4-10 基本节水措施下不同保证率地下水承载能力

可利用量，最终影响水资源承载力的大小。节约用水，提高水资源利用效率是提高水资源承载能力的重要途径。强化节水措施条件下，灌区 2010 年、2015 年、2020 年 50％和 95％保证率规划水平年 GDP 和污水排放量呈现比较明显的增加趋势，而人口数量和粮食产量呈减少的趋势；75％保证率规划水平年，除 GDP 呈增加趋势外，其他承载目标变化趋势与 50％、95％保证率规划水平年不完全一致。强化节水措施下不同规划水平年地下水承载能力如图 4-11 所示。

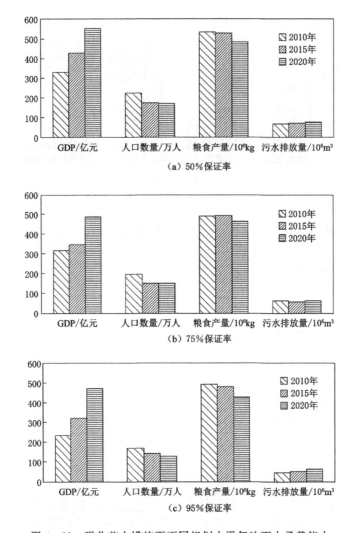

图 4-11　强化节水措施下不同规划水平年地下水承载能力

从评价结果可知，3 个不同规划水平年，随着保证率的增加，各承载目标均表现为减小的趋势，其主要原因是：随着水资源可利用的减少，在经济技术水平一致的条件下，可承载的 GDP、人口数量和粮食产量必将减小，而污水排放量由于生产、生活用水量的减少而减少。强化节水措施下不同保证率地下水承载能力如图 4-12 所示。

3. 地下水承载能力对比

与基本节水措施下的承载力相比，强化节水措施下灌区各规划水平年各保证率的可承载 GDP、人口和粮食产量均有所增加，强化节水措施下灌区地下水

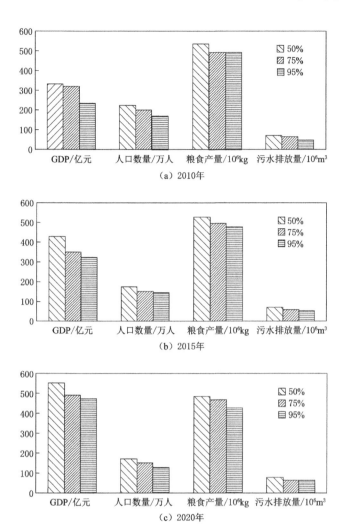

图 4-12 强化节水措施下不同保证率地下水承载能力

承载能力提高值见表 4-7。如 2015 规划水平年 50% 保证率灌区基本节水和强化节水措施可承载的 GDP 分别为 397.37 亿元、428.95 亿元，人口数量分别为 167.90 万人、174.72 万人，粮食产量分别为 51604.84 万 kg、52844.48 万 kg，GDP 增加率为 7.95%、人口数量增加率为 4.06%，粮食产量增加率为 2.40%，可见通过强化节水措施的实施，可有效地提高水资源的承载能力。在 3 个承载目标中，GDP 的增加率平均值最高，为 7.75%，其次为人口数量，增加率平均值为 5.65%，粮食产量增加率平均值为 3.45%，表明多目标优化模型不可能使所有的目标同时达到最优。基本节水和强化节水措施下地下水承载能力对比图如图 4-13 所示。

表 4 - 7 强化节水措施下灌区地下水承载能力提高值

水平年	保证率	GDP		人口		粮食产量	
		增加值/亿元	增加率/%	增加值/万人	增加率/%	增加值/万 kg	增加率/%
2010 年	50%	11.86	3.71	23.14	11.52	1498.01	2.88
	75%	22.73	7.60	1.88	0.95	1004.94	2.07
	95%	27.32	13.08	20.89	14.04	2440.32	5.18
2015 年	50%	31.58	7.95	6.82	4.06	1239.64	2.40
	75%	16.09	4.81	5.67	3.87	1085.96	2.23
	95%	10.88	3.47	0.45	0.31	797.65	1.68
2020 年	50%	77.93	16.39	19.64	12.98	2730.39	5.96
	75%	36.12	7.92	3.30	2.22	1376.51	3.03
	95%	21.73	4.81	1.15	0.89	2264.08	5.57

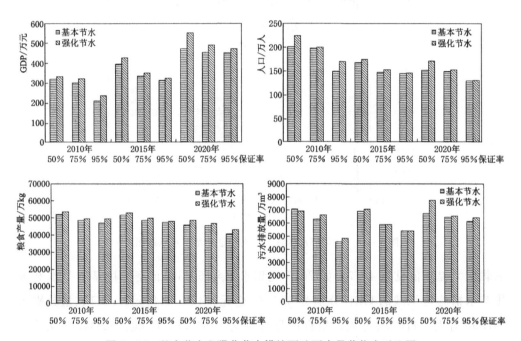

图 4 - 13 基本节水和强化节水措施下地下水承载能力对比图

第5章 灌区多尺度水资源高效利用评价与调配研究

5.1 灌区多尺度水资源高效利用评价

5.1.1 田间尺度评价

5.1.1.1 评价指标体系

田间尺度的井渠结合灌区水资源高效利用评价属于多目标综合评价，以灌区水资源利用率和效益为核心，田间尺度主要考虑田间的灌溉效率，不考虑输送效率。评价体系包括用水效率指标、经济效益指标和环境效益指标3类指标。

田间尺度评价指标体系如图5-1所示。

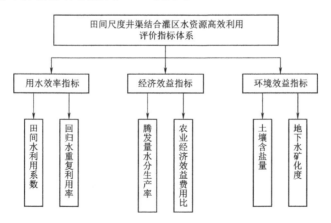

图5-1 田间尺度评价指标体系

5.1.1.2 评价分区

为分析灌区田间尺度水资源高效利用的空间差异性，并方便进行灌区水资源优化调配，根据水源条件不同和井渠用水比例不同，将人民胜利渠灌区分为

3 个子区。灌区上游冯庄、亢村一带，用渠水比较方便，以渠灌为主，井渠结合，称为渠灌为主 1 区；中游小冀至洪门一带，用水保证程度要求高，井灌比重加大，但仍是以渠灌为主，井渠结合，称为渠灌为主 2 区；下游卫辉市的柳庄、孙杏庄一带，由于渠灌用水保证程度差，以井灌为主，渠灌补源，称为井灌为主区。

以 2010 年作为现状年，根据收集的灌溉试验资料，在 3 个分区各选 $0.667hm^2$ 种植小麦的典型田块进行水资源高效利用评价，渠灌为主 1 区所选麦田位于冯庄，地表水灌溉用水量 $1750m^3$，地下水灌溉用水量 $625m^3$，小麦平均产量 $6345kg/hm^2$。渠灌为主 2 区所选麦田位于洪门，地表水灌溉用水量 $1224m^3$，地下水灌溉用水量 $566m^3$，小麦平均产量 $4995kg/hm^2$。井灌为主区所选麦田位于柳庄，地表水灌溉用水量 $717m^3$，地下水灌溉用水量 $739m^3$，小麦平均产量 $5835kg/hm^2$。各分区田间尺度水资源高效利用评价指标现状值见表 5-1。

表 5-1　　　　各分区田间尺度水资源高效利用评价指标现状值

指 标 层	渠灌为主 1 区	渠灌为主 2 区	井灌为主区
田间水利用系数 C_1/%	80	76	92
回归水重复利用率 C_2/%	87	90	81
腾发量水分生产率 C_3/(kg/m^3)	1.72	1.36	1.7
农业经济效益费用比 C_4	3.43	3.02	3.80
土壤含盐量 C_5/%	0.18	0.48	0.34
地下水矿化度 C_6/(g/L)	0.93	2.64	1.86

5.1.1.3　权重的确定

采用层次分析法确定权重。指标之间相对重要性的确立通过问卷调查，由长期从事灌区水资源高效利用研究的专家以及人民胜利渠灌区管理局相关部门的工作人员共 10 人评定。田间尺度水资源高效利用评价指标体系的权重见表 5-2。

表 5-2　　　　田间尺度水资源高效利用评价指标体系的权重

准则层	权重	指 标 层	权重
用水效率 B_1	0.41	田间水利用系数 C_1/%	0.60
		回归水重复利用率 C_2/%	0.40

续表

准则层	权重	指　标　层	权重
经济效益 B_2	0.33	腾发量水分生产率 C_3/(kg/m³)	0.56
		农业经济效益费用比 C_4	0.44
环境效益 B_3	0.26	土壤含盐量 C_5/%	0.75
		地下水矿化度 C_6/(g/L)	0.25

5.1.1.4　评价标准

为了更直观地对灌区水资源高效利用进行评价与表达，将评价标准分为高效、较高效、一般、低效 4 个等级，分别对应于评语集 [0.8，1]、 [0.6，0.8)、[0.4，0.6)、[0，0.4)。参考已有农业水资源利用效率评价、农业水资源效用评价、灌溉工程环境影响评价等研究成果中所采用的指标等级划分标准和国家颁布的相关标准，以及相关田间尺度研究成果，确定人民胜利渠灌区田间尺度水资源高效利用评价指标。田间尺度水资源高效利用评价指标等级评价标准见表 5-3。

表 5-3　　　　田间尺度水资源高效利用评价指标等级评价标准

准则层	指　标　层	高效	较高效	一般	低效
用水效率 B_1	田间水利用系数 C_1/%	>90	85~90	70~85	<70
	回归水重复利用率 C_2/%	>90	80~90	70~80	<70
经济效益 B_2	腾发量水分生产率 C_3/(kg/m³)	>1.8	1.4~1.8	0.8~1.4	<0.8
	农业经济效益费用比 C_4	>4	3.5~4	2~3.5	<2
环境效益 B_3	土壤含盐量 C_5/%	<0.1	0.1~0.2	0.2~0.4	>0.4
	地下水矿化度 C_6/(g/L)	<1.7	1.7~2	2~5	>5

5.1.1.5　评价结果分析

首先采用半梯形分布隶属函数，计算得到各分区的指标层对准则层的模糊隶属关系矩阵，然后采用模糊合成算子 M（∧，∨）将指标层对准则层的权重值与模糊隶属关系矩阵进行合成计算，得到准则层对目标层的模糊隶属关系矩阵 R，再乘以准则层权重矩阵 A 得到模糊综合评价结果向量 B。经计算，现状年人民胜利渠灌区，各分区田间尺度水资源高效利用综合评分值见表 5-4。综合评价结果为：渠灌为主 1 区典型田水资源利用状况为较高效；渠灌为主 2 区典型田水资源利用状况为一般；井灌为主区典型田水资源利用状况为较高效。

表 5-4　　　　　　　　　各分区田间尺度水资源高效利用综合评分值

分区	用水效率评分	经济效益评分	环境效益评分	综合评分
渠灌为主 1 区	0.564	0.721	0.781	0.650
渠灌为主 2 区	0.487	0.573	0.388	0.489
井灌为主区	0.787	0.654	0.523	0.705

各分区现状年田间尺度水资源高效利用综合评分对比图如图 5-2 所示。

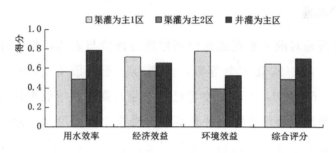

图 5-2　各分区现状年田间尺度水资源高效利用评分对比图

　　从分区典型田对比结果来看,渠灌为主 1 区的典型田,其环境效益为三个区评分最高,综合评分处于较高效水平。其原因是该典型田土壤含盐量和地下水矿化度较低,地下水和土壤环境较好。但由于地处灌区上游水源充足,渠灌用水比例高,地下水开发利用程度低,灌溉水浪费较严重,田间水利用系数较低,其用水效率较低,处于一般水平。渠灌为主 2 区的典型田,因其地处古黄河背河洼地的老盐碱地区,其土壤含盐量和地下水矿化度较高,土地还存在盐碱化威胁,田间水利用系数低,其水资源利用的环境效益、经济效益和用水效率评分为三个区最低,综合评分属于一般水平。井灌为主区的典型田地处灌区下游,渠灌用水没有保障,以井灌为主,农民节水意识较强,田间水利用系数较高,其用水效率评分三个区最高,处于高效水平,综合评分属于较高效水平。

　　综上所述,灌区田间尺度水资源利用总体处于较高效水平,但局部地区,还存在利用效率不高、水资源利用不经济、在低洼易涝地区仍潜伏着次生盐碱化的威胁。

5.1.2　灌区尺度评价

5.1.2.1　评价指标体系

　　灌区尺度上井渠结合灌区水资源高效利用评价的重点还是水资源利用效率,

应综合考虑水资源高效利用对经济、社会以及环境效益的影响。评价指标体系
包括用水效率指标、经济效益指标、社会效益指标和环境效益指标。灌区尺度
评价指标体系如图 5-3 所示。

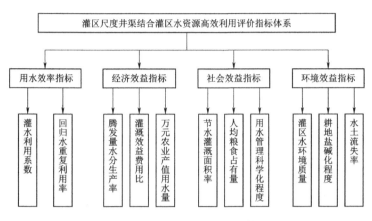

图 5-3　灌区尺度评价指标体系

5.1.2.2　权重的确定

采用层次分析法确定权重。指标之间相对重要性的确立通过问卷调查，由
长期从事灌区水资源高效利用研究的专家以及人民胜利渠灌区管理局相关部门
的工作人员共 10 人评定。灌区尺度水资源高效利用评价指标体系的权重见
表 5-5。

表 5-5　　　　　　　　灌区尺度水资源高效利用评价指标体系的权重

准则层	权重	指　标　层	权重
用水效率 B_1	0.3638	灌溉水利用系数 C_1/%	0.6667
		回归水重复利用率 C_2/%	0.3333
经济效益 B_2	0.3411	腾发量水分生产率 C_3/(kg/m³)	0.4111
		灌溉效益费用比 C_4/%	0.3278
		万元农业产值用水量 C_5/(m³/万元)	0.2611
社会效益 B_3	0.0905	节水灌溉面积率 C_6/%	0.5485
		人均粮食占有量 C_7/(kg/人)	0.2409
		用水管理科学化程度 C_8	0.2106
环境效益 B_4	0.2046	灌区水环境质量 C_9	0.3873
		耕地盐碱化程度 C_{10}/%	0.4429
		水土流失率 C_{11}/%	0.1698

5.1.2.3　定性指标量化

定性指标的量化是将指标的定性分析转化为定量分析，可采用专家区间评分法进行定性指标的量化。该方法就是邀请 n 位专家分别对第 j 个评价对象的第 i 个定性指标给出评分区间 $[a_{li}^j, b_{li}^j](l=1, 2, \cdots, n)$，将专家评分区间 $[a_{li}^j, b_{li}^j]$ 作最大、最小化处理，记 $A_i^j = \min_{1 \leqslant l \leqslant n} a_{li}^j$，$B_i^j = \max_{1 \leqslant l \leqslant n} a_{li}^j$，对区间 $[A_i^j, B_i^j]$ 中不同的 a_{li}^j、b_{li}^j 进行统计并求出出现的频数 $\mu_i^j(Q)(Q=a_{li}^j$ 或 b_{li}^j），然后计算总频数，再用频数除以总频数得到各个 Q 的隶属频率，最后计算所有 Q 的隶属频率平均数，即为评价指标 i 的最终专家评分值，其计算公式为

$$f_{ij} = \sum_{Q=A_i^j}^{B_i^j} \left\{ Q\left[\mu_i^j(Q) / \sum_{Q=A_i^j}^{B_i^j} \mu_i^j(Q)\right] \right\} \qquad (5-1)$$

定性指标的量化通过设置调查表，仍由确定权重的 10 位专家对用水科学化程度、灌区水环境质量、耕地盐碱化程度、水土流失程度 4 个定性指标分别进行区间打分，然后应用数理统计方法确定。

5.1.2.4　评价标准

根据人民胜利渠灌区的现状基础数据和专家打分情况，确定灌区水资源高效利用评价指标的现状值。参考已有水资源可持续利用评价、水资源利用效率评价、农业水资源利用效率评价、农业水资源效用评价、农业节水综合评价等研究成果中所采用的指标等级划分标准和国家颁布的相关标准，确定人民胜利渠灌区水资源高效利用状态等级评价标准。人民胜利渠灌区水资源高效利用评价指标现状值及等级评价标准见表 5-6。

表 5-6　人民胜利渠灌区水资源高效利用评价指标现状值及等级评价标准

准则层	指标层	现状值	高效	较高效	一般	低效
用水效率 B_1	灌溉水利用系数 C_1/%	52	>70	55~70	30~50	<30
	回归水重复利用率 C_2/%	75	>90	80~90	70~80	<70
经济效益 B_2	腾发量水分生产率 C_3/(kg/m³)	1	>2	1.2~2	0.6~1.2	<0.6
	灌溉效益费用比 C_4	1.92	>2.5	2~2.5	1.5~2	<1.5
	万元农业产值用水量 C_5/(m³/万元)	450	<200	200~500	500~800	>800

续表

准则层	指 标 层	现状值	高效	较高效	一般	低效
社会效益 B_3	节水灌溉面积率 $C_6/\%$	72.6	>90	$70\sim90$	$50\sim70$	<50
	人均粮食占有量 $C_7/(kg/人)$	460	>1000	$1000\sim800$	$800\sim600$	<600
	用水管理科学化程度 C_8	0.565	>0.8	$0.6\sim0.8$	$0.4\sim0.6$	<0.4
环境效益 B_4	灌区水环境质量 C_9	0.455	>0.8	$0.6\sim0.8$	$0.4\sim0.6$	<0.4
	耕地盐碱化程度 $C_{10}/\%$	0.650	>0.8	$0.6\sim0.8$	$0.4\sim0.6$	<0.4
	水土流失率 $C_{11}/\%$	0.515	>0.8	$0.6\sim0.8$	$0.4\sim0.6$	<0.4

5.1.2.5　评价结果分析

将人民胜利渠灌区 2010 年各指标值及分级标准代入隶属度函数公式，可求得各评价指标的模糊关系矩阵。利用模糊合成算子 $M(\wedge,\vee)$ 将权重矩阵 A 与模糊关系矩阵 R 合成，得到模糊综合评价结果向量 B，灌区水资源高效利用的评价标准分为高效、较高效、一般、低效 4 个等级，分别对应于评语集 $[0.8,1]$、$[0.6,0.8)$、$[0.4,0.6)$、$[0,0.4)$，人民胜利渠灌区水资源高效利用综合评分见表 5-7。现状年人民胜利渠灌区水资源高效利用的综合评价结果为一般水平。

表 5-7　　　　　　　人民胜利渠灌区水资源高效利用综合评分

用水效率评分	经济效益评分	社会效益评分	环境效益评分	综合评分
0.562	0.534	0.526	0.543	0.545

从目标层综合得分来看，灌区水资源高效利用属一般水平。说明灌区现状水资源的开发利用还存在一些问题，灌区水资源在满足农业用水需求的前提下，其经济、社会和生态环境服务功能和价值没有得到充分发挥，灌区水资源的利用效率和效益还有较大提升空间。

从准则层来看用水效率的综合评分属于一般水平，由于灌区的现状渠道衬砌等工程措施不完善，渠系渗漏损失严重，灌水利用系数较低，回归水重复利用率不高，灌区用水效率总体不高；灌区的腾发量水分生产率和灌溉效益费用比指标较弱，说明灌区的用水效率还相对较低，投入产出效果较差，故经济效益的综合评分属于一般水平；对于社会效益，虽然节水灌溉面积率指标相对较好，但用水管理科学化程度指标和人均粮食占有量指标较弱。因为灌区管理体制不健全，管理现代化程度不高，灌溉用水管理制度不完善，群众开展节水灌溉的积极性、主动性不高，故社会效益综合评分最终只属于一般水平；环境效益综合评分属于一般水平，其主要原因是灌区对环境污染问题认识不足，对农村面源污染和污废水的控制与治理力度不够，对环境造成严重危害，使灌区水环境质量较差。

综上所述，灌区现状还存在水资源利用效率低、投入产出效果较差、运行管理现代化程度不高、环境污染严重等问题。在未来需要针对以上问题，采用渠道防渗、水资源优化调配等工程、非工程措施，达到灌区水资源高效利用的目的。

5.2　灌区多尺度水盐动态联合优化调配

5.2.1　调配模型与评价指标的关系

利用建立的田间尺度和灌区尺度的综合评价指标体系，可对灌区水资源利用状况进行综合评价。综合评价的作用为：①可以直接直观的评判灌区不同尺度上的水资源高效利用状况，识别不同尺度水资源利用存在的主要问题；②判别不同水资源高效利用调配方案在不同尺度上所带来的实际效果的优劣，并根据评判结果选择适合的调配方案。

灌区水资源优化调配模型是进行灌区水资源高效利用调配的主要手段，建立优化调配模型并求解，可得到水资源优化调配方案，通过灌区水资源调配可达到水资源高效利用的目的。如果田间尺度水资源利用不高效，可运行田间尺度调配模型去调配，如果灌区尺度水资源利用不高效，可运行灌区尺度调配模型去调配，但田间尺度高效不代表灌区尺度高效，反之，灌区尺度高效，田间尺度也未必高效，如果想要一个各尺度都接受的结果，就需要建立耦合模型去调配，通过分解协调得出一个各方都能接受的调配方案。因此，要求建立的水资源优化调配模型其相关参数要与水资源高效利用评价指标相匹配，能对指标起到调控的作用。而在建立综合评价指标体系过程中，选择确定指标时，也要尽量选择与水资源时空调配具有响应关系的指标，以便运行调配模型后能得到指标的数值，并据此对调配方案进行评价优选。

5.2.2　灌区尺度地表水地下水联合优化调配模型

灌区水资源调配系统是一个复杂的大系统，和其他大系统建模一样，主要

灌区水资源调配系统模型应是一个多层次的谱系式模型，即水资源调配大系统是由若干层次子系统组成，各层次子系统之间，存在着密切的联系和相互协调的关系。在模型中，每个子区都可以作为一个用水单元，子区间水资源调配作为一个层次，每个子区内部种植多种作物，作物间水资源调配作为另一个层次，灌区作为总协调层，需要同时对多个子区多种作物进行水资源最优调配。

井渠结合灌区不同的农作物，它们的生长期不同步，需水量也不同，且分布在不同子区。地表水灌溉有时间和空间分配上的限制，有的地块灌溉不到，有的灌溉不及时，都会引起减产。联合地下水进行井灌，可以缓解灌溉需水，但过量开采地下水又易产生漏斗。为了合理利用地表水和地下水，应采用优化技术，建立系统的目标函数和约束条件，进行模拟分析，通过地表水和地下水的最优调配，达到水资源的高效利用。

5. 2. 2. 1　目标函数

水资源调配最终目标是提高水资源的利用效率和综合效益，经济效益目标是要实现灌溉净经济效益最大，社会效益目标是要实现粮食安全，环境效益目标是要实现地下水不超采，用水效率目标是提高灌溉水的利用系数。模型以灌溉净经济效益年值最大为择优准则，后三个目标转化为模型的约束条件，不再设置目标函数。

灌溉净经济效益为灌溉年效益与灌溉渠道和机井的年运行费用之差，具体目标函数为

$$\text{Max}A(x) = \varepsilon \sum_{i=1}^{m} \sum_{j=1}^{n} \left[P_j A_{ij} F_j(Q_{ij}) - P_j A_{ij} Y_{j0} \right] - \sum_{i=1}^{m} \sum_{j=1}^{n} \left[c_1 x_{ij}^{(1)} + c_2 x_{ij}^{(2)} \right]$$

$$(5-2)$$

式中　$\text{Max}A(x)$ ——灌区所有子区各种作物年净经济效益之和，元；

P_j——第 j 类作物单价，元/kg；

A_{ij}——第 i 子区第 j 类作物的灌溉面积，hm^2；

$F_j(Q_{ij})$——第 i 子区第 j 种作物单位面积在净灌水量 Q_{ij} 时的产量，由田间尺度的作物水分生产函数得到，kg/hm^2；

Y_{j0}——第 j 类作物不灌溉时单位面积产量，kg/hm^2；

ε——灌溉效益分摊系数；

c_1，c_2——渠灌、井灌年运行费用，元/m^3；

$x_{ij}^{(1)}$，$x_{ij}^{(2)}$——第 i 子区第 j 种作物渠灌和井灌的毛灌水量，m^3；

$\qquad\qquad m$——子区总数；

$\qquad\qquad n$——作物种类数。

5.2.2.2　决策变量

以第 i 子区第 j 种作物渠灌和井灌的毛灌水量 $x_{ij}^{(1)}$、$x_{ij}^{(2)}$ 为决策变量，则

$$Q_{ij} = \frac{\eta_1 x_{ij}^{(1)} + \eta_2 x_{ij}^{(2)}}{A_{ij}} \qquad (5-3)$$

式中　Q_{ij}——分配给第 i 子区第 j 种作物的单位面积上的净灌溉水量，m^3/hm^2；

$\qquad \eta_1$，η_2——渠灌、井灌的灌溉水有效利用系数。

5.2.2.3　约束条件

（1）粮食安全约束。粮食安全约束表示为

$$\frac{\sum\limits_{i=1}^{m} F_i}{\sum\limits_{i=1}^{m} Pe_i} \geqslant f_0 \qquad (5-4)$$

$$F_i = \sum_{j=1}^{n} f(Q_{ij}) \qquad (5-5)$$

式中　F_i——第 i 子区的粮食产量，kg；

$\qquad Pe_i$——第 i 子区的人口，人；

$\qquad f_0$——人均安全粮食产量，kg/人；

$\quad f(Q_{ij})$——第 i 子区第 j 类作物以净灌水量 Q_{ij} 为自变量的关于产量的函数，kg。

（2）地下水开采约束。对子区内的地下水进行年平衡调节计算，一年内地下水总开采量减去地下水总补给量不超过允许开采量。地下水开采约束表示为

$$\sum_{j=1}^{n} x_{ij}^{(2)} - \alpha_y \sum_{j=1}^{n} x_{ij}^{(1)} - \alpha_f \sum_{j=1}^{n} (\eta_1 x_{ij}^{(1)} + \eta_2 x_{ij}^{(2)}) - \alpha_R \sum_{j=1}^{n} R_{ij} A_{ij} \leqslant M_i$$

$$(5-6)$$

式中　α_y——渠系渗漏补给系数；

$\qquad \alpha_f$——田间入渗补给系数；

$\qquad \alpha_k$——降雨入渗补给系数；

$\qquad R_{ij}$——第 i 子区第 j 种作物全生育期降水量，m^3/hm^2；

M_i——第 i 子区地下水允许年开采量，m^3。

（3）灌溉水利用系数约束。灌溉水利用系数不低于灌区实行水资源高效利用所要求的某一数值，该值可根据国家颁布的相关标准和以往农业水资源利用效率评价研究成果确定。灌溉水利用系数约束表示为

$$\frac{\eta_1 \sum_{i=1}^{m} \sum_{j=1}^{n} x_{ij}^{(1)} + \eta_2 \sum_{i=1}^{m} \sum_{j=1}^{n} x_{ij}^{(2)}}{\sum_{i=1}^{m} \sum_{j=1}^{n} x_{ij}^{(1)} + \sum_{i=1}^{m} \sum_{j=1}^{n} x_{ij}^{(2)}} \geqslant \eta_x \tag{5-7}$$

式中　η_x——水资源高效利用要求的灌溉水利用系数最低值。

（4）各作物全生育期需水量约束。各子区灌溉面积上作物需水量由天然降雨、渠道引水和机井抽水灌溉来满足。各作物全生育期需水量约束表示为

$$ET_{aij} A_{ij} \geqslant R_{ij}^a A_{ij} + \eta_1 x_{ij}^{(1)} + \eta_2 x_{ij}^{(2)} \tag{5-8}$$

式中　ET_{aij}——第 i 子区第 j 类作物全生育期需水量，m^3/hm^2；

　　　R_{ij}^a——第 i 子区第 j 类作物全生育期有效降水量，m^3/hm^2。

充分灌溉时式（5-8）为等式。

（5）各子区渠道过水能力约束。各子区渠道过水能力约束表示为

$$\sum_{j=1}^{n} x_{ij}^{(1)} \leqslant W_i^{(1)} \tag{5-9}$$

式中　$W_i^{(1)}$——第 i 子区引水渠道的过水能力，m^3。

（6）灌区可引水总量约束。灌区可引水总量约束表示为

$$\sum_{i=1}^{m} \sum_{j=1}^{n} x_{ij}^{(1)} \leqslant W^{(1)} \tag{5-10}$$

式中　$W^{(1)}$——灌区年可引水总量，m^3。

（7）各子区地下水开采能力约束。各子区地下水开采能力约束表示为

$$\sum_{j=1}^{n} x_{ij}^{(2)} \leqslant W_i^{(2)} \tag{5-11}$$

式中　$W_i^{(2)}$——第 i 子区井灌设备抽水能力，m^3。

（8）非负约束。非负约束表示为

$$x_{ij}^{(1)} \geqslant 0, x_{ij}^{(2)} \geqslant 0 \tag{5-12}$$

5.2.2.4　模型求解

如目标函数中第 i 子区第 j 种作物单位面积在净灌水量 Q_{ij} 时的产量

$F_j(Q_{ij})$ 采用作物全生育期水分生产函数线性模型表达，式（5-3）即为以第 i 子区第 j 种作物渠灌和井灌的毛灌水量 $x_{ij}^{(1)}$、$x_{ij}^{(2)}$ 为决策变量的线性规划模型，可采用线性规划方法进行求解。如 $F_j(Q_{ij})$ 采用作物全生育期水分生产函数非线性模型表达，则模型转变为非线性规划模型，可采用非线性规划或动态规划方法进行求解。

5.2.3　田间尺度水盐动态优化调配模型

田间尺度的水资源调配，就是在水源充沛时，以适时适量的灌溉使作物在适宜的水分环境下生长，当水源不足时，将有限的灌水量灌在作物对水分亏缺最为敏感的时期，从而实现用尽可能少的灌水量来获得最大的灌溉净经济效益。不仅如此，在进行田间水资源优化调配时，还要考虑盐分对作物生长的影响，以作物水盐生产函数为依据，根据土壤含水量及含盐量的动态变化、降雨及地下水补给等情况，在作物生长的各阶段通过地表水和地下水的联合调配，合理地调配水分和盐分，为作物创造适宜的生长环境。

本书建立以各时段渠灌水量、井灌水量为决策变量，包括三个目标的多水源调配模型，即以田间灌溉净经济效益最大为经济效益目标、土壤计划湿润层含盐量尽可能低和地下水矿化度尽可能小作为环境效益目标，用水效率目标以田间水利用系数不低于某一数值转化为约束条件，并在田间尺度引入地下水均衡、地下水含盐量均衡和计划湿润层土壤盐分均衡作为等式约束。

5.2.3.1　目标函数

$$\mathrm{Max}A = \varepsilon \left[PAF(ET_{a,s})Y_m - PAY_0 \right] - \sum_{i=1}^{k}(C_1 X_{yi} + C_2 X_{wi}) \quad (5-13)$$

$$\mathrm{Min}B = EC_{e,ai} \quad (5-14)$$

$$\mathrm{Min}C = C_{wi} \quad (5-15)$$

式中　$\mathrm{Max}A$——田间所种作物全生育期灌溉净经济效益，元；

　　　　P——作物单价，元/kg；

　　　　A——作物的灌溉面积，hm^2；

　$F(ET_{a,s})$——作物在水分和盐分共同作用下腾发量为 $ET_{a,s}$ 时的相对产量，由作物分阶段水盐动态响应模型得到；

　　　　Y_m——作物灌溉后单位面积最高产量，$\mathrm{kg/hm}^2$；

Y_0——作物不灌溉时单位面积产量，kg/hm^2；

ε——灌溉效益分摊系数；

C_1——渠灌的运行费用，元$/m^3$；

C_2——井灌的运行费用，元$/m^3$；

X_{yi}——i 时段进入田间的渠灌水量，m^3；

X_{wi}——i 时段进入田间的井灌水量，m^3；

$EC_{e,ai}$——i 时刻计划湿润层土壤含盐量，%；

C_{wi}——i 时刻地下水矿化度，g/L；

m——划分的时段总数。

5.2.3.2　决策变量

以 i 时段进入田间的渠灌水量 X_{yi} 和井灌水量 X_{wi} 为决策变量。

5.2.3.3　约束条件

（1）田间水利用系数约束。田间水利用系数不低于灌区水资源高效利用要求的某一数值，这一数值可参考国家颁布的相关标准和以往农业水资源利用效率评价研究成果确定。田间水利用系数约束表示为

$$\eta_f \geqslant \eta_x \tag{5-16}$$

式中　η_f——田间水利用系数；

η_x——水资源高效利用要求的田间水利用系数最低值。

（2）各作物各时段需水量约束。各时段作物需水量由降雨、渠灌和井灌水量来满足。各作物各时段需水量约束表示为

$$ET_{a,si} = S_i - S_{i+1} + P_i + \frac{0.1\eta_f(X_{yi}+X_{wi})}{A} + \frac{0.1G}{A} \tag{5-17}$$

式中　$ET_{a,si}$——第 i 阶段水盐耦合作用下作物实际腾发量，mm；

S_i，S_{i+1}——作物在第 i 及第 $i+1$ 阶段初计划湿润层内可供作物利用的土壤含水量，mm；

G——毛管上升水，m^3。

（3）地下水均衡约束。地下水均衡约束表示为

$$-10^{-4}\mu A(H_{i+1}-H_i) = 0.1\alpha_R R_i A + \alpha_f(X_{yi}+X_{wi}) + Q_{ini} - Q_{outi} - X_{wi} - G - E_{fi} \tag{5-18}$$

式中　　　μ——给水度；

A——含水层面积，hm^2；

H_{i+1}，H_i——$i+1$ 时刻、i 时刻地下水埋深，m；

R_i——i 时段降水量，mm；

X_{yi}——i 时段进入田间的渠灌水量，m^3；

X_{wi}——i 时段进入田间井灌抽水量，m^3；

α_R——降雨入渗补给系数；

α_f——田间入渗补给系数；

Q_{ini}——i 时段地下水水平入流量，m^3；

Q_{outi}——i 时段地下水水平出流量，m^3；

E_{fi}——E_{fi} 时段潜水蒸发量，m^3。

（4）计划湿润层含盐量均衡约束。计划湿润层含盐量均衡约束表示为

$$10^4 A\rho(h_{i+1}EC_{e,ai+1}-h_i EC_{e,ai})=AP_i C_{pi}+10(X_{wi}C_{wi}+GC_{wi}+E_{fi}C_{wi}+X_{yi}C_{yi})$$
$$-10Q_{gi}C_{gi}-10^4 VS_i \qquad (5-19)$$

$$Q_{gi}=0.1\alpha_R R_i A+\alpha_f(X_{yi}+X_{wi}-Q_{si}) \qquad (5-20)$$

式中　　　ρ——农田土壤干密度，g/m^3；

h_{i+1}，h_i——$i+1$ 时刻、i 时刻土壤计划湿润层深度，m；

$EC_{e,ai+1}$，$EC_{e,ai}$——$i+1$ 时刻、i 时刻计划湿润层土壤含盐量，%；

C_{pi}、C_{wi}、C_{yi}——i 时段降水、地下水及渠灌水的矿化度，g/L；

Q_{gi}——i 时段淋盐水量，m^3；

C_{gi}——i 时段淋盐水的矿化度，g/L；

VS_i——i 时段作物吸盐量，t。

（5）浅层地下水含盐量均衡约束。浅层地下水含盐量均衡约束表示为

$$A(H_D-H_{i+1})nC_{wi+1}-A(H_D-H_i)nC_{wi}$$
$$=10^{-4}Q_{gi}C_{gi}+10^{-4}(Q_{ini}-Q_{outi}-X_{wi}-G-E_{fi})C_{wi} \qquad (5-21)$$

式中　H_D——地下含水层底板距地表的埋深，m；

n——土壤孔隙率。

（6）地下水埋深约束。为防止形成地下水降落漏斗和土壤盐碱化，地下水埋深应在控制土壤返盐临界埋深和允许开采最大埋深之间，即

$$H_{min}\leqslant H_i\leqslant H_{max} \qquad (5-22)$$

式中 $H_{\min}$——控制土壤返盐地下水临界埋深，m；

$\qquad H_{\max}$——地下水允许开采的最大埋深，m。

（7）土壤含水量约束。土壤含水量约束表示为

$$S_{\min} \leqslant S_i \leqslant S_{\max} \tag{5-23}$$

式中 $S_{\min}$——土壤适宜含水量下限，mm；

$\qquad S_{\max}$——土壤适宜含水量上限，mm。

（8）各时段末级渠道过水能力约束。各时段末级渠道过水能力约束表示为

$$X_{yi} \leqslant Q_i^{(1)} \tag{5-24}$$

式中 $Q_i^{(1)}$——第 i 时段末级渠道过水能力，m³。

（9）渠灌总水量约束。渠灌总水量约束表示为

$$\sum_{i=1}^m X_{yi} \leqslant Q_{\text{all}}^{(1)} \tag{5-25}$$

式中 $Q_{\text{all}}^{(1)}$——灌区可分配给作物的渠灌总水量，m³。

（10）各时段地下水开采能力约束。各时段地下水开采能力约束表示为

$$X_{wi} \leqslant Q_i^{(2)} \tag{5-26}$$

式中 $Q_i^{(2)}$——第 i 时段井灌设备抽水能力，m³。

（11）井灌总水量约束。井灌总水量约束表示为

$$\sum_{i=1}^m X_{wi} \leqslant Q_{\text{all}}^{(2)} \tag{5-27}$$

式中 $Q_{\text{all}}^{(2)}$——灌区可分配给作物的井灌总水量，m³。

（12）非负约束。非负约束表示为

$$X_{yi} \geqslant 0, X_{wi} \geqslant 0 \tag{5-28}$$

5.2.3.4 模型求解

求解多目标最优化问题的一个主要的途径是根据问题的特点和决策者的意图，将多目标问题转化为单目标问题，然后再利用成熟的单目标优化方法来求解，使模型运算快速、高效。选择灌溉净经济效益最大为参考目标，把其他目标转换成约束条件，构成单目标最优化问题，即

$$\text{Max} \sum_{i=1}^k f_i(X) \tag{5-29}$$
$$EC_{e,ai} \leqslant EC_{e,\max}$$

$$C_{wi} \leqslant C_{wmax} \qquad (5-30)$$

式中　$f_i(X)$——灌溉净经济效益优化目标函数中 i 时段的分量；

　　　$EC_{e,max}$——作物能容忍的 i 时段计划湿润层土壤含盐量最大值，当土壤含盐量大于该值时，作物因生理缺水而死亡，%；

　　　C_{wmax}——地下水临界矿化度，g/L。

此问题属于多阶段决策，阶段变量为时段序号 i，决策变量为渠灌水量 X_{yi}、井灌水量 X_{wi}，状态变量为土壤含水量 S_i、地下水埋深 H_i、土壤含盐量 $EC_{e,ai}$ 和地下水矿化度 C_{wi}，利用增量动态规划方法求解。

5.2.4　井渠结合灌区水盐联合动态优化调配耦合模型

5.2.4.1　耦合模型的建立

井渠结合灌区的水资源优化调配是一个复杂的多级多目标的大系统问题。它包括：对灌区地表水和地下水资源进行不同时空尺度的优化分配；制定作物优化灌溉制度及种植结构；对土壤的盐分进行合理调控等。建立井渠结合灌区水盐联合动态优化调配耦合模型是达到井渠结合灌区水资源高效利用目的的主要调配技术手段。

农民作为灌区田间尺度的管理主体主要关注田间尺度的水资源利用效率，而政府作为灌区尺度的管理主体更关注整体灌区尺度水资源利用效率，或者说更关注灌区尺度效益和田间尺度效益的协调平衡，获取最大的综合效益。本书所建的灌区尺度和田间尺度调配模型均可各自求解并单独应用。如果灌区尺度水资源利用不高效，可采用灌区尺度调配模型去调配，达到灌区尺度水资源的高效利用；如果田间尺度水资源利用不高效，可采用田间尺度调配模型去调配；如果想要一个各尺度都接受的结果，就需要建立耦合模型去调配，通过分解协调得出一个各方都能接受的结果。

基于大系统分解协调原理，进行井渠结合灌区水盐联合优化调配的一般步骤是：①建立能真实模拟井渠结合灌区水盐联合优化调配问题的模型；②选取适宜的递阶形式，把水盐联合优化调配的大系统问题分解变换为具有递阶关系的子系统；③对各子系统模型分别求最优解；④协调各级子系统之间的关系，寻找整个大系统的最优解。

结合大系统分解协调理论，基于各尺度管理主体利益均衡和灌区可持续发展的观点，将灌区尺度和田间尺度调配模型耦合起来，建立一个可以用于井渠结合灌区水盐联合动态优化调配的具有三层递阶结构的大系统分解协调模型，通过分解协调获得满意的灌区综合效益（包括各尺度经济效益、社会效益和环境效益等多种效益综合最优）。大系统分解协调模型结构示意图如图 5-4 所示。

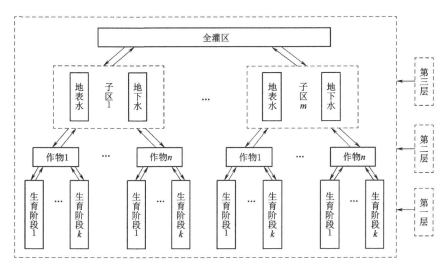

图 5-4　大系统分解协调模型结构示意图

5.2.4.2　耦合模型的运行过程

井渠结合灌区水盐联合动态优化调配数学模型分 3 层。第一层是田间尺度水盐动态优化调配模型，即作物各生育阶段的水盐优化调配，是整个模型的基础；第二、三层模型为灌区尺度地表水地下水联合优化调配模型，即水量在子区和各种作物之间的优化分配。

灌区尺度调配模型和田间尺度调配模型各自单独应用时水分生产函数可以根据实验资料或相似灌区成果直接确定，但耦合为大系统分解协调模型应用时，为了使模型更贴近实际情况，则层与层之间必须有反复协调反馈的过程。模型运行时，首先由第二、三层分配给第一层每种作物一定水量 Q_{ij}（包括地表水和地下水），各作物在给定 Q_{ij} 后，各自独立优化，能得到一个产量值，同时改变上次分配的 Q_{ij} 值，得到一组与之相应的产量，拟合出全生育期水分函数 $F_j(Q_{ij})$，并将其反馈给第二、三层作为模型计算所需的水分生产函数；然后由第二、三层根据反馈的 $F_j(Q_{ij})$，把灌区可引地表水量在 m 个子区之间进行最优化分配，并把分配给 i 子区的可引地表水量 $x_{ij}^{(1)}$ 和 i 子区可开采的地下水量

$x_{ij}^{(2)}$，在其种的 n 种作物之间进行最优分配，得到灌区最优净经济效益和各作物地表水、地下水的分配水量 $x_{ij}^{(1)}$、$x_{ij}^{(2)}$；最后进行第一层的水盐联合动态优化调配，把第二层分配给第 i 子区第 j 种作物的净灌溉水量 Q_{ij}〔Q_{ij} 参见式（5-3）〕在该作物的各生育阶段进行最优分配，通过地表水、地下水、土壤含盐量和地下水矿化度的联合调控，获得田间最优净效益和各生育阶段地表水灌水量 X_y、地下水灌水量 X_w、土壤含水量 S_i、地下水埋深 H_i、土壤含盐量 $EC_{e,ai}$ 和地下水矿化度 C_{wi}。上述模型，通过分解协调，将由 n 种作物、m 个子区组成的大系统分解为 m 个子系统，再由 m 个子系统分解为 n 个次子系统，由全灌区协调层对所有子系统进行协调，从而大大降低了问题的维数，能够得出灌区水资源优化调配结果。

5.2.5　灌区尺度水资源调配

5.2.5.1　灌区尺度调配模型参数

1. 作物种植情况

作物种植情况主要包括作物名称、作物价格、有效灌溉面积以及灌溉前单产，这些参数是灌区尺度调配模型目标函数中需要事先给定的基本参数。作物价格为河南地区市场调查数据；灌溉前单产即不灌溉条件下的单产，源引自孙书洪在天津农学院灌溉试验站进行的作物分阶段受旱试验中"敏感期受旱"数据。人民胜利渠灌区种植结构表见表 5-8，分区作物种植情况见表 5-9。

表 5-8　　　　　　　　　　人民胜利渠灌区种植结构表

分　区	作物组成/%				复种指数
	小麦	玉米	水稻	棉花	
渠灌为主 1 区	68	0	68	32	1.68
渠灌为主 2 区	70	70	0	30	1.7
井灌为主区	72	72	0	28	1.72

表 5-9　　　　　　　　　　人民胜利渠灌区分区作物种植情况

作物名称	作物价格 /(元/kg)	有效灌溉面积/万 hm²			灌溉前单产 /(kg/hm²)
		渠灌为主 1 区	渠灌为主 2 区	井灌为主区	
小麦	1.7	1.458	2.326	3.020	1515
玉米	1.4	0	2.326	3.020	4545

续表

作物名称	作物价格/(元/kg)	有效灌溉面积/万 hm²			灌溉前单产/(kg/hm²)
		渠灌为主 1 区	渠灌为主 2 区	井灌为主区	
水稻	2.5	1.458	0	0	1860
棉花	4.3	0.698	1.108	1.200	585

2. 运行费用及各种系数

根据灌区尺度调配模型的构建过程，还需要输入的相关参数有渠灌和井灌年运行费用、渠灌和井灌灌溉水利用系数、渠系渗漏补给系数、田间灌溉入渗补给系数及降雨入渗补给系数等。

根据相关资料，人民胜利渠灌区渠灌和井灌年运行费用分别取 0.15 元/m³ 和 0.6 元/m³，灌区灌溉效益分摊系数取 0.4；2010 年渠灌和井灌灌溉水利用系数分别为 0.43 和 0.85，田间水利用系数取 0.9，则田间灌溉入渗补给系数为 0.1，渠系水利用系数为 0.48，渠系渗漏补给按渠系输水损失量 95% 计，即渠系渗漏补给系数为 0.49。根据渠灌土壤质地，降雨入渗补给系数取 0.184。

3. 引水和提水能力

各子区引水渠道过水能力不超过 2160 万 m³/d。关于地下水开采能力，灌区上游平均 20hm² 一眼井，中游平均 0.667hm² 一眼井，下游 4hm² 一眼井，每眼井出水量 80m³/h，日工作 22h 计，渠灌为主 1 区、渠灌为主 2 区、井灌为主区地下水开采能力分别为 190 万 m³/d、883 万 m³/d 和 1857 万 m³/d，3 个分区地下水年允许开采量分别为 3699 万 m³、5137 万 m³ 和 10686 万 m³。

4. 降水量及有效降水量

以新乡站的气象资料代表人民胜利渠灌区的情况。降雨采用新乡站 2010 年的降雨资料。

通常把储存在作物土壤计划湿润层内能被作物吸收利用的雨量称为有效降水量。有效降雨量受降水总量、雨强、历时、作物种类、生育阶段、土壤、地形等多种因素的影响。本书综合考虑作物计划湿润层及次降水量情况，利用有效利用系数法确定有效降水量。有效利用系数计算模式见表 5-10。

5. 作物需水量

作物需水量计算，可利用彭曼法先计算参考作物腾发量 ET_0，然后乘以作物系数 K_c 进一步确定实际作物需水量。需要输入的基本气象参数有最高/最低/平均气温、净辐射、实测风速、实际及饱和水汽压、实际及最大日照时数、

表 5 – 10　　　　　　　　　　有效利用系数计算模式

计划湿润层深度/cm		40	60	80
$\alpha - P$ 关系式		$\alpha = 2.09 - 0.711P$	$\alpha = 2.27 - 0.791P$	$\alpha = 1.83 - 0.491P$
应用范围	P/mm	$25 \leqslant P \leqslant 100$	$40 \leqslant P \leqslant 100$	$50 \leqslant P \leqslant 100$
	α	$0.54 \leqslant \alpha \leqslant 1$	$0.69 \leqslant \alpha \leqslant 1$	$0.85 \leqslant \alpha \leqslant 1$

平均相对湿度等。本次模型所需作物需水量数据,主要是根据引黄忠义试验场多年试验成果确定给出的,小麦需水量为 360mm,玉米需水量为 345mm,棉花需水量为 390mm,水稻需水量为 1098mm。

5.2.5.2　灌区尺度调配结果及分析

基于以上参数,采用非线性规划方法,对灌区尺度水资源调配模型进行求解,得到现状年灌区尺度水资源调配结果,灌区可获得的最大灌溉净经济效益为 24814.15 万元。现状年灌区尺度水资源调配结果见表 5 – 11。

表 5 – 11　　　　　　　　现状年灌区尺度水资源调配结果

分　区	小麦/万 m³		玉米/万 m²		水稻/万 m²		棉花/万 m³		净效益/万元
	地表水	地下水	地表水	地下水	地表水	地下水	地表水	地下水	
渠灌为主 1 区	5086.00	926.20			14800.40	1466.60	1095.70	258.70	9386.35
渠灌为主 2 区	7546.00	1765.00	2596.40	738.80			1420.40	449.10	7152.60
井灌为主区	6953.00	3624.00	1580.20	1865.20			920.90	910.59	8275.20
合　计	19585.00	6315.20	4176.60	2604.00	14800.40	1466.60	3437.00	1618.39	24814.15

各分区地表水、地下水比例不同,渠灌为主 1 区地表水与地下水之比为 7.9:1,渠灌为主 2 区为 3.9:1,井灌为主区为 1.5:1,各分区获得灌溉净经济效益分别为 9386.35 万元、7152.60 万元、8275.20 万元,单位面积灌溉净经济效益分别为 2595 元/hm²、1260 元/hm² 和 1140 元/hm²。从种植结构上看,渠灌为主 1 区种植的作物经济价值较高,获取灌溉净经济效益的能力最强。渠灌为主 2 区和井灌为主区种植结构基本相同,但由于井灌为主区灌溉使用地下水比渠灌为主 2 区多,所需费用较大,因此,单位面积灌溉净经济效益最小,可见灌溉净经济效益除了受种植结构的影响还受地下水用水费用的影响较大。以上结果表明,本书建立的灌区尺度水资源优化调配模型合理、可行。

5.2.6 田间尺度水盐调配

5.2.6.1 田间尺度调配模型主要参数

1. 土壤相关参数及最高产量

人民胜利渠灌区土质主要为中壤土，干容重 $1.43g/cm^3$，田间持水量22%（占干土重）。参考引黄忠义灌溉试验站进行的试验数据，小麦灌溉后最高产量取值为 $6765kg/hm^2$。

2. 作物生育阶段基本参数

模型要求输入的作物生育阶段基本参数包括作物各生育阶段的名称、起止日期、作物系数、敏感指数、起始计划湿润层深度等。

根据作物的生长发育进程，将小麦全生育期划分为播种—越冬、越冬—返青、返青—拔节、拔节—抽穗、抽穗—乳熟、乳熟—成熟等6个主要生育阶段，人民胜利渠灌区小麦各生育阶段基本参数见表5-12。

表5-12　　　　　　　　人民胜利渠灌区小麦各生育阶段基本参数

阶段名称	开始日期 /（月.日）	作物系数 K_c	缺水敏感指数 λ	盐分敏感指数 σ	起始计划湿润层深度 H/m	临界含盐量 $EC_{e,min}/\%$	含盐量上限 $EC_{e,max}/\%$	结束日期 /（月.日）
播种—越冬	10.22	0.55	0.258	0.332	0.4	0.10	0.32	12.20
越冬—返青	12.21	0.52	0.061	0.203	0.4	0.13	0.38	3.10
返青—拔节	3.11	0.86	0.377	0.182	0.5	0.17	0.49	4.10
拔节—抽穗	4.11	1.14	0.572	0.210	0.6	0.21	0.63	4.30
抽穗—乳熟	5.1	1.00	0.595	0.074	0.7	0.21	0.63	5.20
乳熟—成熟	5.21	0.65	0.292	0.032	0.8	0.21	0.63	6.5

3. 作物适宜土壤水分控制指标

以往一些研究把田间持水量 θ_f 作为土壤适宜含水量的上限值，而把适宜含水量的下限值定为田间持水量的70%～75%。实际上，从作物播种到出苗阶段，要求土壤含水量较高，其下限值要大于田间持水量的75%，才能保证种子顺利发芽。而苗期为了蹲苗、壮苗，又需要控制土壤含水量不至于过高。小麦灌浆后期土壤含水量降到田间持水量的50%，也不会对灌浆产生不利影响。因此，可通过监测作物水分生理指标，分析确定作物灌溉的适宜土壤含水量的上下限。本书作物适宜土壤含水量上下限值主要参考有关资料的建议值。

作物在不同时期适宜土壤水分控制指标是不同的，作物间这种差异更加明显。根据各作物不同生育阶段对水分的敏感程度，确定其灌水上、下限。同时，考虑到不同土壤水分条件对作物胁迫程度不一样，给定 0.7 倍田间持水率作为土壤水分胁迫临界土壤含水率。通过参考大量文献，最终确定小麦不同生育阶段的适宜土壤水分控制指标见表 5-13。

表 5-13　　　　　　　　　小麦不同生育阶段的适宜土壤水分控制指标

阶段名称	上限	下限	土壤水分胁迫临界土壤含水率
播种—越冬期	95%	50%	70%
越冬—返青期	95%	50%	70%
返青—拔节期	85%	50%	70%
拔节—抽穗期	100%	55%	70%
抽穗—乳熟期	100%	55%	70%
乳熟—成熟期	85%	50%	70%

注　表中数据均为占田间持水量的百分比计。

4. 地下水临界埋深及允许开采的最大埋深

地下水位调控的原则是在返盐季节将地下水埋深控制在临界埋深以下，使耕作层中的土壤盐分控制在作物耐盐极限之内，使作物不受盐碱危害，同时考虑地下水位动态变化，为了不影响地下水的开采，要使埋深小于允许开采的最大埋深。人民胜利渠灌区属大陆性暖温带季风性气候区，其特点是冬春季干旱多风，表土易积盐；夏秋季炎热多雨，在雨水的淋溶下，土壤处于脱盐阶段。冬春季地下水埋深应大于临界埋深，汛期埋深可适当减小。根据灌区多年的水盐动态观测资料，不同时期地下水的适宜控制埋深范围为 10—12 月，地下水的适宜控制埋深为 1.5～5.0m；5—9 月，地下水的适宜控制埋深为 1.2～5.0m；1—4 月，地下水的适宜控制埋深为 2.0～5.0m。

5. 地下水临界矿化度

一般来讲，地下水矿化度小于 2g/L 对作物生长无害；当地下水矿化度在 2～3.5g/L 时，如用于灌溉，则应采取相应的农业技术；当矿化度大于 5g/L 时，一般不能用于灌溉。地下水临界矿化度的大小取决于地下水中盐类的成分。人民胜利渠灌区盐碱地区地下水盐类成分以氯化物、硫酸盐为主，地下水临界矿化度取 3g/L。

5.2.6.2 田间尺度调配结果及分析

采用前述求解方法，将模型转化为单目标多维动态规划模型，各分区状态变量初始值见表 5-14，采用增量动态规划方法对模型求解。各分区典型田间尺度水盐调配结果见表 5-15～表 5-17。

表 5-14 各分区状态变量初始值

分 区	初始含水率 （占田持)/%	初始含盐率 /%	初始地下水埋深 /m	初始矿化度 /(g/L)
渠灌为主 1 区	0.8	0.1	1.96	0.9
渠灌为主 2 区	0.8	0.3	2.36	2.6
井灌为主区	0.8	0.14	3.2	1.8

表 5-15 渠灌为主 1 区田间尺度水盐调配结果

阶段名称	缺水敏感 指数 λ	地表水 /m³	地下水 /m³	含水率 （占田持)	含盐率 /%	地下水埋深 /m	矿化度 /(g/L)
播种—越冬期	0.258	0.00	625.00	0.71	0.121	2.26	0.86
越冬—返青期	0.061	0.00	0.00	0.66	0.143	2.29	0.83
返青—拔节期	0.377	625.00	0.00	0.85	0.152	2.15	0.81
拔节—抽穗期	0.572	562.50	0.00	0.80	0.168	2.03	0.78
抽穗—乳熟期	0.595	562.50	0.00	0.60	0.171	1.86	0.77
乳熟—成熟期	0.292	0.00	0.00	0.57	0.167	1.82	0.79
合计		1750.00	625.00				

表 5-16 渠灌为主 2 区田间尺度水盐调配结果

阶段名称	缺水敏感 指数 λ	地表水 /m³	地下水 /m³	含水率 （占田持)	含盐率 /%	地下水埋深 /m	矿化度 /(g/L)
播种—越冬期	0.258	0.00	0.00	0.66	0.298	2.38	2.61
越冬—返青期	0.061	0.00	0.00	0.65	0.296	2.40	2.63
返青—拔节期	0.377	131.58	565.79	0.84	0.326	2.65	2.59
拔节—抽穗期	0.572	552.63	0.00	0.79	0.362	2.61	2.56
抽穗—乳熟期	0.595	539.47	0.00	0.56	0.345	2.43	2.57
乳熟—成熟期	0.292	0.00	0.00	0.53	0.332	2.46	2.58
合计		1223.68	565.79				

表 5-17　　　　　　　　井灌为主区田间尺度水盐调配结果

阶　段	缺水敏感指数 λ	地表水/m^3	地下水/m^3	含水率（占田持）	含盐率/%	地下水埋深/m	矿化度/(g/L)
播种—越冬期	0.258	0.00	0.00	0.66	0.137	3.23	1.82
越冬—返青期	0.061	0.00	0.00	0.65	0.134	3.25	1.83
返青—拔节期	0.377	108.70	380.43	0.84	0.213	3.47	1.79
拔节—抽穗期	0.572	489.13	0.00	0.77	0.235	3.41	1.75
抽穗—乳熟期	0.595	119.57	358.70	0.55	0.216	3.62	1.77
乳熟—成熟期	0.292	0.00	0.00	0.52	0.203	3.63	1.82
合　计		717.40	739.13				

注　以上各状态变量都是生育阶段末值。

由以上各分区田间尺度水盐调配结果可以看出，返青—拔节期、拔节—抽穗期、抽穗—乳熟期这 3 个阶段需要灌水，这 3 个阶段的水分敏感指数也较大，由此可见水分敏感指数大的阶段缺水对产量的影响较大，需优先保证灌水；井灌能增大地下水埋深，渠灌为主 1 区因地下水埋深较浅，在播种—越冬阶段井灌，可以迅速将地下水位控制在临界埋深以下，防止早春土壤返盐。其他分区在早春井灌，可控制地下水埋深，抑制土壤返盐。降低地下水埋深不会降低土壤含盐量，含盐量只随降雨灌溉淋洗降低，但会控制返盐。总体来说，土壤中盐分是呈累积状态的，但生育期末土壤含盐量始终比允许值低。可见井灌既补充了地表水的不足，还可以在一定程度控制地下水位，节约排水费用，体现以灌代排的优势。

当前井渠灌水量及初始条件和约束条件下，最优方案在满足用水需求的同时，也可满足地下水埋深、计划湿润层含盐量以及地下水矿化度的约束，获得最大的综合效益。如果约束条件更苛刻，则需专门引水洗盐及抽排地下水，才能满足所有约束条件，相应模型将更为复杂。以上实例表明本书所建模型及求解方法合理可行，可实现在作物生长的各阶段对土壤含水量、含盐量、地下水埋深和地下水矿化度进行多维度调控，为干旱、半干旱地区的水资源高效利用管理提供决策参考。

5.2.7　调配方案评价

根据灌区尺度和田间尺度的优化调配结果，对灌区尺度和田间尺度各水资源高效利用评价指标进行量化。调配后灌区尺度综合评价指标量化值见表 5-

18，各分区田间尺度综合评价指标量化值见表5-19。

表5-18 调配后灌区尺度综合评价指标量化值

指　　标	调配后量化值	指　　标	调配后量化值
灌溉水利用系数 C_1/%	0.52	人均粮食占有量 C_7/(kg/人)	685
回归水重复利用率 C_2/%	75	用水管理科学化程度 C_8	0.62
腾发量水分生产率 C_3/(kg/m^3)	1.36	灌区水环境质量 C_9	0.455
灌溉效益费用比 C_4	2.8	耕地盐碱化程度 C_{10}	0.65
万元农业产值用水量 C_5/(m^3/万元)	438	水土流失率 C_{11}	0.515
节水灌溉面积率 C_6/%	72.6		

表5-19 调配后各分区田间尺度综合评价指标量化值

指　　标	渠灌为主1区	渠灌为主2区	井灌为主区
田间水利用系数 C_1/%	80	76	92
回归水重复利用率 C_2/%	87	90	81
腾发量水分生产率 C_3/(kg/m^3)	1.88	1.63	1.7
农业经济效益费用比 C_4	4.30	3.75	3.82
土壤含盐量 C_5/%	0.167	0.332	0.203
地下水矿化度 C_6/(g/L)	0.79	2.58	1.82

采用多层次模糊综合评价模型及权重，经计算，最终得到优化调配后灌区尺度水资源高效利用的综合评分值。调配前后灌区尺度水资源高效利用综合评分对比见表5-20，各分区田间尺度水资源高效利用综合评分对比见表5-21。

表5-20 调配前后灌区尺度水资源高效利用综合评分对比

对比项目	用水效率	经济效益	社会效益	环境效益	综合评分
调配前	0.562	0.534	0.526	0.543	0.566
调配后	0.562	0.788	0.616	0.543	0.640

表5-21 调配前后各分区田间尺度水资源高效利用综合评分对比

对比项目	分区	用水效率	经济效益	环境效益	综合评分
调配前	渠灌为主1区	0.564	0.721	0.781	0.650
	渠灌为主2区	0.487	0.573	0.388	0.489
	井灌为主区	0.787	0.654	0.523	0.705
调配后	渠灌为主1区	0.564	0.827	0.792	0.710
	渠灌为主2区	0.487	0.743	0.523	0.581
	井灌为主区	0.787	0.766	0.611	0.734

由表 5-20 可以看出，调配前，人民胜利渠灌区水资源高效利用的综合评价等级为一般水平，经灌区尺度水资源优化调配模型调配后，达到较高效水平，表明所建灌区尺度水资源优化调配模型可起到促进灌区水资源高效利用的作用。但优化调配后用水效率和环境效益评分不变，说明单靠模型进行水资源调配作用有限。

由表 5-21 可以看出，通过田间尺度水盐动态优化调配模型调配后，各分区田间尺度水资源高效利用综合评分和经济及环境效益评分都有所提高，表明通过所建模型进行水盐调配，能提高田间尺度水资源的利用效益。但用水效率评分不变，而且，综合评价等级并没有提高，也说明了模型在调配水资源，提高水资源利用效率方面有一定的局限性，要想达到水资源高效利用的目的，除了采用调配模型进行优化调配，还要配合采用渠道衬砌、种植结构调整等其他水资源调配技术措施。

5.3　灌区水资源安全利用智能决策支持系统

5.3.1　系统研制目标与思路

建立灌区水资源安全利用智能决策与管理专家系统，从灌区尺度来讲可以为灌区管理者提供多水源优化调配及水资源承载力安全评价工具，从田间尺度来讲可以为农户提供作物全生育期节水灌溉的辅助决策和作物栽培管理方面的专家咨询，将先进的节水灌溉技术向信息闭塞、技术落后的农村地区推广。

本系统的组织结构主要由知识库、数据库、计算程序库及管理、人机界面、解释机、推理机和知识库获取机等部分组成，知识库与推理机相互独立，扩充性强；将节水灌溉专家系统与多媒体技术、EXE 等类型的外部对象相集成，系统直观、形象、人机交互界面友好，且使用与操作简捷方便，易学易懂，专家系统结构示意图如图 5-5 所示。系统以 Windows 为应用平台，综合运用推理、预测、解释等机制，实现

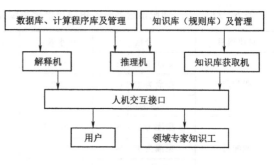

图 5-5　专家系统结构示意图

灌区水资源安全利用与作物节水灌溉决策及栽培管理咨询服务。

系统按模块化设计，主要分为 4 个子模块，现将具体子模块设计思路介绍如下：

1. 灌区多水源优化调配及节水灌溉辅助决策子模块

灌区多水源优化调配及节水灌溉辅助决策子模块主要由水分生产函数计算、单一作物灌溉制度设计、实时灌溉预报和地表水地下水联合调度 4 部分组成。水分生产函数可根据实测作物产量与耗水量数据计算出来；单一作物灌溉制度设计是根据典型年气象资料进行典型年的节水灌溉制度设计；实时灌溉预报是根据当前天气预报及实测土壤水分预测灌水时间、灌水定额；地表水地下水联合调度以追求灌区灌溉净经济效益最大为目标，将灌区所有地表水地下水在各作物间进行优化分配。该子模块从节水灌溉的基本原理入手，通过人机对话，输入所需的土壤、作物、气象以及水文地质等参数，计算机既可作出地表水地下水在作物间的优化分配方案，又可推理出各作物的优化灌溉制度及实时灌水决策以及对应于不同灌水策略下的灌水效益，以帮助农民作出最佳的节水灌溉决策。可见这一系统既可为灌区管理单位提供灌区尺度水资源高效利用调配决策，也可为农户提供田间尺度的节水灌溉辅助决策。

2. 灌区地下水承载力评价与预测子模块

灌区地下水承载力评价与预测子模块是面向灌区管理部门开发的水量水质综合管理工具，可对地表水运动、地下水运动及水质演变等进行模拟，同时可实现对水资源与水环境综合管理规划提出的不同情景方案（包括节水措施和减污措施等）进行分析，为水资源安全利用、综合管理、水质水量联合评价等研究提供技术平台。该子模块包括 3 个模拟部分（即产汇流模拟、土壤水运动模拟及地下水运动模拟）、1 个评价部分（模糊综合评价）及 1 个方案设置及结果展示部分（为程序运行提供控制数据、配置模型和模型选择的人机交互界面）。其中，产汇流模拟以 SWAT 模型为基础，开发了适合黄河流域井渠结合灌区的灌溉模式，增加了灌区比较关心的污染物 COD 的模拟功能，并开发了合适的接口机制，与其他功能模块互相配合运行，一起完成模拟任务；土壤水运动模拟以 DAISY 模型为基础，开发了适合程序整体运行的参数输入方式、结果反馈接口，使之能够与其他功能模块互相配合，联合运行，完成设定的模拟过程，其运行的结果统一管理；地下水运动模拟可用于解决水资源评价问题、地下水污染问题、非饱和带水分和盐分运移问题、地下水管理与合理开发、井渠合理布局和渠道渗漏问题、地下水与地表水联合评价调度问题等。

3. 作物栽培管理专家咨询子模块

目前农业生产中还存在一些问题，包括：①土壤肥力较低，中低产田面积占 70％以上；②平衡施肥面积小；③水分浪费严重，不能科学浇水；④普通品种较多，优质专用品种面积小，农民对优质专用品种的认识不够；⑤农民掌握的高新技术较少。农民未能掌握或难以操作的技术有很多，针对以上问题将作物节水栽培技术、管理技术、平衡施肥技术、病虫综合防治技术、适时灌水技术、促控结合技术等集成为作物栽培管理专家咨询系统，应用系统对农作物不同生长期生长状况、生长所需水肥情况、缺素以及病虫害情况做出专家级的判断和决策。

4. 基础数据子模块

基础数据子模块包含气象数据、土壤属性数据、作物属性数据及农艺管理技术要素数据等内容。

（1）气象数据。建立预报地区各月的气象资料数据库，收集太阳辐射经验系数、风力、风速、降雨等气象数据。

（2）土壤属性数据。建立水资源短缺地区的土壤资料，把土壤类型分为沙壤土、中壤土和重壤土等 3 种，收集各类型土壤的田间持水率、初始含水率、容重、不同作物不同土壤类型的地下水有效补给系数等土壤属性数据。

（3）作物属性数据。收集常见的粮食作物（小麦、玉米等）产量、市场平均价格、缺水敏感指数、作物系数、根系活动层深度、生育期、作物生长允许的土壤最小含水率等作物属性数据。

（4）农艺管理技术要素数据。收集抗旱品种、适宜种植密度、施肥量、病虫害特征、保墒措施、籽粒重、药剂量等农艺管理技术要素数据。

综合以上内容，编写规则，装入知识库，并将多媒体知识和外部对象集成表示，初步构建灌区节水增产高效灌溉专家系统。

5.3.2　系统编译与结构框架

5.3.2.1　系统编译

系统以中文 Windows 和 MS. net2005 为开发平台，满足了本系统开发中对

图形及文字的要求。系统软件部分子模块采用 Borland Delphi 系统进行编制，部分子模块采用 Visual Basic 系统开发软件进行编制，部分数值计算模块采用 Delphi 通过数据接口调用 Matlab 的方式开发，使用 MS access 数据库作为基础数据的主要存储形式，以 ARCGIS 作为结果展现引擎。经相应的编译后形成可执行文件脱离任何编译环境单独运行。

5.3.2.2　硬件及软件环境

（1）硬件环境。系统正常运行所要求的硬件配置参考以下标准：

CPU：Pentium 500 MHz 以上。

内存：512 MB 以上。

显卡：标准 VGA，24 位真彩色。

其他：光驱、鼠标。

（2）软件环境。需要系统安装 ArcGIS Engine 9.2 Runtime 运行环境、NET FrameWork2.0 环境、Office2003 或以上版本，适合运行在 Windows2000、Windows XP、Windows2003 等平台。

5.3.2.3　系统结构框架

1. 人机交互界面

人机交互界面是用户与系统对话的工具，人与系统程序的媒介。它包括面向用户的系统菜单及辅助说明的显示，可从键盘或鼠标接受并标识用户发出的指令，并启用相应程序完成指定任务。系统结构框架图如图 5-6 所示。

人机交互界面采用条形菜单、多级下拉菜单以及操作提示行的屏幕显示，控制系统各部分的调用。菜单是交互式用户界面执行各种功能的一种基本形式，专为用户操作显示功能的选择项。在其最上端为主菜单（一级菜单），在主菜单各项中又包含了各种功能，这些功能称为二级菜单，二级菜单又包含了三级子菜单。菜单设计力求层次清晰、显示醒目、使用灵活。系统菜单结构图如图 5-7 所示。

2. 数据库管理系统

（1）开发目标和策略。数据库系统的开发目标是对决策支持系统数据库中的各类数据进行有效管理，包括：①利用计算机对各类数据进行存储、查询、校核、汇总、统计和制表，提高数据检索和处理的效率及准确性，

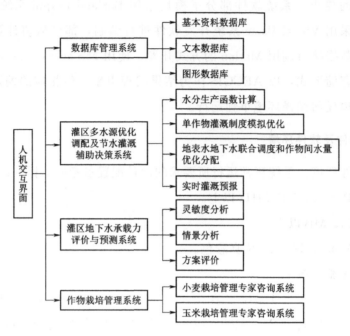

图 5-6 系统结构框架图

系统设置	灌区基本资料	节水灌溉辅助决策	作物栽培管理专家系统	计算成果	帮助
背景图片	灌区基本情况	水分生产函数计算	小麦栽培管理系统	数据结果	内容
快捷工具栏	降雨资料	单一作物灌溉制度	玉米栽培管理系统	文本结果	关于
背景音乐	作物种植情况	地表水地下水联合调度		图形结果	
退出	生育阶段基本资料	实时灌溉预报			

图 5-7 系统菜单结构图

保证数据的可靠性；②有效支持模型库中各类模型的运行，存贮模型计算结果。

（2）数据库功能。数据库的总体功能是进行大量数据的存储，并通过快速检索对输出文件进行多种操作，为模型计算模块提供计算所需数据并存储相应结果。

（3）数据库组成。数据库系统的管理对象是整个系统所涉及的数据，具有涉及面广、结构不一、类型复杂、数据量大等特征。本系统数据库从整体上可划分为 3 大部分：①基本资料数据库，存放各个计算子区的基础数据，包括灌区面积、作物种植情况、灌区经济社会情况、灌区人口信息等；②文本数据库，存放文本形式的数据，主要包括运行模型计算后的以文本形式保存的计算成果信息；③图形数据库，主要是按用户要求将计算成果以相应的图形信息方式输出，使信息输出更加直观形象。

3. 模型推理计算系统

本模型推理计算系统主要包括 9 大子模型：①水分生产函数计算；②单一作物灌溉制度优化过程推求；③地表水地下水联合优化调度计算；④实时灌溉预报；⑤灵敏度分析；⑥产汇流模拟；⑦灌区水循环及污染物运移模拟；⑧地下水承载力评价；⑨作物栽培管理咨询。

这 9 个子模型是按照变化环境下灌区水资源安全利用智能决策基本原理分别进行编制的，各子模型之间既可独立工作又可相互联系。

5.4　应用实例——人民胜利渠灌区决策支持系统

5.4.1　概述

依据现行规范，结合人民胜利渠工程实际，利用计算机技术、数据库技术、网络及通信技术，建立一套快速及时、准确可靠、先进实用、高度自动化的作物水环境信息、工程安全信息、灌区水量信息、水质信息、实时图像和闸门开度信息的采集、监测（控）与管理自动化系统，并通过专网与水利厅等上级主管部门相关网站相连，达到资源共享。在充分利用现有工程措施的基础上，为防洪减灾、水资源优化配置等提供决策支持，进一步提高管理决策速度和水平，提高工程的运行效益。运行管理综合自动化系统应达到立体可视化管理，做到灌溉调度、实时安全监控，合理控制闸前水位，提高水资源利用率，充分发挥工程效益。

5.4.2　灌区系统建设内容

5.4.2.1　信息化建设原则

进行灌区信息化建设，应遵循科学规划、先进性及经济性、高效可靠、"拿来主义"、安全性、全面规划分步实施等原则，为保障灌区信息化建设思路和目标提供依据和指导。

（1）科学规划原则。从信息采集点的布设到技术方案的比选，均要全面规划、认真比选。

（2）先进性及经济性原则。方案要具有一定先进性，并且要经济实用，性价比好、运行维护费用低。

（3）高效可靠原则。由于灌区自动化设备使用环境一般都在野外，环境温度高，风吹雨淋环境恶劣，所以要求设备要运行可靠。

（4）"拿来主义"原则。借鉴采用已经鉴定的比较成熟的系统软件，比如水利部开发的灌区数据库系统。在此基础上进行完善发展，避免低水平重复开发。

（5）安全性原则。野外设备要考虑其设备安全。

（6）全面规划分步实施原则。灌区信息化是一个动态过程，要按照总体建设思路，根据年度投资计划，结合灌区实际，分步实施。

5.4.2.2　信息化建设总体结构

人民胜利渠灌区信息化建设总体结构分为信息采集、信息传输、信息管理、信息应用 4 大部分，总体结构图如图 5－8 所示。

5.4.2.3　数据信息流程

灌区信息化系统包括水情信息、雨情信息、墒情信息、水费信息、调度信息、视频语音信息和其他与灌区业务相关的信息，这些信息是人民胜利渠管理局进行决策所必需的基本信息。

信息源的分布包括灌区调度中心、分中心、管理处等业务相关单位。这些信息的收集、传输和处理应用是灌区信息化系统要解决的主要技术问题，根据信息源及其特性对信息进行分类并分析各自的流程，对系统设计有着重要的指导意义。

5.4.2.4　系统组成

灌区系统由信息采集系统、通信网络、信息管理系统、灌区管理信息应用系统等组成。

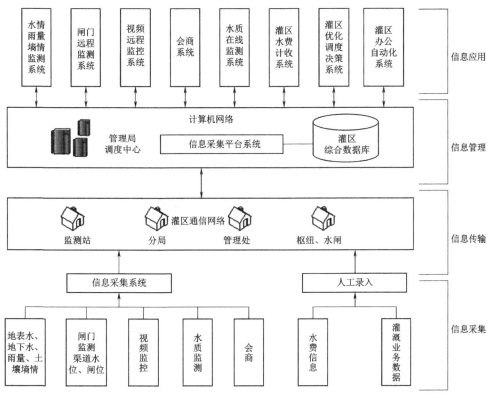

图 5-8　总体结构图

5.4.3　灌区系统实施技术方案

5.4.3.1　信息采集系统建设

1. 水情、降水量、土壤墒情信息采集子系统

信息采集站主要由传感器（水位计、雨量计、土壤水分传感器等）、RTU、电源和通信单元等组成。地下水位采集使用压力式水位计，地表水位采集使用浮子式水位计。地下水环境、地表水环境（黄河取水口）监测站拓扑结构图分别如图 5-9、图 5-10 所示。

2. 闸门远程监测子系统方案

闸门远程监测系统主要由监控工作站、通信服务器、网络交换机、现地控制单元、闸门开度仪、水位传感器等部分组成。系统按照"现地控制为主、远程监视为辅"的原则进行设计。现地控制单元（LCU）负责对闸门进行现地测

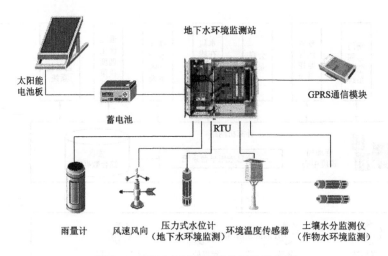

图 5-9 地下水环境监测站拓扑结构图

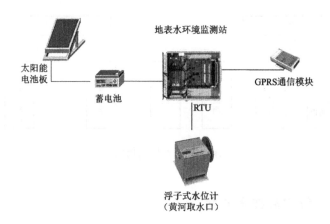

图 5-10 地表水环境（黄河取水口）监测站拓扑结构图

量、监视，并向监控主机发送各种测量数据，同时接受监控主机发来的查询命令和参数。调度中心监控计算机实现全局（分局）的运行监视、事件报警、数据统计和记录、与上级系统通信等功能。

工程监控系统采用开放式分级分布式结构，分成远程监视级和现地监视级。远程监视级由监控主机兼操作员工作站、数据管理服务器及打印机等设备组成；现地监视级由各现地监视单元、手动控制柜、传感元件组成。现地监控单元（LCU）上配置触摸屏，用于现地各参数查询、参数置入等操作。

通信网络拓扑图如图 5-11 所示。

3.视频远程监控子系统方案

根据灌区管理局的管理要求，所有重要水利设施的现场视频需要实时上传

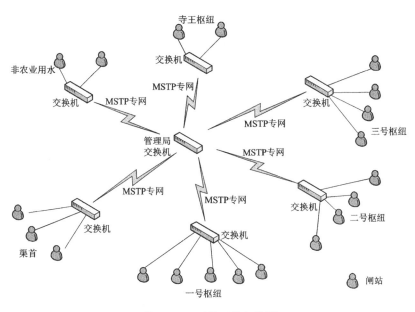

图 5-11　通信网络拓扑图

到管理局中心。视频系统拓扑结构图如图 5-12 所示。

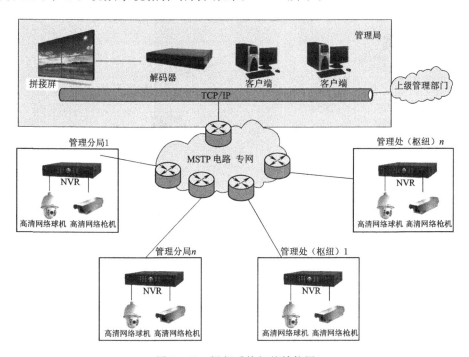

图 5-12　视频系统拓扑结构图

根据工程运行管理的特点，视频监视系统分二级结构，第一级为 1 个监控中心，对所管辖的任意视频监视点进行监视；第二级为现地视频监视点。图像的传输压缩方式、控制通信协议满足监控中心统一调度运行管理的要求。二级之间通过设在监控中心的视频管理服务器设置图像控制权限和图像浏览的方式。

视频监视系统主要包括视频摄像头、视频采集设备、传输设备、中心站视频存储设备及视频展示设备。

4. 雷达在线测流系统方案

系统由中心站及监测站设备组成。中心接收处理单元接收监测站实时数据，建立监测数据库，由应用系统处理使用。

监测站主要由雷达测流仪、雷达水位计、数据采集装置、GPRS 模块、供电电源等设备组成。雷达流速测量拓扑图如图 5-13 所示。

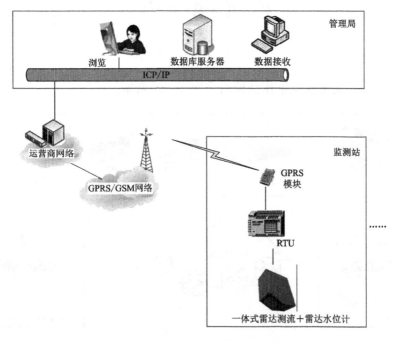

图 5-13　雷达流速测量拓扑图

5. 浮标系统方案

浮标式水质自动监测站是以水质监测仪为核心，运用传感器技术，结合浮标体、电源供电系统、数据传输设备组成的放置于水域内的小型水质监测系统。完整的浮标系统由侧支架、浮体、尾管构成。侧支架安装传感器可监测 HP 值、水温、溶解氧、电导率、浊度等数据。

所有传感器和天线的引线都从支架的管道引到浮标仓内，避免阳光紫外线的破坏；浮体是浮标的主体，浮标采样与控制系统即核心仪器就放在浮体的仪器仓内；仪器仓底部中央放有浮标电池，还有GPRS等，为了减少干扰，都放在仓底；另外，漏水检测传感器也放在仓底的钢板上。甲板面上是2块太阳能电池板。尾管的作用是减少浮标在风浪中的摇摆，使风的测量做到最好。

浮标安装示意图如图5-14所示。

水质监测站拓扑结构图如图5-15所示。

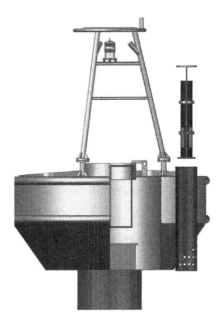

图 5-14 浮标安装示意图

5.4.3.2 通信网络建设

1. 系统组网设计

根据现场统计，系统网络包括人民胜利渠管理局调度中心1处、分局计算

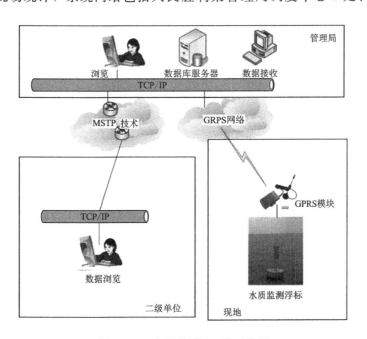

图 5-15 水质监测站拓扑结构图

机分中心 3 处、总干渠枢纽 3 处、东二干渠寺王枢纽 1 处、管理处 5 处、节水试验站 1 处等共计 15 处网点，网络通信线路总长为 110.65km，加上 10% 的富余量，通信线路总长约为 122km。各个中心、分中心及测站间采用租用公网的方式进行通信。系组网络租用公网每年每处 5000 元，按照 2 年计算，共计 15 万元；测站 GPRS 通信 14 处，测站通讯费每年每站 50 元，按照 2 年计算，共计 0.14 万元，总计 15.14 万元，大大减少投资。因此，人民胜利渠计算机网络通信采用租用公网＋无线 GPRS 组合方式，实现互联互通、资源共享。

系统总体拓扑结构图如图 5-16 所示。

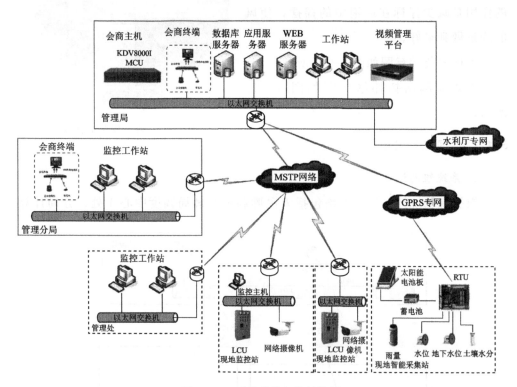

图 5-16　系统总体拓扑结构图

2. 通信方式设计

本期项目设计通讯平台从传输速率上区分，主要分为光纤传输及无线传输。

（1）光纤传输。宽带传输设计主要通过当地运营商 MSTP 专线来实现。MSTP（Multi-Service Transport Platform）可以将传统的 SDH、以太网、ATM、POS、RPR 等多种技术有机融合，通过将多业务汇聚并高效适配的方式实现多种业务的综合传送。新一代 MSTP（多业务传送节点）以支持 GFP 封装

协议、虚级联（VC）和链路容量自动调整机制（LCAS），以及弹性分组环（RPR）和多协议标签交换（MPLS）等关键技术为特征，更好地提供了对以太网业务的透传、汇聚和二层交换处理功能。

MSTP 平台是传统的 SDH 技术和产品在目前数据业务高速增长的环境下丰富和发展的产物，能够更好地利用现有 SDH 广泛覆盖的网络，有利地推动传输网络新的发展，消除宽带网络在城域网中存在的带宽瓶颈和性能保障缺陷，使宽带网络更好、更便捷地为企业提供数据互联服务。

运营商提供 MSTP 专线组网技术可提供 20M 带宽业务接入，且整个线路维护保养都由运营商负责，从而使租用方减少一次性光纤铺设投入及其后期维修养护费用。

（2）无线传输。地下水、雨量、土壤墒情信息采集现地遥测站、水质常规五参数在线监测站、多普勒流量在线监测站因地理条件限制多安装在偏远及无人值守的区域，且各站点分布较散，设计采用当地通讯运营商提供的 GPRS 方式传输数据。

GPRS 采用 2G 公众网络传输，其理论传输速率达到 56kbps 甚至 114Mbps。根据不同网络环境，传输速率实际通常只有十几到二三十 K 左右，但已能完全满足传输要求。

3. 可靠性设计

（1）网络通道。人民胜利渠灌区的线路主要分为主干线路和无线通信线路。由于它们在整个系统中所起的作用不同，采用的可靠性措施也应分别对待。

主干线路采用运营商提供的光纤网络，售后维护有保障，有具体的响应机制保证线路的可靠性；无线通信采用 GPRS 线路，具有良好的通信可靠性。

（2）网络核心设备。网络核心设备在灌区调度中心使用支持双电源、双CPU、模块热插拔等功能的网络核心交换机、路由器，所有这些功能均保证网络核心设备本身的可靠性。路由协议的支持保证网络的可靠性。

所选择的路由器设备支持 OSPF、EIGRP 等高扩展性，快速收敛路由协议，保证当网络拓扑变化时路由表能快速收敛，使得网络应用不间断地可靠运行；支持 Dial Backup、Dialon Demand 路由协议，当网络主链解释小时，能通过这些协议建立备用连接，保证网络的可靠访问。

（3）电源。配置双路供电，采用性能可靠、具备净化及消干扰功能，并能监视运行状态的智能在线不间断电源（UPS）供电系统。整个供电系统符合《计算站场地技术条件》（GB 2887）A 级要求，电源接地且电阻不大于 4Ω。

（4）机房。机房必须符合《计算站场地要求》（GB 9361）和《计算站场地技术条件》（GB 2887）的要求，并达到 A 类或 A 级的水平。

5.4.3.3 信息管理系统建设

1. 调度中心建设

（1）调度中心装修。调度中心装修主要包括墙面重新装修、拼接屏墙面装修、综合布线、设备安装调试、中心机房装修（灯光、空调、防静电地板、综合布线、电源改造、设备安装调试、防雷保护）等。

（2）系统构成。管理局调度中心局域网主要包括灌区信息采集工作站、工程（闸门）监控工作站、数据库服务器、应用服务器、WEB 服务器、网络交换机、防火墙、视频会商系统、视频管理平台、液晶拼接屏等硬件设备。软件环境包括操作系统、数据库管理系统、备份软件等。管理局调度中心局域网结构图如图 5-17 所示。

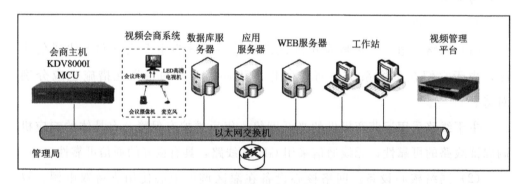

图 5-17　管理局调度中心局域网结构图

管理局查询终端主要包括查询工作站、投影仪、网络交换机、电源等硬件设备。软件环境包括操作系统和备份软件等。管理局结构图如图 5-18 所示。

2. 灌区综合数据库管理系统建设

数据库是信息化管理系统的基础，是水利信息化最重要的基础设施。数据库系统的建设目标是要解决当前水利信息资源开发管理分散、数据库模式多样、

数据存储零乱、应用服务适用性单一、难以共享、标准化程序低、安全与更新机制缺乏、技术水平差距明显等问题。

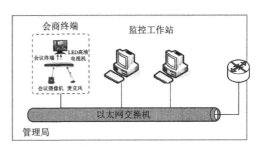

图 5-18　管理局结构图

（1）数据库结构。综合数据库是灌区信息化的基础和重要支撑，数据是应用的基础，为了掌握灌区基础特征、工程设施、水情、用水系统、机构人员及行政资源等信息，满足灌区水量调度、防汛抗旱的需要，依据"统一规划、统一标准、统一设计、统一管理、数据共享"的原则建立数据库。

基础特征信息。基础特征信息主要反映灌区的基本特征和总体情况，以及年度重要的经营管理指标，具体可分为灌区简介、静态信息（即没有时间属性的信息）、动态信息（即按年进行记录的信息，类似统计年鉴）、图片信息等。灌区基础特征信息为灌区自身记录灌区重要的特征信息而设，同时也要考虑行业管理所需信息的要求。

工程设施信息。工程设施信息主要反映灌区渠首工程、渠道、配水设施、各类建筑物及电站、泵站等工程设施的基本特征。渠道等各种工程设施是灌区赖以存在的基础，其相互关系及特征参数决定了灌区的输配水过程，是基础数据库中的重要数据。基础数据库中存储各种工程设施的"档案卡片"，应得到及时的更新。

水情信息（含其他实时信息）。在灌区基础信息中，灌区管理所需的实时信息包括气象、水情、流量、作物生长、工情险情等。根据灌区目前的管理水平，与灌区工程管理、配水调度、水费计收等直接相关的是渠首及各级渠道的水情信息。水情信息包括水位信息和水量信息。

用水系统信息。用水系统是灌区服务的对象，其信息主要包括其用水特征和经济社会状况。

机构人员信息。机构人员是灌区的管理系统，该类信息主要记录和存储灌区组织机构信息及其岗位设置情况和人员配置情况等信息。

行政资源信息。灌区管理机构日常管理所形成的文档、照片和录像等行政资源信息，包括有关的法律法规、工程调度规则和调度方案、经验总结、重要活动（如领导视察的照片和录像）等，其也是灌区重要的基础特征信息，应当存储在灌区基础数据库中。为确保信息的安全，行政信息资源也应如工程设施信息、水情信息等一样直接存储在数据库中，以方便信息的备份和移植。

（2）数据库部署方式。数据库系统采用 SQLServer2014。

数据采用集中存储管理的模式统一存储在中心机房，各应用系统通过应用服务平台的数据服务对这些数据进行访问和处理。

5.4.3.4 灌区管理信息应用系统建设

人民胜利渠灌区信息化暨防汛抗旱指挥调度系统，包括信息采集部分〔作物水环境监测系统、地下水及地表水监测系统、水资源管理信息系统、雷达在线测流系统、闸门远程监测（控）系统、视频远程监控系统〕、决策支持系统（灌区配水优化方案、灌区配水测控与在线调度系统、远程视频会商系统）、水费征收管理系统、办公自动化系统和综合信息管理平台（GIS）等系统组成。灌区管理信息应用系统结构如图 5-19 所示。

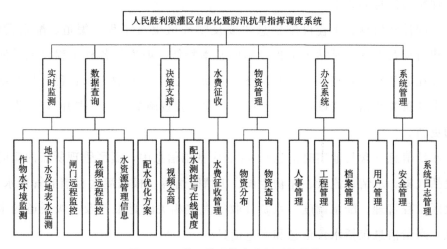

图 5-19 灌区管理信息应用系统结构

1. 灌区供配水决策支持系统

（1）系统构成。灌区供配水决策支持系统是将水源开发、供水配水、降雨、土壤墒情、作物需水规律等方面统一考虑，采用遥测、远控和计算机网络等新技术对灌区配水水情进行测量和控制，并由调度中心统一调度和管理，形成一个由灌溉网点组成的管理调度系统，实现计划用水，优化配水，按需、按期、

按量自动供水，以达到节水灌溉和充分利用水资源的目的。

灌区供配水决策支持系统采用面向决策者的层面结构，分为支撑层、技术层、操作层3个层面。灌区供配水决策支持系统结构如图5-20所示。

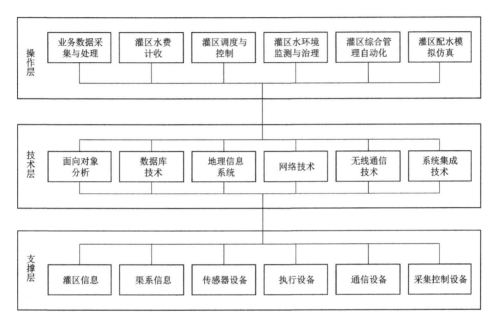

图5-20　灌区供配水决策支持系统结构

操作层面由各应用子系统组成，主要完成办公自动化、数据采集处理，模拟分析、管理、预测和优化调度。

（2）主要功能。系统主要包括数据采集与处理、管理、模拟分析、优化调度等功能。

数据采集与处理功能。数据采集与处理功能主要包括：①实时接收各遥测站点的测量数据、调度优化结果；②经各数据转换节点机采集并核验各遥测系统的实时水文数据，即实时水位、闸位、雨量、土壤墒情、流量、水质、综合管理信息及水文统计结果等；③接收其他分中心站发来的信息；④反映各遥测站、遥测遥控站及中心站的工作状态。

管理功能。管理功能主要由数据库和地理信息系统来承担，负责日常数据图表的收集、录入、整理、查询、修改、输出等，提供各类静态图表和动态监视图。静态图表包括灌区输配水线路图、遥测遥控站分布图、遥测遥控站一览表、通信网络图、河源水系示意图、系统接线图等。动态监视图包括：实时水位、流量过程线图；雨量、水位、流量（干渠、支渠、斗渠）、土壤墒情综合数据图；流量、水位、水量、土壤墒情、水质过程线图等。

模拟分析功能。利用 GIS（地理信息系统）和电子地图，通过不同的颜色和符号，对灌区全渠系工作状态、各业务点的设备运行情况、业务运行数据等进行仿真。可以直观、有效、准确、及时地控制各个管理站、测控点的设备，使管理人员直观地估计、判断水情信息的变化以及水资源损失可能发生的地段，及时通知报警运行人员进行水情检查和处理，最大限度地减少水资源的浪费。通过模拟分析功能能够更加实时地了解全灌区的运行情况，为灌区的业务运行提供良好的依据。

优化调度功能。优化调度功能包括水源调度、干渠调度、支渠调度、斗渠调度、水量最优分配等。

（3）配水调度模型设计。配水调度模型分为灌区配水子模型、排涝子模型、优化灌区农作物种植比子模型及灌区抗旱子模型。

灌区配水子模型。该模型根据灌区灌溉来水量和各渠系农作物的需水情况，优化灌区水量分配，制定总干渠、干渠、支渠优化配水方案，提高灌溉管理水平和经济效益，对解决有限供水条件下的灌区配水问题效果比较明显。该模型具有供水能力分析、用水分析、供需平衡分析、方案比选等功能。

排涝子模型。该模型根据人民胜利渠灌区特点和灌区排涝系统实际，综合考虑涝灾、渍灾对农作物的危害和地下水水位上升引起的土壤盐碱化影响，分析排涝效益指标，为决策者提供经济合理的排涝措施。

优化灌区农作物种植比子模型。该模型是在解决灌区可用水量、单位面积农作物收成、农作物价格、农作物净耗水量和农民在单位种植面积上的经济支出等前提下，通过优化分配灌区农作物种植比，使灌区范围内农民的收入和管理单位的效益最大化。

灌区抗旱子模型。该模型对实测的降雨、墒情、农作物生长情况、灌区可用水量和天气预报等信息进行分析处理和综合评价，及时进行旱情预报，并对旱情进行经济评估，提出相应的抗旱措施。该模型应用随机模型和随机方法处理一系列随机数据，在此基础上对灌区旱情进行概率分析。

模型库各子模型采用模块化程序设计方式，各子模块之间互相独立，这样可以根据需要编制或修改程序代码而不影响其他子模型的程序，同时还可根据需要增减子模型，有利于软件维护和功能的增减，从而使系统具有良好的通用性和扩展性。

2. 水费计收管理系统

开发一套水费计收管理系统,利用灌区信息采集与监控系统的历史数据制定各片区的供水量、水费统计报表,通过网络平台实现水费计收管理。

系统主要包括用水单位管理、用水户管理、系统水价与定额配置、灌溉面积管理、水量情况登记、水费统计分析、水权交易管理平台、"两费"收缴明细、各类数据信息统计分析9大版块。

水费征收软件的功能。水费征收软件能全面地反映客户收费、欠费情况,实现水费修改、水费收取、水费人工录入、水费票据打印,完成水量查询、取水记录查询及交费记录查询;交费售水、设置5级以上阶梯水价、计划用水量及水价调节可人工设置;根据交纳水费情况打印交费票据;发布用水量和交费信息。

3. 灌区 GIS 管理系统

(1)系统构成。灌区 GIS 管理系统由二维 WEB GIS/LBS 应用模块、地图系统、高度兼容的地理信息及图形系统构成。

1)二维 WEB GIS/LBS 应用模块。GIS 管理系统可以在 Internet/Intrenet 环境下实现分布式数据发布和多数据源数据融合的 GIS/LBS 平台产品。在 Internet 上发布地理信息能在任意节点融合浏览不同空间平台站点中的地理信息,并进行各种信息检索和处理,这就为地理信息的开放和共享性提供了切实可行的技术。可支持海量的客户访问,最大化的提高系统的强壮性,同时支持不同部门数据源的客户端应用融合及交互操作。解决了困扰多年的应用障碍。

GIS 管理系统与一般的传统电子地图相比,实现了高速数据发布、传输、显示、操作的功能。系统提供超高速的滚动式放大缩小的功能,所有资料在地图上快速呈现,比例尺无级缩放,并可快速游走至任意位置。目力所及,即时展现! GIS 管理系统界面如图 5-21 所示。

2)支持全面的 GIS/LBS 系统。系统全面支持各种应用终端 LBS/GIS 应用的地图系统;支持互联网 WEB 应用(IE、firefox 浏览器矢量数据应用)、客户/服务器应用,PDA、智能手机和车载电脑嵌入式应用(支持 Windows mobile、Symbian、Linux3 种主流智能手机操作系统),SMS、MMS、WAP 的公众移动应用;显示和应用各种地理图形和专业图形。GIS 支持 PDA、智能手机如图

5 - 22 所示。

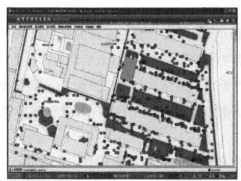

图 5 - 21　GIS 管理系统界面

图 5 - 22　GIS 支持 PDA、智能手机

3）高度兼容的地理信息及图形系统。系统支持 AutoCAD、Arc Info、MapInfo 地理信息系统的数据导入，支持 GDF 国际导航数据标准，支持电信网关 Parlay 标准。支持 bmp.、jpg.、jpg2000.、tiff. 等卫星航拍图形的应用，支持多媒体数据。

（2）GPS 应用。在灌区 GIS 管理系统中，借助于 GPS 技术并结合 GIS 技术，调度中心和相关领导可以第一时间了解灌区异常信息，并及时安排特巡、消缺作业。GPS 技术并结合 GIS 技术的灌区巡查如图 5 - 23 所示。

5.4.4　效益分析

灌区工程的修建及运行，对灌区内自然环境、生态环境及社会环境产生了深远的影响，在给灌区内带来众多正面环境效益的同时，也带来了某些方

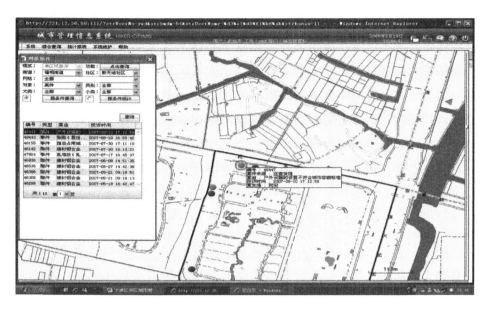

图 5-23　GPS 技术并结合 GIS 技术的灌区巡查

面的负面环境影响，克服环境方面的负面影响，是灌区建设和管理的重要任务。提高灌区工程标准、完善灌区配套设施、提高管理手段，都将有利于克服灌区工程现行的负面环境影响。建设灌区信息化系统的目的在于提高管理手段，是克服灌区现行环境问题的主要措施之一。显而易见，灌区信息化建设项目实施后，对克服灌区工程现行负面环境影响将产生积极的效果，体现在以下几个方面：

（1）灌区信息化系统的建成应用，由于能及时掌握水情、雨情状况，为灌区工程的正常运行提供了第一手资料。在信息技术不发达的年代，调度人员、水管理人员控制灌区工程的正常运行比较困难，给管理工作带来极大的不便。应用灌区信息化系统以后，由于能实时掌握灌区各控制断面的水位变化状况以及各测站的降雨过程，为调度人员的安全调度提供了依据，有利于灌区工程的防汛抗旱，能有效地防止因运行不当而影响区内自然环境、生态环境及社会安定的恶性事件发生。

（2）灌区信息化系统的建成应用，能实时掌握灌区工程的运行状况，为确保灌区工程效益的发挥创造了条件。可从 3 个方面进行分析：①通过信息化技术的应用，能及时掌握工程的病变状况，为制定并实施维修、治理方案提供依据，提前预防、治理可以避免或减少因工程隐患而导致渠道停水抢修现象的发

227

生；②通过信息技术的应用，能及时发现工程的异常现象，从而采取切实措施防止灌区工程突发性事件的发生；③通过信息技术的应用，能较好地收集灌区重要建筑物的运行数据，掌握其运行状况，为制定建筑物的维修养护计划提供依据。这 3 个方面的共同分析，能提高灌区工程正常运行的保证率，减少灌区工程停水抢修的几率，无疑有利于确保灌区工程效益的发挥，这对于提高灌区工程社会环境效益将起到积极的作用。

（3）灌区信息化系统的建成应用，为及时掌握农作物的需水状况、适时适量地满足其灌溉要求提供了条件。信息化技术应用后，选择有代表性的农田作为典型灌溉区，对农作物的需水要求进行实时的信息采集，灌区水管理人员根据农作物的需水要求进行适时适量的灌溉，能够避免盲目地超量灌溉的现象发生，有利于降低地下水位、减轻农田土壤潜育化及次生潜育化现象，对生态环境和社会环境都将产生有利的影响。

（4）灌区信息化系统的建成应用，对于提高灌区工程社会环境效益有着积极的影响。要实现灌区水资源优化配置、优化调度、优化利用的水管理目标，需要应用系统工程学理论。而系统工程技术也只有在情况非常清楚的情况下才能确定其最优方案。显而易见，要实现优化的水管理目标，灌区管理人员必须要及时掌握灌区水资源状况、工程运行状况、气象状况、农作物需水状况、各用户对水资源的需求状况等基本资料。这在人工管理手段的条件下是无法做到的，只有应用现代信息技术才能满足这一管理条件。水资源优化配置、优化调度、优化利用的结果，不仅提高灌区工程的社会效益，而且提高水管单位的内部经济效益。可见，灌区信息化系统的应用，对区内社会环境的正面影响是很可观的。

（5）灌区信息化系统的建成应用，为促进管理人员和管理水平的全面提高创造了条件。灌区信息化系统是人类的现代科学技术，包括通信技术、传感技术、网络技术、控制技术、软件技术等多学科技术。信息技术在灌区水管理工作中的应用，是信息技术与水管理技术有机结合的体现。如果没有相应业务技术素质的管理人员，就难以适应现代灌区管理的要求，这就为灌区水管理人员钻研业务技术增加了压力。随着灌区改革的深入、竞争机制的引进、新技术的应用，水管理人员的素质将会得到全面的提高。在管理人员素质提高的情况下，灌区管理水平也会相应地提高。不难理解，在灌区管理水平提高以后，对灌区社会环境、自然环境、生态环境都将产生有利的影响。

从上面的分析可知，人民胜利渠灌区信息化系统的建成应用，对区内环境的影响有利无弊。这是因为建设灌区信息化系统的目的，是应用现代科学技术，有针对性地提高灌区管理手段，这本来就是一项对区内环境产生正面影响的活动。同时，在灌区信息化系统的建设过程中，无须对区内地表植被等自然环境和生态环境造成破坏。所以说，灌区信息化系统的建成应用，对区内环境影响有利无弊，将给灌区的自然环境、生态环境和社会环境带来理想的正面影响。

第6章 结论与展望

6.1 结论

1. 灌区水循环机理及模型构建研究

（1）从灌区取水系统—输水系统—配水系统—排水系统的角度，提出了灌区多水源循环转化模型，揭示了灌区多水源循环转化关系特征。该模型对人民胜利渠灌区各子区蒸散量模拟的相对误差为 1.1%～8.6%；给水度模拟值为 0.052～0.092，与地下水非稳定流抽水试验结果基本一致，这表明模型能够较好地模拟灌区系统多水源循环转化过程。2001—2010 年取水系统、输水系统、配水系统和排水系统多年平均水资源转化量分别为 985 万 m^3、17578 万 m^3、88916 万 m^3 和 1281 万 m^3。灌区水资源循环转化主要集中在输水系统和排水系统中，其中渠道渗漏和农田渗漏量分别为 17110 万 m^3 和 28149 万 m^3，这表明灌区灌溉水利用率还存在较大提升潜力。灌区降水形成地表水仅有 0.15 亿 m^3，大部分降水进入土壤层转化为土壤水，同时灌溉、潜水蒸发也补给土壤层，总补给量 3.74 亿 m^3，但土壤水大部分以蒸发蒸腾形式转化为大气水，土壤水蓄水变量为 -0.71 亿 m^3。引黄水渗漏补给地下水和土壤水下渗补给地下水分别达到 1.80 亿 m^3 和 1.18 亿 m^3，使地下水蓄水变量略微减少 0.07 亿 m^3。地表水、土壤水和地下水等均存在负向补给趋势，减少了当地水资源可利用量。

（2）构建的 WACM 模型能够较好地模拟灌区蒸发蒸腾、积雪融雪、土壤冻融、产流入渗、河道汇流、土壤水、地下水等自然水循环过程和灌区引水、农田实时灌溉、灌区排水、工业生活引排水等人工因素主导的水循环过程。实例应用表明：①随着节水措施的不断强化推进，宁夏引黄灌溉引水总量持续显著下降，进入田间的水量则基本平稳；②总耗水量呈增加趋势，多年平均经济社会耗水量为 31.14 亿 m^3，占总耗水量的 66%，自然生态耗水量为 16.09 亿 m^3，占总耗水量的 34%；③各大分灌区的总排水量均呈减小趋势，这主要是由于地下排水量的减小而引起的；④地下水补给量和排泄量总体呈显著地减小趋势。

（3）提出了灌溉回归水分析和灌溉效益费用分析等指标，作为井渠结合灌区水资源高效利用尺度效应研究分析指标，拓展了水平衡方法的适用性，并提出基于上述指标的适用于井渠结合灌区的水资源高效利用尺度效应分析方法。构建了分布式地表水地下水耦合模拟模型，适用于平原井渠结合灌区不同尺度水平衡要素的模拟。实例应用表明：回归水分析指标灌区尺度优于其他尺度，水分生产率指标和效益费用分析指标田间尺度最优，部分指标的变化趋势在支渠尺度存在拐点，采用的指标有助于分析井渠结合灌区不同尺度水分消耗转化途径，厘清水资源高效利用尺度效应的影响机理。在比选灌溉模式时，依据的指标不同得到的结论不同，灌区的水资源高效利用除了要比较不同情景模式的用水效率和经济效益，还要考虑社会和环境效益。

2. 变化环境下灌区水资源优化配置研究

（1）对 25 个气候模式气温、降水的模拟效果进行检验，在此基础上提出了考虑模式间模拟降水相似性的气候模式筛选方法，降低了相似模式数量对评估结果可信度的影响，构建出区域气候变化情景。与实测值相比，模拟出的灌溉需水量相对误差一般在 10% 以内，这表明构建的区域气候变化情景基本能够满足影响评估的需要，为合理应用气候模式预估数据开展气候变化影响评估提供了新的思路和方法。

（2）综合考虑气候变化和经济社会发展对需水预测模型进行修正，以农田灌溉需水为研究重点，提出了气候变化对灌溉需水量影响评估的技术方法。实例应用表明：气候变化不仅将引起主要农作物灌溉需水量增加，也将对作物生育期内灌溉需水的时程分配产生较大影响。尽管超过 70% 的站点灌溉需水量的变化趋势相同，不同气候模式下灌溉需水量的变化范围在 ±10% 以内，但评估结果在一些站点仍存在较大的不确定性。

（3）人民胜利渠灌区多水源优化配置结果表明，与不考虑气候变化影响的多水源配置结果相比，考虑气候变化影响下农业需水有所增加，除农业供需水之间存在缺口外，还可能引起工业也存在不同程度的缺水，致使灌区目标效益值有明显减少。这表明气候变化情景下水资源供需矛盾将进一步加剧，将对灌区经济社会的可持续发展产生不利影响。

3. 变化环境下灌区水资源动态承载力评价研究

（1）提出的变化环境下灌区水资源动态承载力计算的理论框架及 PSO-COIM 模型计算方法（即基于预测-模拟-优化的控制目标反推模型方法），能够实时定量计算不同流域或区域气候变化下水资源动态承载力大小，判别水资源对经济社会的发展规模的承载程度。实例应用表明：大功引黄灌区 2015—2017年水资源承载力相比 2013 年之前有很大提升，但是为了达到生态型灌区的标准，作为黄河下游重要的大型灌区应对生产、生活、生态用水保持合理高效利用，加大生态建设力度，以确保维持"经济社会-水资源-生态环境"复合大系统良性运转，评价结果符合实际。

（2）构建了以水资源可利用量、需水量、人口、经济社会及生态环境等为约束，以 GDP、粮食产量、人口和 COD 排放量等为目标的灌区地下水承载力多目标优化模型；提出了多目标 PSO 改进算法，并对模型进行了求解，其改进之处包括构造线性惯性因子、构建新的适应度函数和采用动态罚函数以及采用"垂直"距离改进的逼近理想解法（TOPSIS）确定粒子群的个体极值和全局极值，提高了 PSO 算法寻优效率，较好地解决了 PSO 算法不能直接求解多目标优化问题的难题，丰富了水资源承载力研究方法。

（3）建立了人民胜利渠灌区地下水承载力多目标量化模型，采用基于改进TOPSIS法的多目标 PSO 算法对模型进行求解，评价了灌区以及 8 个研究子区现状年以及 2010 年、2015 年和 2020 年在 50%、75% 和 95% 保证率下的地下水资源承载力。与基本节水措施下的承载力相比，强化节水措施下灌区各个水平年各保证率的可承载 GDP、人口和粮食产量均有所增加，其中 GDP 的增加率平均值最高，为 7.75%，其次为人口，增加率平均值为 5.65%，粮食产量增加率平均值为 3.45%。

4. 灌区多尺度水资源高效利用评价与调配研究

（1）围绕井渠结合灌区水资源高效利用的内涵，选择科学合理、有针对性、可操作的评价指标，考虑评价指标的尺度效应，构建了田间尺度和灌区尺度的井渠结合灌区水资源高效利用综合评价指标体系。田间尺度包含了用水效率、经济效益、环境效益 3 大类 6 个指标；灌区尺度包含用水效率、经济效益、社会效益和环境效益 4 大类 11 个指标，并建立了多层次模糊综合评价模型。实例应用表明：人民胜利渠灌区尺度水资源高效利用评价综合得分为 0.545，属一般水平，分析各评价指标可知，灌区现状还存在水资源利用效率低、投入产出效果较差、管理运行现代化程度不高、环境污染严重等问题。由田间尺度评价结果可知，田间尺度水资源利用总体处于较高效水平，但局部地区，还存在利用效率不高、水资源利用不经济、在低洼易涝地区仍潜伏着次生盐碱化的威胁。构建的综合评价指标体系和评价模型合理，可为灌区不同尺度水资源高效利用提供评价依据和决策参考。

（2）在明确调配模型与评价指标关系的基础上，在灌区尺度以水分生产函数为依据，建立地表水地下水联合优化调配模型，在田间尺度以水盐生产函数为依据，引入临界土壤含盐量、临界地下水矿化度、临界地下水位，建立水盐动态优化调配模型。模型能够通过地表水地下水的联合调配，调控地表水和地下水灌水量、土壤水分、土壤盐分、地下水位及地下水矿化度。为了协调平衡各尺度管理主体的利益，将二者耦合建立井渠结合灌区水盐联合动态优化调配大系统分解协调模型，并给出各尺度模型求解方法及耦合模型的运行过程。实例应用表明：所建模型及求解方法合理可行，可为干旱、半干旱地区的水资源高效利用与管理提供决策参考。

（3）针对灌区现状不同尺度水资源利用过程中存在的问题，采用灌区尺度和田间尺度调配模型，进行水资源优化调配，并结合调配结果计算调配后水资源高效利用指标值，重新进行高效利用评价。灌区尺度调配结果表明：各分区获得的灌溉净经济效益，除了受种植结构的影响，还受地下水用水费用的影响较大。田间尺度调配结果表明：①水分敏感指数大的阶段缺水对产量的影响更大，需优先保证灌水；②地下水位下降不会降低土壤含盐量，含盐量只随降雨或灌溉淋洗降低，但会控制返盐。井灌既补充了地表水的不足，还可以在一定程度控制地下水位，节约排水费用，体现以灌代排的优势，但约束条件更苛刻情况下，只靠井灌无法满足所有约束，则需专门引水洗盐及抽排地下水，相应模型也将更为复杂。调配后水资源高效利用综合评价结果表明，所建不同尺度模型可起到促进水资源高效利用的作用，但单靠模型调配水资源作用有限，再配合其他水资源调配技术措施效果更好。

6.2　展望

变化环境下引黄灌区水循环转化关系和水资源动态承载力分析具有地域性和独特性的特点，本研究采用方法虽然在部分地区分析中得到了很好的验证，但应用范围仍需扩展，随时调整研究方法及过程。虽然适用于引黄灌区的多种相关水文模型研制成功，并已实际应用，取得良好效果，但应用时间有限，且未经历极端情况，因此理论与模型的精确性需要在不同时空尺度下做进一步研究。

参 考 文 献

[1] ABED - ELMDOUST A, KERACHIAN R. Water resources allocation using a cooperative game with fuzzy payoffs and puzzy coalitions [J]. Water Resources Management, 2012, 26 (13): 3961 - 3976.

[2] RAHIMI - VAHED A. MIRZAEI A H. A hybrid multi - objective shuffled frog - leaping algorithm for a mixed - model assembly line sequencing problem [J]. Computers & Industrial Engineering, 2007, 53 (4): 642 - 666.

[3] ASKEW A J. Chance - constrained dynamic programing and the optimization of water resource systems [J]. Water Resources Research, 1974, 10 (6): 1099 - 1106.

[4] BABEL M S, DAS GUPTA A, NAYAK D K. A model for optimal allocation of water to competing demands [J]. Water Resources Management, 2005, 19 (6): 693 - 712.

[5] BROWN P D, COCHRANE T A, KROM T D. Optimal on - farm irrigation scheduling with a seasonal water limit using simulated annealing [J]. Agricultural Water Management, 2010, 97 (6): 892 - 900.

[6] PERCIA C, ORON G, MEHREZ A. Optimal operation of regional system with diverse water quality sources [J]. Journal of Water Resources Planning and Management, 1997, 123 (2): 105 - 115.

[7] CHEN D L. A monthly circulation climatology for Sweden and its application to a winter temperature case study [J]. International Journal of Climatology, 2000, 20 (10): 1067 - 1076.

[8] CHEN S B, LIU Y F, THOMAS A. Climatic change on the Tibetan Plateau: Potential Evapotranspiration Trends from 1961—2000 [J]. Climatic Change, 2006, 76 (3/4): 291 - 319.

[9] CHONG S K, GREEN R E, AHUJA L R. Infiltration prediction based on estimation of Green - Ampt wetting front pressure head from measurements of soil water redistribution [J]. Soil Science Society of America Journal, 1982, 46 (2): 235 - 239.

[10] CONSOLI S D, URSO G, TOSCANO A. Remote sensing to estimate ET - fluxes and the performance of an irrigation district in southern Italy [J]. Agricultural Water Management, 2006, 81 (3): 295 - 314.

[11] DAS GUPTA A, ONTA P R. Sustainable groundwater resources development [J]. Hydrological Sciences Journal, 1997, 42 (4): 565 - 582.

[12] DENG X J, XU Y P, HAN L F, et al. Assessment of river health based on an improved entropy - based fuzzy matter - element model in the Taihu Plain, China [J]. Ecological Indicators, 2015, 57: 85 - 95.

[13] WICHELNS D. An economic perspective on the potential gains from improvements in irrigation water management [J]. Agricultural Water Management, 2002, 52 (3): 233 - 248.

[14] DING H W, ZHANG H S. Changes of groundwater resources in recent 50 years and their impact on ecological environment in Hexi Corridor [J]. J Hydro, 2002, 17 (6): 691 - 697.

[15] DOBLAS‐REYES F J, PAVAN V, STEPHENSON D B. The skill of multi‐model seasonal forecasts of the wintertime North Atlantic Oscillation [J]. Climate Dynamics, 2003, 21 (5/6): 501 – 514.

[16] DROOGERS P, KITE G. Simulation modeling at different scales to evaluate the productivity of water [J]. Physics and Chemistry of the Earth, 2001, 26 (11/12): 877 – 880.

[17] GRAHAM L P, ANDRÉASSON J, CARLSSON B. Assessing climate change impacts on hydrology from an ensemble of regional climate models, model scales and linking methods – a case study on the Lule River basin [J]. Climatic Change, 2007, 81 (S1): 293 – 307.

[18] HAO R X, LI S M, LI J B, et al. Water Quality Assessment for Wastewater Reclamation Using Principal Component Analysis [J]. Journal of Environmental Informatics, 2013, 21 (1): 45 – 54.

[19] HIGGINS A, ARCHER A, HAJKOWICZ S. A Stochastic Non‐linear Programming Model for a Multi‐period Water Resource Allocation with Multiple Objectives [J]. Water Resources Management, 2008, 22 (10): 1445 – 1460.

[20] HULME M, ZHAO Z C, JIANG T. Recent and future climate change in east asia [J]. International Journal of Climatology, 1994, 14 (6): 637 – 658.

[21] FARAH H O, BASTIAANSSEN W G M. Impact of spatial variations of land surface parameters on regional evaporation: a case study with remote sensing data [J]. Hydrological Processes, 2001, 15 (9): 1585 – 1607.

[22] IDSO S B, JACKSON R D, REGINATO R J. Estimating evaporation: a technique adaptable to remote sensing [J]. Science, 1975, 189 (4207): 991 – 992.

[23] IPCC. Climate Change 2007: Synthesis Report. Contribution of Working Groups Ⅰ, Ⅱ and Ⅲ to the Fourth Assessment Report of the Intergovernmental Panel on Climate Change [R]. IPCC, Geneva, Switzerland, 2007, 104 pp.

[24] JACKSON R D, REGINATO R J, IDSO S B. Wheat canopy temperature: A practical tool for evaluating water requirements [J]. Water Resources Research, 1977, 13 (3): 651 – 656.

[25] JANCIC M, LALIC B, MIHAILOVIC D T, et al. Impact of climate change and carbon dioxide fertilization effect on irrigation water demand and yield of soybean in Serbia [J]. The Journal of Agricultural Science, 2015, 153 (8): 1365 – 1379.

[26] CHEN J H, KAN C E, TAN C H, et al. Use of spectral information for wetland evapotranspiration assessment [J]. Agricultural Water Management, 2002, 55 (3): 239 – 248.

[27] JIMÉNEZ B E, GARDUÑO H, DOMINGUEZ R. Water Availability in Mexico Considering Quantity, Quality, and Uses [J]. Journal of Water Resources Planning and Management, 1998, 124 (1): 1 – 7.

[28] SRINIVASAN K, NEELAKANTAN T R, NARAYAN P S, et al. Mixed‐Integer Programming Model for Reservoir Performance Optimization [J]. Journal of Water Resources Planning and Management, 1999, 125 (5): 298 – 301.

[29] KHARE D, JAT M K, EDIWAHYUNAN. Assessment of counjunctive use planning options: A case study of Sapon irrigation command area of Indonesia [J]. Journal of Hydrolody, 2006, 328 (3/4): 764 – 777.

[30] KILIC M, ANAC S. Multi‐Objective Planning Model for Large Scale Irrigation Systems: Method and Application [J]. Water Resources Management, 2010, 24 (12):

3173 - 3194.

[31] KILSBY C G, COWPERTWAIT P S P, O'CONNELL P E, et al. Predicting rainfall statistics in England and Wales using atmospheric circulation variables [J]. International Journal of Climatology, 1998, 18 (5): 523 - 539.

[32] SETHI L N, PANDA S N, NAYAK M K. Optimal crop planning and water resources allocation in a coastal groundwater basin, Orissa, India [J]. Agricultural Water Management, 2006, 83 (3): 209 - 220.

[33] LI H B, SHEFFIELD J, WOOD E F. Bias correction of monthly precipitation and temperature fields from Intergovernmental Panel on Climate Change AR4 models using equidistant quantile matching [J]. Journal of Geophysical Research: Atmospheres, 2010, 115 (10): D10101.

[34] LOUCKS D P, DORFMAN P J. (1975), An evaluation of some linear decision rules in chance Constrained models for reservoir planning and operation [J]. Water Resources Research, 11 (6): 777 - 782.

[35] LUDWIG R, PROBECK M, MAUSER W. Mesoscale water balance modelling in the Upper Danube watershed using sub - scale land cover information derived from NOAA - AVHRR imagery and GIS - techniques [J]. physics and Chemistry of the Earth, Parts A/B/C, 2003, 28 (33 - 36): 1351 - 1364.

[36] MARVIN E J. Water productivity: Science and practice - beyond irrigation efficiency [J]. Irrigation Science, 2007, 25 (3): 213 - 245.

[37] PARSINEJAD M, YAZDANI M R, EBRAHIMIAN H. Field and regional scale evaluation of irrigation efficiency in paddy fields case study: Guilan, Iran [J]. Irrigation and Drainage, 2009, 58 (2): 147 - 156.

[38] MCKINNEY D C, CAI X M. Linking CIS and water resources management models: an object - oriented method [J]. Environmental Modelling & Software, 2002, 17 (5): 413 - 425.

[39] MEHRAN A, AGHAKOUCHAK A, PHILLIPS T J. Evaluation of CMIP5 continental precipitation simulations relative to satellite - based gauge - adjusted observations [J]. Journal of Geophysical Research: Atmospheres, 2014, 119 (4): 1695 - 1707.

[40] NAIM K, FATIH B, UGUR F. A new suggestion for an irrigation schedule with an artificial neural network [J]. Journal of Experimental & Theoretical Artificial Intelligence, 2013, 25 (1): 93 - 104.

[41] NIKOO M R, KERACHIAN R, POORSEPAHY - SAMIAN H. An Interval Parameter Model for Cooperative Inter - Basin Water Resources Allocation Considering the Water Quality Issues [J]. Water Resources Management, 2012, 26 (11): 3329 - 3343.

[42] NKOMOZEPI T, CHUNG S O. Assessing the trends and uncertainty of maize net irrigation water requirement estimated from climate change projections for Zimbabwe [J]. Agricultural Water Management, 2012, 111: 60 - 67.

[43] NOIHAN J, PLANTON S. A Simple Parameterization of Land Surface Processes for Meteorological Models [J]. Monthly Weather Review, 1989, 117 (3): 536 - 549.

[44] PHILIP J R. Plant Water Relations: Some Physical Aspects [J]. Annual Review of Plant Physiology, 1966, 17: 245 - 268.

[45] QIU G Y, MIYAMOTO K, SASE S, et al. Comparison of the Three - Temperature Model

and Conventional Models for Estimating Transpiration [J]. Japan Agricultural Research Quarterly: JAPQ, 2002, 36 (2): 73-82.

[46] REHANA S, MUJUMDAR P P. Regional impacts of climate change on irrigation water demands [J]. Hydrological Processes, 2013, 27 (20): 2918-2933.

[47] SOLIMAN S A, CHRISTENSEN G S. Application of functional analysis to optimization of a variable head multireservoir power system for long-term regulation [J]. Water Resources Research, 1986, 22 (6): 852-858.

[48] SETHI L N, PANDA S N, NAYAK M K. Optimal crop planning and water resources allocation in a coastal groundwater basin, Orissa, India [J]. Agricultural Water Management, 2006, 83 (3): 209-220.

[49] SILBURN D M, CONNOLLY R D. Distributed parameter hydrology model (ANSWERS) applied to a range of catchment scales using rainfall simulator data I: Infiltration modelling and parameter measurement [J]. Journal of Hydrology, 1995, 172 (1-4): 87-104.

[50] SIMUNEK J, VAN GENUCHTEN M T, SEJNA M. Development and Applications of the HYDRUS and STANMOD Software Packages and Related Codes [J]. Vadose Zone Journal VZJ, 2008, 7 (2): 587-600.

[51] SINGH R, VAN DAM J C, FEDDES R A. Water productivity analysis of irrigated crops in Sirsa district, India [J]. Agricultural Water Management, 2006, 82 (3): 253-278.

[52] STOCKER T F, QIN D, PLATTNER G K, et al. Climate Change 2013: The Physical Science Basis. Working Group I Contribution to the Fifth Assessment Report of the Intergovernmental Panel on Climate Change [M]. United Kingdom: Combridge Llniversity press, 2014.

[53] SU M R, XIE H, YUE W C, et al. Urban ecosystem health evaluation for typical Chinese cities along the Belt and Road [J]. Ecological Indicators, 2019, 101: 572-582.

[54] SEGUIN B, ITIER B. Using midday surface temperature to estimate daily evaporation from satellite thermal IR data [J]. International Journal of Remote Sensing, 1983, 4 (2): 371-383.

[55] SCHMUGGE T, HOOK S J, COLL C. Recovering Surface Temperature and Emissivity from Thermal Infrared Multispectral Data [J]. Remote Sensing of Environment, 1998, 65 (2): 121-131.

[56] TAYLOR K E, STOUFFER R J, MEEHL G A. An Overview of CMIP5 and the Experiment Design [J]. Bulletin of the American Meteorological Society, 2012, 93 (4): 485-498.

[57] THOMAS A. Spatial and temporal characteristics of potential evapotranspiration trends over China [J]. International Journal of Climatology, 2000, 20 (4): 381-396.

[58] MCVICAR T R, JUPP D L B. Estimating one-time-of-day meteorological data from standard daily data as inputs to thermal remote sensing based energy balance models [J]. Agriculfural and Fovest Meteorology, 1999, 96 (4): 219-238.

[59] AMARASINGHE U. Spatial Variation in Water Supply and Demand, Draft Research Report across the River Basins India [Z] [M]: 2000.

[60] WANG C H, HOU Y L, XUE Y J. Water Resources Carrying Capacity of Wetlands in Beijing: Analysis of Policy Optimization for Urban Wetland Water Resources Management [J]. Journal of Cleaner Production, 2017, 161: 1180-1191.

[61] WURBS R A. Assessing water availability under a water rights priority system [J]. Journal

of Water Resources Planning and Management，2001，127（4）：235－243.

[62] XIE X Q，WANG L. Changes of potential evaporation in Northern China over the past 50 years [J]. Journal of Natural Resources，2007，22（5）：683－691.

[63] ZHANG X Y，DU X F，LI Y B. Comprehensive evaluation of water resources carrying capacity in ecological irrigation districts based on fuzzy set pair analysis [J]. Desalination and Water Treatment，2020，187：63－69.

[64] ZHANG X Y，ZUO Q T. Analysis of Water Resource Situation of the Tarim River Basin and the System Evolution under the Changing Environment [J]. Journal of Coastal Research，2015，73：9－16.

[65] ZHOU Y W. Utilization efficiency and influencing factors of agricultural water resources in Hubei province [J]. Desalination and Water Treatment，2019，168：201－206.

[66] 鲍金丽，王卫光，丁一民. 控制灌溉条件下水稻灌溉需水量对气候变化的响应 [J]. 中国农村水利水电，2016（8）：105－108.

[67] 蔡超，任华堂，夏建新. 气候变化下我国主要农作物需水变化 [J]. 水资源与水工程学报，2014，25（1）：71－75.

[68] 陈皓锐，黄介生，伍靖伟，等. 灌溉用水效率尺度效应研究评述 [J]. 水科学进展，2011，22（6）：872－880.

[69] 陈皓锐，黄介生，伍靖伟，等. 井渠结合灌区用水效率指标尺度效应研究框架 [J]. 农业工程学报，2009，25（8）：1－7.

[70] 陈军武，吴锦奎. 气候变化对黑河流域典型作物灌溉需水量的影响 [J]. 灌溉排水学报，2010，29（3）：69－73.

[71] 陈南祥，屈吉鸿. 灌区地下水承载力评价理论与实践 [M]. 北京：科学出版社，2012.

[72] 陈南祥，台书雅，屈吉鸿. 人民胜利渠灌区多水源优化调配研究 [J]. 华北水利水电学院学报，2013，34（6）：1－3.

[73] 陈庆秋，耿六成. 灌区管理信息系统模块结构设计技术研究 [J]. 华北水利水电学院学报，1997，18（3）：28－32，38.

[74] 陈晓楠，黄强，邱林，等. 基于遗传程序设计的作物水分生产函数研究 [J]. 农业工程学报，2006，22（3）：6－9.

[75] 陈玉民，郭国双. 中国主要作物需水量与灌溉 [M]. 北京：中国水利水电出版社，1995.

[76] 成林，刘荣花，王信理. 气候变化对河南省灌溉小麦的影响及对策初探 [J]. 应用气象学报，2012，23（5）：571－577.

[77] 仇亚琴. 水资源综合评价及水资源演变规律研究 [D]. 北京：中国水利水电科学研究院，2006.

[78] 崔读昌，刘洪顺，闵谨如，等. 中国主要农作物气候资源图集 [M]. 北京：气象出版社，1984.

[79] 崔远来，董斌，李远华，等. 农业灌溉节水评价指标与尺度问题 [J]. 农业工程学报，2007，23（7）：1－7.

[80] 崔远来，董斌，李远华. 水分生产率指标随空间尺度变化规律 [J]. 水利学报，2006，37（1）：45－51.

[81] 崔远来，谭芳，郑传举. 不同环节灌溉用水效率及节水潜力分析 [J]. 水科学进展，2010，21（6）：788－794.

[82] 崔远来，熊佳. 灌溉水利用效率指标研究进展 [J]. 水科学进展，2009，20（4）：590－598.

［83］ 代俊峰，崔远来. 灌溉水文学及其研究进展［J］. 水科学进展，2008，19（2）：294-300.

［84］ 代俊峰，崔远来. 基于 SWAT 的灌区分布式水文模型——Ⅱ. 模型应用［J］. 水利学报，2009，40（3）：311-318.

［85］ 戴国瑞，冯尚友，孙培华. 水资源科学分配［M］. 北京：水利电力出版社，1983.

［86］ 党耀国，刘思峰，刘斌，等. 基于动态多指标灰色关联决策模型的研究［J］. 中国工程科学，2005，7（2）：69-72.

［87］ 第三次气候变化国家评估报告编写委员会. 第三次气候变化国家评估报告［M］. 北京：科学出版社，2015.

［88］ 董斌，崔远来，黄汉生，等. 国际水管理研究院水量平衡计算框架和相关评价指标［J］. 中国农村水利水电，2003（1）：5-8.

［89］ 董斌. 水稻节水灌溉尺度效应研究［D］. 武汉：武汉大学，2002.

［90］ 董新光，邓铭江，周金龙，等. 论新疆平原灌区土壤盐碱化与水资源开发［J］. 灌溉排水学报，2005（5）：14-17.

［91］ 董新光，姜卉芳，邓铭江，等. 内陆盆地的盐分布与平衡分析研究［J］. 水科学进展，2005，16（5）：638-642.

［92］ 杜晓舜，夏自强. 洛阳市水资源可利用量研究［J］. 水文，2003，23（1）：14-20.

［93］ 段爱旺，孙景生，刘钰，等. 北方地区主要农作物灌溉用水定额［M］. 北京：中国农业科学技术出版社，2004.

［94］ 段爱旺. 水分利用效率的内涵及使用中需要注意的问题［J］. 灌溉排水学报，2005，24（1）：8-11.

［95］ 方延旭，杨培岭，宋素兰，等. 灌区生态系统健康二级模糊综合评价模型及其应用［J］. 农业工程学报，2011，27（11）：199-205.

［96］ 费鑫鑫，李京东，李磊，等. 滇池流域水资源承载力评价与驱动力研究［J］. 灌溉排水学报，2019，38（11）：109-116.

［97］ 冯峰，许士国. 灌区水资源综合效益的改进多级模糊优选评价［J］. 农业工程学报，2009，25（7）：56-61.

［98］ 冯耀龙，韩文秀，王宏江，等. 面向可持续发展的区域水资源优化配置研究［J］. 系统工程理论与实践，2003，23（2）：133-138.

［99］ 郭元裕，李寿声. 灌排工程最优规划与管理［M］. 北京：水利电力出版社，1994.

［100］ 郭周亭. 水资源可利用量估算初步分析［J］. 水文，2001，21（5）：23-26.

［101］ 何国华，解建仓，汪妮，等. 基于模拟退火遗传算法的水资源优化配置研究［J］. 西北农林科技大学学报（自然科学版），2016，44（6）：196-202.

［102］ 贺北方，丁大发，马细霞. 多库多目标最优控制运用的模型与方法［J］. 水利学报，1995（3）：84-88，83.

［103］ 胡安焱，高瑾，黄屹，等. 干旱内陆灌区土壤水盐模型［J］. 水科学进展，2002，13（6）：726-729.

［104］ 胡国权，赵宗慈. IPCC 第五次评估报告中所用的气候模式有进步吗？［J］. 气候变化研究进展，2014，10（1）：45-50.

［105］ 胡和平，汤秋鸿，雷志栋，等. 干旱区平原绿洲散耗型水文模型——Ⅰ 模型结构［J］. 水科学进展，2004，15（2）：140-145.

［106］ 胡玮，严昌荣，李迎春，等. 气候变化对华北冬小麦生育期和灌溉需水量的影响［J］.

生态学报，2014，34（9）：2367-2377.

[107] 黄强，王增发，畅建霞，等. 城市供水水源联合优化调度研究 [J]. 水利学报，1999（5）：57-62.

[108] 黄修桥，郭圆圆，徐建新. 灌区水资源循环转化研究进展 [J]. 华北水利水电学院学报，2013，34（1）：79-82.

[109] 黄永志. 菏泽地区引黄灌溉入渗补给计算方法及对浅层地下水资源量的影响 [J]. 水文，1992（S1）：51-55.

[110] 惠春莉，罗三强，郭军. 洛惠渠灌区地下水化学性质分析 [J]. 地下水，2001，23（4）：180-181.

[111] 姬兴杰，成林，朱业玉，等. 河南省冬小麦需水量和缺水量的时空格局 [J]. 生态学杂志，2014，33（12）：3268-3277.

[112] 季仁保，汪志农，吕宏兴. 灌区水量调配与量测技术 [M]. 郑州：黄河水利出版社，2012.

[113] 江志红，陈威霖，宋洁，等. 7个IPCC AR4模式对中国地区极端降水指数模拟能力的评估及其未来情景预估 [J]. 大气科学，2009，33（1）：109-120.

[114] 蒋任飞，阮本清. 基于四水转化的灌区耗水量计算模型研究 [J]. 人民黄河，2010，32（5）：68-71，74.

[115] 康绍忠，胡笑涛，蔡焕杰，等. 现代农业与生态节水的理论创新及研究重点 [J]. 水利学报，2004（12）：1-7.

[116] 康绍忠，蔡焕杰，刘晓明，等. 农田"五水"相互转化的动力学模式及其应用 [J]. 西北农业大学学报，1995（2）：1-9.

[117] 雷波，刘钰，许迪，等. 农业水资源利用效用评价研究进展 [J]. 水科学进展，2009，20（5）：732-738.

[118] 雷宏军，刘鑫，潘红卫. 引黄灌区水资源合理配置与精细调度研究 [M]. 北京：中国水利水电出版社，2012.

[119] 雷宏军，刘鑫，徐建新，等. 郑州市水资源可持续利用的模糊综合评价 [J]. 灌溉排水学报，2008，27（2）：77-81.

[120] 雷志栋，苏立宁，杨诗秀，等. 青铜峡灌区水土资源平衡分析的探讨 [J]. 水利学报，2002（6）：9-14.

[121] 李保国，李韵珠，石元春. 水盐运动研究30年（1973—2003）[J]. 中国农业大学学报，2003，8（Z1）：5-19.

[122] 李鸿吉. 模糊数学基础及实用算法 [M]. 北京：科学出版社，2005.

[123] 李慧伶，王修贵，崔远来，等. 灌区运行状况综合评价的方法研究 [J]. 水科学进展，2006，17（4）：543-548.

[124] 李令跃，甘泓. 试论水资源合理配置和承载能力概念与可持续发展之间的关系 [J]. 水科学进展，2000，11（3）：307-313.

[125] 李寿声，汤瑞凉. 灌溉工程的地面水和地下水联合运用 [J]. 华东水利学院学报，1983（4）：1-11.

[126] 李树岩，王靖，余卫东，等. 气候变化对河南省夏玉米主栽品种发育期的影响模拟 [J]. 中国农业气象，2015，36（4）：479-488.

[127] 李万义. 适用于全国范围的水面蒸发量计算模型的研究 [J]. 水文，2000，20（4）：13-17，63.

[128] 李彦彬，徐建新，黄强．灌区地表水和地下水联合调度模型研究 [J]．沈阳农业大学学报，2006，37（6）：884-889．

[129] 李云京，张凤英，李占柱．人民胜利渠灌区地上水地下水联合运用管理 [J]．灌溉排水，1997（3）：48-50．

[130] 廖要明，刘绿柳，陈德亮，等．中国天气发生器模拟非降水变量的效果评估 [J]．气象学报，2011，69（2）：310-319．

[131] 廖要明，潘学标，张强，等．逐日降水量的模拟及其在作物气候风险分析中的应用 [J]．华北农学报，2006，21（S2）：206-212．

[132] 刘昌明，杜伟．考虑环境因素的水资源联合利用最优化分析 [J]．水利学报，1986（5）：38．

[133] 刘登伟，封志明，方玉东．京津冀都市规划圈考虑作物需水成本的农业结构调整研究 [J]．农业工程学报，2007，23（7）：58-63，291．

[134] 刘丰，董新光，王水献．新疆平原灌区综合排水措施与模式 [J]．干旱区研究，2006，23（4）：588-591．

[135] 刘路广，崔远来．灌区地表水-地下水耦合模型的构建 [J]．水利学报，2012，43（7）：826-833．

[136] 刘明喆，孔凡青，张浩，等．基于层次分析法和模糊综合评价的突发水污染风险等级评估 [J]．水电能源科学，2019，37（1）：53-56．

[137] 刘善建．区域水资源供需分析方法 [M]．南京：河海大学出版社，1990．

[138] 刘文．我国农业水资源问题分析 [J]．生态经济，2007（1）：63-66．

[139] 刘文兆．作物生产、水分消耗与水分利用效率间的动态联系 [J]．自然资源学报，1998，13（1）：23-27．

[140] 刘小莽，郑红星，刘昌明，等．海河流域潜在蒸散发的气候敏感性分析 [J]．资源科学，2009，31（9）：1470-1476．

[141] 刘晓英，林而达．气候变化对华北地区主要作物需水量的影响 [J]．水利学报，2004（2）：77-82，87．

[142] 刘渝，杜江．湖北省农业水资源利用效率的实证分析 [J]．中国农村水利水电，2011（1）：37-39．

[143] 刘钰，汪林，倪广恒，等．中国主要作物灌溉需水量空间分布特征 [J]．农业工程学报，2009，25（12）：6-12．

[144] 刘钰，蔡林根．参照腾发量的新定义及计算方法对比 [J]．水利学报，1997（6）：27-33．

[145] 刘增进，李宝萍，李远华，等．冬小麦水分利用效率与最优灌溉制度的研究 [J]．农业工程学报，2004，20（4）：58-63．

[146] 陆垂裕，孙青言，李慧，等．基于水循环模拟的干旱半干旱地区地下水补给评价 [J]．水利学报，2014（6）：701-711．

[147] 罗党，刘思峰．灰色关联决策方法研究 [J]．中国管理科学，2005，13（1）：101-106．

[148] 罗金明，邓伟，张晓平，等．盐渍土系统土壤水-地下水转化规律研究 [J]．生态环境，2007，16（6）：1742-1747．

[149] 罗玉峰．灌区水量平衡模型及其应用研究 [D]．武汉：武汉大学，2006．

[150] 雒新萍，夏军．气候变化背景下中国小麦需水量的敏感性研究 [J]．气候变化研究进展，2015，11（1）：38-43．

[151] 吕军,孙嗣旸,陈丁江. 气候变化对我国农业旱涝灾害的影响 [J]. 农业环境科学学报, 2011, 30 (9): 1713-1719.

[152] 马建琴,陈守煜,邱林,等. 作物灌溉制度的模糊优化设计 [J]. 华北水利水电学院学报, 2000, 21 (4): 6-8.

[153] 马洁华,刘园,杨晓光,等. 全球气候变化背景下华北平原气候资源变化趋势 [J]. 生态学报, 2010, 30 (14): 3818-3827.

[154] 马玉平,王石立,张黎,等. 基于升尺度方法的华北冬小麦区域生长模型初步研究 I. 潜在生产水平 [J]. 作物学报, 2005, 31 (6): 697-705.

[155] 茆智,李远华,李会昌. 逐日作物需水量预测数学模型研究 [J]. 武汉水利电力大学学报, 1995 (3): 253-259.

[156] 茆智. 发展节水灌溉应注意的几个原则性技术问题 [J]. 中国农村水利水电, 2003 (3): 19-23.

[157] 彭世彰,阿不都沙拉木·买买提. 防治土壤盐碱化最优灌排模型 [J]. 水科学进展, 1995 (3): 182-188.

[158] 皮家骏,欧阳澍,张带琴,等. 基于灰色理论的鄱阳湖水质评价模型研究 [J]. 水力发电, 2017, 43 (6): 5-8.

[159] 齐学斌,樊向阳,王景雷,等. 井渠结合灌区水资源高效利用调控模式 [J]. 水利学报, 2004 (10): 119-124.

[160] 齐学斌,赵辉,王景雷. 商丘试验区引黄水、地下水联合调度大系统递阶管理模型研究 [J]. 灌溉排水, 1999 (4): 36-39.

[161] 齐学斌,樊向阳,王景雷,等. 井渠结合灌区水资源高效利用调控模式 [J]. 水利学报, 2004 (10): 119-124.

[162] 齐学斌,樊向阳. 北方典型灌区水资源调控与高效利用技术模式研究 [M]. 北京: 中国水利水电出版社, 2013.

[163] 任国玉,姜彤,李维京,等. 气候变化对中国水资源情势影响综合分析 [J]. 水科学进展, 2008, 19 (6): 772-779.

[164] 茹履绥. 灌区扩建改建规划的大系统优化模型 [J]. 水利学报, 1987 (1): 43-51.

[165] 尚德功,左奎孟,马喜东. 人民胜利渠城市供水污染状况及防治对策 [J]. 人民黄河, 2007, 29 (10): 59.

[166] 邵东国,郭宗楼. 综合利用水库水量水质统一调度模型 [J]. 水利学报, 2000 (8): 10-15.

[167] 沈彦俊,夏军,张永强,等. 陆面蒸散的双源遥感模型及其在华北平原的应用 [J]. 水科学进展, 2006, 17 (3): 371-375.

[168] 施熙灿. 水利工程经济学 [M]. 北京: 中国水利水电出版社, 2010.

[169] 石玉波,朱党生. 地表地下水联合管理模型及优化方法研究综述 [J]. 水利水电科技进展. 1995 (4): 16-21.

[170] 宋妮,孙景生,王景雷,等. 河南省冬小麦需水量的时空变化及影响因素 [J]. 应用生态学报, 2014, 25 (6): 1693-1700.

[171] 孙爽,杨晓光,李克南,等. 中国冬小麦需水量时空特征分析 [J]. 农业工程学报, 2013, 29 (15): 72-82.

[172] 汤秋鸿,田富强,胡和平. 干旱区平原绿洲散耗型水文模型——II模型应用 [J]. 水科学进展, 2004 (2): 146-150.

[173] 王根绪. 灌区水资源优化利用的水盐区分法 [J]. 甘肃科学学报，1991 (4)：52 - 59.

[174] 王浩，秦大庸，韩素华. 宁夏河套灌区农业水资源高效利用模式研究 [J]. 自然资源学报，2004，19 (5)：585 - 590.

[175] 王浩，秦大庸，王建华，等. 西北内陆干旱区水资源承载能力研究 [J]. 自然资源学报，2004，19 (2)：151 - 159.

[176] 王浩，王建华，秦大庸，等. 基于二元水循环模式的水资源评价理论方法 [J]. 水利学报，2006，37 (12)：1496 - 1502.

[177] 王鹤龄，牛俊义，王润元，等. 气候变暖对河西走廊绿洲灌区主要作物需水量的影响 [J]. 草业学报，2011，20 (5)：245 - 251.

[178] 王加虎，李丽，李新红. "四水" 转化研究综述 [J]. 水文，2008，28 (4)：5 - 8.

[179] 王建华，翟正丽，桑学锋，等. 水资源承载力指标体系及评判准则研究 [J]. 水利学报，2017，48 (9)：1023 - 1029.

[180] 王声锋，张寄阳，陈卫宾. 豫北地区冬小麦耗水规律及不同水文年灌溉制度研究 [J]. 灌溉排水学报，2012，31 (2)：62 - 65.

[181] 王卫光，彭世彰，孙风朝，等. 气候变化下长江中下游水稻灌溉需水量时空变化特征 [J]. 水科学进展，2012，23 (5)：656 - 664.

[182] 王新房，陈春娥，肖胜. 基于 GIS 的灌区管理信息系统的设计与实现 [J]. 陕西工学院学报 (自然科学版)，2003，19 (4)：1 - 4.

[183] 王学全，高前兆，卢琦，等. 内蒙古河套灌区水盐平衡与干排水脱盐分析 [J]. 地理科学，2006，26 (4)：455 - 460.

[184] 王政友. 纯井灌区灌溉效率分析 [J]. 地下水，2003，25 (1)：34 - 36.

[185] 王志良，李楠楠，张先起，等. 基于集对分析的区域水资源承载力评价 [J]. 人民黄河，2011，33 (4)：40 - 42.

[186] 温季，李修印，王立正，等. 人民胜利渠灌区节水改造技术研究 [M]. 郑州：黄河水利出版社，2002.

[187] 吴普特. 制约我国农业高效用水发展的主导因素分析 [J]. 水土保持研究，2002，9 (2)：1 - 3.

[188] 夏军，刘春蓁，任国玉. 气候变化对我国水资源影响研究面临的机遇与挑战 [J]. 地球科学进展，2011，26 (1)：1 - 12.

[189] 夏军，刘德平. 湖北平原水网区水文水资源系统模拟研究 [J]. 水利学报，1995 (11)：46 - 55.

[190] 夏军，王纲胜，吕爱锋，等. 分布式时变增益流域水循环模拟 [J]. 地理学报，2003，58 (5)：789 - 796.

[191] 夏军，叶爱中，王蕊，等. 跨流域调水的大尺度分布式水文模型研究与应用 [J]. 南水北调与水利科技，2011，9 (1)：1 - 7，95.

[192] 夏军，朱一中. 水资源安全的度量：水资源承载力的研究与挑战 [J]. 自然资源学报，2002，17 (3)：262 - 269.

[193] 肖恒，陆桂华，吴志勇，等. 珠江流域未来 30 年洪水对气候变化的响应 [J]. 水利学报，2013，44 (12)：1409 - 1419.

[194] 谢平，陈晓宏，王兆礼，等. 气象因子的变化对参考作物蒸发蒸腾量的影响 [J]. 灌溉排水学报，2011，30 (5)：12 - 16.

[195] 谢先红，崔远来. 典型灌溉模式下灌溉水利用效率尺度变化模拟 [J]. 武汉大学学

报（工学版），2009，42（5）：653-656，660.

[196] 谢先红，崔远来. 灌溉水利用效率随尺度变化规律分布式模拟 [J]. 水科学进展，2010，21（5）：681-689.

[197] 熊立华，郭生练. 分布式流域水文模型 [M]. 北京：中国水利水电出版社，2004.

[198] 徐建新，陈南祥，黄强. 区域水资源规划及灌区节水增产灌溉专家系统研制 [M]. 郑州：黄河水利出版社，2008.

[199] 徐建新，黄强，沈晋. 灌区节水防盐设计理论及实践研究 [J]. 西安理工大学学报，1999，15（3）：30-33.

[200] 徐建新，王萍，沈晋，等. 灌溉模式优选理论与应用研究 [J]. 节水灌溉，2002（6）：8-10.

[201] 徐淑琴，付强，王晓岩. 灌区水资源可持续利用规划理论与实践 [M]. 北京：中国水利水电出版社，2010.

[202] 许迪. 灌溉水文学尺度转换问题研究综述 [J]. 水利学报，2006，37（2）：141-149.

[203] 许静，雷声隆. 基于人工神经网络的灌区改造评价 [J]. 灌溉排水，2001，20（2）：1-4，12.

[204] 阳放，郎旭东. 井渠结合灌区农业高效用水模式 [J]. 中国农村水利水电，2004（12）：34-35.

[205] 杨劲松，陈小兵，胡顺军，等. 绿洲灌区土壤盐分平衡分析及其调控 [J]. 农业环境科学学报，2007，26（4）：1438-1443.

[206] 杨京平，王兆骞. 作物生长模拟模型及其应用 [J]. 应用生态学报，1999，10（4）：501-505.

[207] 杨丽莉，马细霞. 武嘉灌区水资源配置方案综合评价研究 [J]. 人民黄河，2012，34（10）：83-85.

[208] 杨丽英，许新宜，贾香香. 水资源效率评价指标体系探讨 [J]. 北京师范大学学报（自然科学版），2009，45（5）：642-646.

[209] 杨林同. 人民胜利渠灌区水资源优化配置探讨 [J]. 人民黄河，2001，23（5）：26，7，29.

[210] 杨培岭，李云开，曾向辉，等. 生态灌区建设的理论基础及其支撑技术体系研究 [J]. 中国水利，2009（14）：32-35，52.

[211] 杨志勇，胡勇，袁喆，等. 井灌区水循环研究进展 [J]. 灌溉排水学报，2015，34（3）：56-60，85.

[212] 姚杰，郭宗楼，陆琦. 灌区节水改造技术经济指标的综合主成分分析 [J]. 水利学报，2004（10）：106-111.

[213] 姚遥，罗勇，黄建斌. 8个CMIP5模式对中国极端气温的模拟和预估 [J]. 气候变化研究进展，2012，8（4）：250-256.

[214] 姚治君，王建华，江东，等. 区域水资源承载力的研究进展及其理论探析 [J]. 水科学进展，2002，13（1）：111-115.

[215] 叶澜涛，孙书洪，王仰仁，等. 灌区用水效率与效益评价——以天津市里自沽灌区为例 [J]. 中国农村水利水电，2011（2）：105-108.

[216] 余美，芮孝芳. 防治土壤盐碱化地表水地下水联合管理模型 [J]. 水资源保护，2007，23（4）：6-14.

[217] 余美，张金存，芮孝芳. 基于盐碱化防治的多目标配水模型 [J]. 系统工程理论与实践，2010，30（6）：1144-1152.

[218] 袁宾. 人民胜利渠灌区水盐运动规律及评价 [J]. 人民黄河，1992（10）：11-14.

[219] 袁光耀，王卫民，王立正，等. 农田灌溉排水研究与实践 [M]. 郑州：黄河水利出版社，2005.

[220] 岳卫峰，杨金忠，高鸿永，等. 内蒙河套灌区义长灌域水均衡分析 [J]. 灌溉排水学报，2004，23 (6)：25 - 28.

[221] 宰松梅，温季，仵峰，等. 河南省新乡市水资源承载力评价研究 [J]. 水利学报，2011，42 (7)：783 - 788.

[222] 张光辉，费宇红，刘克岩. 海河平原地下水演变与对策 [M]. 北京：科学出版社，2004.

[223] 张华侨，窦明，赵辉，等. 郑州市水安全模糊综合评价 [J]. 水资源保护，2010，26 (6)：42 - 46，74.

[224] 张会敏，李占斌，姚文艺，等. 灌区续建配套与节水改造效果多层次多目标模糊评价 [J]. 水利学报，2008，39 (2)：212 - 217.

[225] 张俊娥，陆垂裕，秦大庸，等. 基于分布式水文模型的区域"四水"转化 [J]. 水科学进展，2011，22 (5)：595 - 604.

[226] 张亮. 彭楼灌区优化配水及运行管理模式研究 [D]. 郑州：华北水利水电学院，2004.

[227] 张倩，谢世友. 基于水生态足迹模型的重庆市水资源可持续利用分析与评价 [J]. 灌溉排水学报，2019，38 (2)：93 - 100.

[228] 张世法，顾颖，林锦. 气候模式应用中的不确定性分析 [J]. 水科学进展，2010，21 (4)：504 - 511.

[229] 张顺联. 地下水资源计算与评价 [M]. 北京：水利电力出版社，1992.

[230] 张蔚榛，张瑜芳. 对灌区水盐平衡和控制土壤盐渍化的一些认识 [J]. 中国农村水利水电，2003 (8)：13 - 18.

[231] 张蔚榛，沈荣开. 地下水文与地下水调控 [M]. 北京：中国水利水电出版社，1998.

[232] 张修宇，徐建新，李斌，等. 郑州市城市生态环境需水量计算 [J]. 人民黄河，2008，30 (1)：42 - 43.

[233] 张修宇，左其亭. 气候变化下水资源动态承载力概念及计算方法讨论 [J]. 人民黄河，2012 (10)：12 - 13.

[234] 张修宇. 气候变化下水资源动态承载力计算方法及应用研究 [D]. 郑州：郑州大学，2015.

[235] 张银辉，罗毅. 基于分布式水文学模型的内蒙古河套灌区水循环特征研究 [J]. 资源科学，2009，31 (5)：763 - 771.

[236] 张永勇，王中根，夏军，等. 基于水循环过程的水量水质联合评价 [J]. 自然资源学报，2009，24 (7)：1308 - 1314.

[237] 张运凤，郭威，徐建新，等. 基于最严格水资源管理制度的大功引黄灌区的水资源优化配置 [J]. 华北水利水电大学学报（自然科学版），2015，36 (3)：28 - 32.

[238] 张展羽，郭相平，汤建熙，等. 节水控盐灌溉制度的优化设计 [J]. 水利学报，2001 (4)：89 - 94.

[239] 张展羽，郭相平. 作物水盐动态响应模型 [J]. 水利学报，1998 (12)：66 - 70.

[240] 赵春晖，刘正茂. 绥滨灌区排水对黑龙江和松花江水质的影响预测 [J]. 水资源保护，2005，21 (3)：25 - 28.

[241] 赵丹，邵东国，刘丙军. 灌区水资源优化配置方法及应用 [J]. 农业工程学报，2004，20 (4)：69 - 73.

[242] 赵勇，张金萍，裴源生. 宁夏平原区分布式水循环模拟研究 [J]. 水利学报，2007，38 (4)：498-505.

[243] 郑利民，王军涛，郭卫新，等. 黄河下游引黄灌区现代化建设的思考 [J]. 可持续发展，2019，9 (1)：75-82.

[244] 周惠成，彭慧，张弛，等. 基于水资源合理利用的多目标农作物种植结构调整与评价 [J]. 农业工程学报，2007，23 (9)：45-49.

[245] 周惠成，彭惠，张弛，等. 基于水资源合理利用的多目标农作物种植结构调整与评价 [J]. 农业工程学报，2007，23 (9)：45-49.

[246] 周维博，李佩成. 灌溉水资源的分类与功能分析 [J]. 灌溉排水学报，2003，22 (1)：62-66.

[247] 左其亭，张修宇. 气候变化下水资源动态承载力研究 [J]. 水利学报，2015，46 (4)：387-395.

[248] 左其亭. 黄河流域生态保护和高质量发展研究框架 [J]. 人民黄河，2019，41 (11)：1-6，16.

[249] 左其亭. 水资源承载力研究方法总结与再思考 [J]. 水利水电科技进展，2017，37 (3)：1-6，54.